Python 数据清洗

[美] 迈克尔 · 沃克尔　著

刘　亮　译

清華大学出版社

北　京

内 容 简 介

本书详细阐述了与 Python 数据清洗相关的基本解决方案，主要包括将表格数据导入 Pandas 中、将 HTML 和 JSON 导入 Pandas 中、衡量数据好坏、识别缺失值和离群值、使用可视化方法识别意外值、使用 Series 操作清洗和探索数据、聚合时修复混乱数据、组合 DataFrame、规整和重塑数据、用户定义的函数和类等内容。此外，本书还提供了相应的示例、代码，以帮助读者进一步理解相关方案的实现过程。

本书适合作为高等院校计算机及相关专业的教材和教学参考书，也可作为相关开发人员的自学用书和参考手册。

图书在版编目（CIP）数据

Python 数据清洗 /（美）迈克尔·沃克尔著；刘亮译. —北京：清华大学出版社，2022.6
书名原文：Python Data Cleaning Cookbook
ISBN 978-7-302-60936-0

Ⅰ. ①P… Ⅱ. ①迈… ②刘… Ⅲ. ①软件工具—程序设计 Ⅳ. ①TP311.561

中国版本图书馆 CIP 数据核字（2022）第 088962 号

责任编辑： 贾小红
封面设计： 刘 超
版式设计： 文森时代
责任校对： 马军令
责任印制： 丛怀宇

出版发行： 清华大学出版社
网　　址： http://www.tup.com.cn，http://www.wqbook.com
地　　址： 北京清华大学学研大厦 A 座　　**邮　　编：** 100084
社 总 机： 010-83470000　　**邮　　购：** 010-62786544
投稿与读者服务： 010-62776969，c-service@tup.tsinghua.edu.cn
质量反馈： 010-62772015，zhiliang@tup.tsinghua.edu.cn
印 装 者： 定州启航印刷有限公司
经　　销： 全国新华书店
开　　本： 185mm×230mm　　**印　　张：** 22.5　　**字　　数：** 451 千字
版　　次： 2022 年 7 月第 1 版　　**印　　次：** 2022 年 7 月第 1 次印刷
定　　价： 119.00 元

产品编号：091595-01

译 者 序

2020 年年初，一场突如其来的新冠肺炎疫情在武汉爆发，中国政府果断采取了史无前例的封城措施，用 3 个月左右的时间就有效控制住了疫情，复工复产，使中国成为 2020 年唯一实现经济正增长的主要经济体，取得了抗疫斗争的全面胜利。

在这场斗争中，数据科学发挥了重要的支持作用，通过运用互联网、大数据、云计算、人工智能等新技术，实现了疫情监测分析、病毒溯源、患者追踪、人员流动和社区管理，从而实现了对疫情的科学精准防控。

事实上，大数据不仅能够助力政府在公共卫生管理领域科学决策、资源优化配置，还能让公众及时了解疫情发展情况，积极科学防疫。可以说，数据已经深入我们生活中的方方面面。通过遍布全球各地的物联网络，企业和研究机构可以采集到大量的数据，但是，这些原始数据在进入大数据分析程序之前，还必须执行一些清洗操作，包括对数据进行重新审查和校验、删除重复信息（简称“去重”）、识别缺失值和离群值、估算和填充缺失值、纠正存在的错误，并提供数据的一致性等。

本书是使用 Python 和 Pandas 执行数据清洗任务的实用教程，提供了大量的数据清洗操作技巧。其中包括导入各种格式的数据，通过 API 导入更复杂的 JSON 数据，从网页抓取数据，选择和组织列，为分类变量生成频率，生成连续变量的统计信息，使用变量识别离群值，使用子集检查变量关系中的逻辑不一致，使用线性回归来确定具有重大影响的数据点，使用 k 近邻算法来查找离群值，使用隔离森林算法查找异常，绘制直方图、箱形图、小提琴图、散点图、折线图和热图，处理日期，识别和清洗缺失的数据，使用 k 最近邻算法填充缺失值，使用 itertuples 遍历数据，使用 NumPy 数组按组计算汇总，使用 groupby 组织数据，执行一对一合并、一对多合并和多对多合并等，使用 stack 和 melt 将数据由宽变长，使用 wide_to_long 处理多列，使用 unstack 和 pivot 将数据由长变宽，编写函数和类以重用数据清洗代码等。

在翻译本书的过程中，为了更好地帮助读者理解和学习，本书以中英文对照的形式保留了大量的原文术语，这样的安排不但方便读者理解书中的代码，而且也有助于读者通过网络查找和利用相关资源。

本书由刘亮翻译，陈凯、唐盛、马宏华、黄刚、郝艳杰、黄永强、黄进青、熊爱华等参与了部分翻译工作。由于译者水平有限，书中难免有疏漏和不妥之处，在此诚挚欢迎读者提出任何意见和建议。

前　　言

本书是一本实用的数据清洗指南。从广义上说，数据清洗被定义为准备数据进行分析所需的所有任务。它通常由在数据清洗过程中完成的任务组成，即导入数据、以诊断方式查看数据、识别异常值和意外值、估算和填充缺失值、规整数据等。本书每个秘笈都会引导读者对原始数据执行特定的数据清洗任务。

目前市面上已经有许多非常好的 Pandas 书籍，但是本书有自己的特色，我们将重点放在实战操作和原理解释上。

由于 Pandas 还相对较新，因此我们所学到的有关清洗数据的经验是受使用其他工具的经验影响的。大约在 2012 年，作者开始使用 Python 和 R 适应其时的工作需要，在 21 世纪初主要使用的是 C#和 T-SQL，在 20 世纪 90 年代主要使用的是 SAS 和 Stata，在 20 世纪 80 年代主要使用的是 FORTRAN 和 Pascal。本书的大多数读者可能都有使用各种数据清洗和分析工具的经验。

无论你喜欢使用什么工具，其重要性都比不上数据准备任务和数据属性。如果让作者撰写《SAS 数据清洗秘笈》或《R 数据清洗秘笈》，那么讨论的主题也几乎是一样的。本书只是采用与 Python/Pandas 相关的方法来解决分析师数十年来面临的相同数据清洗挑战。

在讨论如何使用 Python 生态系统中的工具（Pandas、NumPy、Matplotlib 和 SciPy 等）进行处理之前，作者会在每章的开头介绍如何思考特定的数据清洗任务。在每个秘笈中，作者会介绍它对于数据发现的含义。

本书尝试将工具和目的连接起来。例如，我们阐释偏度和峰度之类的概念，这对于处理离群值是非常重要的，同时我们又介绍箱形图等可视化工具，强化读者对于偏度和峰度等概念的理解。

本书读者

本书适合那些寻求使用不同的 Python 工具和技术处理混乱数据的读者。本书采用基于秘笈的方法来帮助读者学习如何清洗和管理数据。要充分理解本书操作，你应该掌握一定的 Python 编程知识。

内容介绍

本书共包含 10 章，具体内容如下。

第 1 章“将表格数据导入 Pandas 中”，探讨将 CSV 文件、Excel 文件、关系数据库表、SPSS、Stata 和 SAS 文件以及 R 文件等加载到 Pandas DataFrame 中的工具。

第 2 章“将 HTML 和 JSON 导入 Pandas 中”，讨论读取和规范化 JSON 数据以及从网页抓取数据的技术。

第 3 章“衡量数据好坏”，介绍在 DataFrame 中定位、选择列和行以及生成摘要统计信息的常用技术。

第 4 章“识别缺失值和离群值”，探讨如何采用不同的策略来识别整个 DataFrame 和选定组中的缺失值和离群值。

第 5 章“使用可视化方法识别意外值”，演示如何使用 Matplotlib 和 Seaborn 工具来可视化关键变量的分布方式，常见的可视化方法包括直方图、箱形图、散点图、折线图和小提琴图等。

第 6 章“使用 Series 操作清洗和探索数据”，讨论如何基于一个或多个 Series 的值，使用标量、算术运算和条件语句更新 Pandas 系列。

第 7 章“聚合时修复混乱数据”，演示按分组汇总数据的多种方法，并讨论多种聚合方法之间的区别。

第 8 章“组合 DataFrame”，探讨用于连接和合并数据的不同策略，以及合并数据时可能遇到的常见问题。

第 9 章“规整和重塑数据”，详细介绍若干种用于删除重复数据、堆叠、合并和旋转的策略。

第 10 章“用户定义的函数和类”，探讨如何通过函数和类的形式将前 9 章中的许多技术转变为可重用的代码。

充分利用本书

要充分利用本书，你需要具备有关 Python 编程的一些基础知识。表 P.1 列出了本书软硬件和系统要求。另外，你也可以使用 Google Colab（免费的 Jupyter Notebook 环境，云端运行，通过浏览器即可使用，可以编写和执行代码，保存和共享分析结果）。

表 P.1 本书软硬件和系统要求

软 硬 件	系 统 环 境
Python 3.6+	Windows、Mac OS X 和 Linux（任何版本）
1TB 硬盘空间、8GB 内存、i5 处理器	
Google Colab	

建议你通过 Github 存储库下载本书配套源代码，这样做将帮助你避免任何与代码的复制和粘贴有关的潜在错误。

下载示例代码文件

你可以从 GitHub 存储库下载本书的示例代码文件。其网址如下。

https://github.com/PacktPublishing/Python-Data-Cleaning-Cookbook

如果代码有更新，也将在现有的 GitHub 存储库中进行更新。

下载彩色图像

我们还提供了一个 PDF 文件，其中包含本书中使用的屏幕截图/图表的彩色图像。你可以通过以下网址下载。

https://static.packt-cdn.com/downloads/9781800565661_ColorImages.pdf

本书约定

本书中使用了许多文本约定。

（1）有关代码块的设置如下所示。

```
>>> import pandas as pd
>>> import matplotlib.pyplot as plt
>>> import statsmodels.api as sm
```

（2）任何命令行输入或输出都采用如下所示的粗体代码形式。

```
$ pip install pyarrow
```

（3）术语或重要单词采用中英文对照形式，在括号内保留其英文原文，示例如下。

例如，箱形图（boxplot，也称为箱线图）是用于可视化超出特定范围的值的出色工具，它还可以通过分组的箱形图或小提琴图（violin Plot）来扩展，使我们可以比较数据子集之间的分布情况。

（4）对于界面词汇则保留其英文原文，在后面使用括号添加其中文译名，示例如下。

定义一个 getcases 函数，该函数将为某个区域的国家/地区返回一个 total_cases_pm（每百万人口病例总数）列的 Series。将这些 Series 传递给 hist 方法即可创建堆叠的直方图。

（5）本书还使用了以下图标。

表示要注意的事项或提示。

编写体例

本书大多数章节以秘笈形式编写，每一节就是一个秘笈，每个秘笈中又分别包括“准备工作”“实战操作”“原理解释”“扩展知识”“参考资料”小节（部分秘笈不包含“扩展知识”和“参考资料”），使读者既能学习 Pandas 实用操作，又能了解其相关知识和原理，真正理解和掌握数据清洗技巧。

关于作者

Michael Walker在各种教育机构担任数据分析师已有30多年了。自2006年以来，他还为本科生讲授数据科学、研究方法、统计学和计算机程序设计。他制作了大量公共部门和基金会的报告，并在学术期刊上发表了自己的分析成果。

关于审稿人

Meng-Chieh Ling 博士在德国 Karlsruhe 技术学院获得理论凝聚态物理学博士学位。他从物理学转向数据科学，以追求事业成功。在 Darmstadt 的 AGT International 工作了两年之后，他加入了 CHECK24 Fashion，成为 Dusseldorf 的数据科学家。他的职责包括应用机器学习来提高数据清洗的效率，使用深度学习进行自动属性标记以及开发基于图像的推荐系统。

Sébastien Celles 是 Poitiers 理工学院（热科学系）的应用物理学教授。自 21 世纪初以来，他就一直使用 Python 进行数值模拟、数据绘图、数据预测和其他各种任务。他是 *Mastering Python for data science*（《精通 Python 在数据科学方面的应用》）和 *Julia for Data Science: Explore data science from scratch with Julia*（《Julia 数据科学：和 Julia 一起从零开始探索数据科学》）图书的技术审稿人。

他还是 PyPi（Python 官方第三方库的仓库）上一些 Python 软件包的作者，具体如下。

- openweathermap_requests。
- pandas_degreedays。
- pandas_confusion。
- python-constraint。
- python-server。
- python-windrose。

目　录

第 1 章　将表格数据导入 Pandas 中

Python 的科学计算发行版（Anaconda、WinPython、Canopy 等）为数据分析人员提供了一系列令人印象深刻的数据处理、探索和可视化工具。其中一种重要工具是 Pandas。Pandas 由 Wes McKinney 于 2008 年开发，但在 2012 年之后才真正流行起来，现在 Pandas 已成为 Python 数据分析的重要库。本书将大量使用 Pandas 进行工作，另外，还会应用到一些流行的软件包，如 Numpy、Matplotlib 和 Scipy。

Pandas 有两个主要的数据结构，即 Series 和 DataFrame。Series 是一个一维数组对象，类似于 NumPy 的一维 array，DataFrame 则是一个表格型的数据结构。Pandas 的重点对象是 DataFrame。DataFrame 将数据表示为具有行和列的表格结构。它类似于本章讨论的其他数据存储。但是，Pandas DataFrame 也具有索引功能，这使得它在选择、组合和转换数据时相对简单。

在利用这一强大功能之前，必须将数据导入 Pandas 中。数据将以多种格式提供，如 CSV 或 Excel 文件，SQL 数据库中的表格，统计分析软件包（SPSS、Stata、SAS 或 R 等），JSON 等非表格来源以及 Web 页面。

本章还研究导入表格数据的工具。

本章包含以下秘笈。

- 导入 CSV 文件。
- 导入 Excel 文件。
- 从 SQL 数据库中导入数据。
- 导入 SPSS、Stata 和 SAS 数据。
- 导入 R 数据。
- 保留表格数据。

1.1　技 术 要 求

本章的代码和 Notebook 可在 GitHub 上获得，其网址如下。

https://github.com.com/PacktPublishing/Python-Data-Cleaning-Cookbook

1.2 导入CSV文件

Pandas库的read_csv方法可用于读取带有逗号分隔值（comma separated value，CSV）的文件，并将其作为Pandas DataFrame加载到内存中。

在本秘笈中，读取一个CSV文件并解决一些常见问题：创建有意义的列名、解析日期以及删除缺少关键数据的行。

原始数据通常被存储为CSV文件。这些文件在每行数据的末尾都有一个Enter键符以划定一行，并在每个数据值之间添加一个逗号以划定列。除逗号外，其他字符也可以用作分隔符，如制表符。

值可以使用引号引起来，当在某些值内包含定界符时（如值的本身包含作为定界符的逗号），这样的处理方式会很有用。

CSV文件中的所有数据都是字符（无论是否为逻辑数据类型），这就是为什么我们可以在文本编辑器中轻松查看CSV文件（假定文件不会太大）的原因。Pandas read_csv方法将对每列的数据类型进行有根据的猜测，但是你需要帮助它以确保这些猜测都正确无误。

1.2.1 准备工作

你需要为本章专门创建一个文件夹，并在该文件夹中创建一个新的Python脚本或Jupyter Notebook文件。创建一个data子文件夹，并将landtempssample.csv文件放置在该子文件夹中。或者，你可以从GitHub存储库中检索所有文件。

以下是CSV文件开头的代码示例。

```
locationid,year,month,temp,latitude,longitude,stnelev,station,
countryid,country
USS0010K01S,2000,4,5.27,39.9,-110.75,2773.7,INDIAN_CANYON,US,
United States
CI000085406,1940,5,18.04,-18.35,-70.333,58.0,ARICA,CI,Chile
USC00036376,2013,12,6.22,34.3703,-91.1242,61.0,SAINT_CHARLES,
US,United States
ASN00024002,1963,2,22.93,-34.2833,140.6,65.5,BERRI_IRRIGATION,
AS,Australia
ASN00028007,2001,11,,-14.7803,143.5036,79.4,MUSGRAVE,AS,Australia
```

注意：

land temperature（地面温度）数据集取自 Global Historical Climatology Network Integrated Database（全球历史气候学网络集成数据库），由美国国家海洋与大气管理局提供给公众使用。其网址如下。

https://www.ncdc.noaa.gov/data-access/land-based-station-data/land-based-datasets/global-historical-climatology-network-monthly-version-4

这只是整个数据集的 100000 行样本，该样本在本书的存储库中也可以找到。

1.2.2　实战操作

我们将利用一些非常有用的 read_csv 选项将 CSV 文件导入 Pandas 中。

（1）导入 pandas 库并设置环境，以更轻松地查看输出。

```
>>> import pandas as pd
>>> pd.options.display.float_format = '{:,.2f}'.format
>>> pd.set_option('display.width', 85)
>>> pd.set_option('display.max_columns', 8)
```

（2）读取数据文件，为标题设置新名称，然后解析日期列。

将 skiprows 参数设置为 1，以跳过第一行，将列的列表传递给 parse_dates 以从这些列中创建一个 Pandas 日期时间列，并将 low_memory 参数设置为 False，以减少导入过程中的内存使用量。

```
>>> landtemps = pd.read_csv('data/landtempssample.csv',
... names=['stationid','year','month','avgtemp','latitude',
... 'longitude','elevation','station','countryid','country'],
...     skiprows=1,
...     parse_dates=[['month','year']],
...     low_memory=False)

>>> type(landtemps)
<class 'pandas.core.frame.DataFrame'>
```

（3）快速浏览数据。

查看前几行。显示所有列的数据类型以及行和列的数量。

```
>>> landtemps.head(7)
  month_year    stationid  ...  countryid        country
0 2000-04-01  USS0010K01S  ...         US  United States
```

```
1  1940-05-01  CI000085406  ...        CI          Chile
2  2013-12-01  USC00036376  ...        US  United States
3  1963-02-01  ASN00024002  ...        AS      Australia
4  2001-11-01  ASN00028007  ...        AS      Australia
5  1991-04-01  USW00024151  ...        US  United States
6  1993-12-01  RSM00022641  ...        RS         Russia

[7 rows x 9 columns]
>>> landtemps.dtypes
month_year  datetime64[ns]
stationid           object
avgtemp            float64
latitude           float64
longitude          float64
elevation          float64
station             object
countryid           object
country             object
dtype: object
>>> landtemps.shape
(100000, 9)
```

（4）给日期列起一个更好的名字，并查看月份平均温度的摘要统计信息。

```
>>> landtemps.rename(columns={'month_year':'measuredate'},inplace=True)
>>> landtemps.dtypes
measuredate  datetime64[ns]
stationid            object
avgtemp             float64
latitude            float64
longitude           float64
elevation           float64
station              object
countryid            object
country              object
dtype: object
>>> landtemps.avgtemp.describe()
count  85,554.00
mean       10.92
std        11.52
min       -70.70
25%         3.46
50%        12.22
```

```
75%          19.57
max          39.95
Name: avgtemp, dtype: float64
```

（5）查找每一列中的缺失值。

使用 isnull 可以为列中的每个缺失值返回 True，而在没有缺失时则返回 False。

将 isnull 与 sum 链接在一起即可计算每一列中的缺失值数。使用布尔值时，sum 会将 True 视为 1，将 False 视为 0。1.2.4 节“扩展知识”将讨论方法链接。

```
>>> landtemps.isnull().sum()
measuredate       0
stationid         0
avgtemp       14446
latitude          0
longitude         0
elevation         0
station           0
countryid         0
country           5
dtype: int64
```

（6）删除 avgtemp 列包含缺失值的行。

使用 subset 参数告诉 dropna 删除 avgtemp 列包含缺失值的行。将 inplace 设置为 True。如果让 inplace 保留其默认值 False，则将显示 DataFrame，但是所做的更改将不会保留。使用 DataFrame 的 shape 属性即可获取其行数和列数。

```
>>> landtemps.dropna(subset=['avgtemp'], inplace=True)
>>> landtemps.shape
(85554, 9)
```

操作完成！将 CSV 文件导入 Pandas 中就这么简单。

1.2.3　原理解释

本书中几乎所有的秘笈都使用 pandas 库。在导入时一般会将其名称修改为 pd，以方便引用。这是一种习惯。

在步骤（1）中使用了 float_format 以可读的方式显示浮点值，并使用了 set_option 使终端输出足够宽以容纳变量的数量。

大多数工作由步骤（2）的第一行完成。我们使用了 read_csv 将 Pandas DataFrame 加载到内存中，并将其称为 landtemps。除了传递文件名，我们还将 names 参数设置为新的列标题的列表。由于原始列标题位于 CSV 文件的第一行中，因此还通过将 skiprows 设置为 1 来告诉 read_csv 跳过第一行。如果不告诉它跳过第一行，则 read_csv 会将文件中的标题行视为实际数据。

read_csv 还可以解决日期转换问题。在步骤（2）中，使用了 parse_dates 参数要求它将 month 和 year 列转换为日期值。

步骤（3）进行了一些标准数据检查。使用 head(7) 输出前 7 行的所有列。使用了 DataFrame 的 dtypes 属性显示所有列的数据类型。每一列都有预期的数据类型。在 Pandas 中，字符数据具有 object 数据类型，该数据类型允许混合值。shape 将返回一个元组，其第一个元素是 DataFrame 中的行数（在本示例中为 100000），第二个元素是列数（9）。

当使用 read_csv 解析 month 和 year 列时，它会将结果列命名为 month_year。在步骤（4）中使用了 rename 方法为该列重命名。需要指定 inplace = True 以将内存中的旧列名替换为新列名。describe 方法提供了 avgtemp 列的摘要统计信息。

可以看到，avgtemp 的 count（计数）表明有 85554 行具有 avgtemp 的有效值。根据 shape 属性提供的数据，整个 DataFrame 的行数为 100000 行。在步骤（5）中，landtemps.isnull().sum()方法链列出了该列的缺失值，它刚好证实了上述计数的正确性：100000−85554 = 14446。

步骤（6）删除了 avgtemp 列中所有包含缺失值的行。在 Pandas 中，缺失值以 NaN 表示。NaN 就是 Not a Number（不是数字）。

subset 用于指示要检查缺失值的列。现在，landtemps 的 shape 属性指示它有 85554 行，考虑到前面 describe 中的计数，这正是我们预料中的结果。

1.2.4 扩展知识

如果要读取的文件使用的是逗号以外的分隔符（如制表符），则可以在 read_csv 的 sep 参数中指定。创建 Pandas DataFrame 时，还会创建一个索引。运行 head 和 sample 时，其输出的最左边的数字就是索引值。可以为 head 或 sample 指定任意数量的行值，默认值为 5。

将 low_memory 设置为 False 会导致 read_csv 以块（chunk）的方式解析数据。在内存较少的系统上，这会使得处理较大文件更容易。但是，一旦 read_csv 成功完成操作，整个 DataFrame 仍就会被加载到内存中。

landtemps.isnull().sum()语句是一个方法链的示例。首先，isnull 将返回一个包含 True 和 False 值的 DataFrame。sum 将获取该 DataFrame，并对每一列的 True 值求和，它将 True 值解释为 1，将 False 值解释为 0。如果使用以下两个步骤，将获得相同的结果。

```
>>> checknull = landtemps.isnull()
>>> checknull.sum()
```

对于何时应该使用方法链以及何时不应使用方法链并没有严格的规定。如果将要做的事情分解为步骤，那么从机械角度来讲，只要需要做的事情超过两个步骤，方法链就会有帮助。方法链还有一个好处，那就是不会创建我们可能不需要的额外对象。

该秘笈中使用的数据集只是来自整个陆地温度数据库的样本，该数据库包含近 1700 万条记录。如果你的计算机可以处理较大的文件，则可以使用以下代码运行它。

```
>>> landtemps = pd.read_csv('data/landtemps.zip',compression='zip',
...     names=['stationid','year','month','avgtemp','latitude',
...     'longitude','elevation','station','countryid','country'],
...     skiprows=1,
...     parse_dates=[['month','year']],
...     low_memory=False)
```

值得一提的是，read_csv 还可以读取压缩的 ZIP 文件。只要向它传递 ZIP 文件的名称和压缩类型即可。

1.2.5　参考资料

本章以及其他各章中的后续秘笈都设置了索引，以改善行的导航和合并操作。

本秘笈中使用的数据集已对全球历史气候学网络的原始数据进行了大量的重塑调整。本书第 8 章“组合 DataFrame”将演示该重塑操作。

1.3　导入 Excel 文件

Pandas 库的 read_excel 方法可用于从 Excel 文件中导入数据，并将其作为 Pandas DataFrame 加载到内存中。

本秘笈将导入一个 Excel 文件并处理使用 Excel 文件时的一些常见问题，如去掉不需要的页眉和页脚信息、选择特定的列、删除没有数据的行以及连接到特定的工作表等。

尽管 Excel 的表格结构可以将数据组织成行和列，但电子表格不是数据集，不需要人们以这种方式存储数据。即使某些数据符合这些期望，在已导入的数据之前或之后，行或列中也经常会有其他信息。

Excel 的数据类型也会是一个问题，可能只有创建电子表格的人才会清楚地知道它们应该是什么类型。如果你曾经导入了很多其他人的 Excel 文件，并且为前导 0 痛苦过，那么你应该对此问题有深刻的体认。

此外，Excel 并不需要让列中的所有数据都属于同一类型，也不需要考虑列标题是否适合与 Python 等编程语言一起使用的问题。

幸运的是，read_excel 具有许多用于处理 Excel 数据混乱的选项。这些选项使得跳过行、选择特定列以及从一个或多个特定工作表中提取数据变得相对容易。

1.3.1　准备工作

你可以从本书的 GitHub 存储库中下载 GDPpercapita.xlsx 文件以及此秘笈的代码。该代码假定 Excel 文件位于 data 子文件夹中。图 1.1 显示了该文件的开头部分。

Dataset: Metropolitan areas								
Variables	GDP per capit[illegible]							
Unit	US Dollar							
Year		2001	2002	2003	2004	2005	2006	2007
Metropolitan areas								
AUS: Australia								
AUS01: Greater Sydney		43313	44008	45424	45837	45423	45547	45880
AUS02: Greater Melbourne		40125	40894	41602	42188	41484	41589	42316
AUS03: Greater Brisbane		37580	37564	39080	40762	42976	44475	44635

图 1.1　数据集视图

图 1.2 显示了该文件的末尾部分。

USA162: Tuscaloosa		35370	36593	38907	41846	44774	44298	46190
USA164: Linn		53047	51751	54894	58660	60195	58244	61742
USA165: Lafayette (IN)		38057	38723	39173	40412	40285	40879	41717
USA167: Weber		34592	34997	35587	35776	37613	41213	41554
USA169: Cass		44597	46856	49043	49134	49584	50417	51596
USA170: Benton (AR)		41968	44687	45296	47799	49260	47329	45503
Data extracted on 05 May 2020 10:55 UTC (GMT) from OECD.Stat								

图 1.2　数据集视图

注意：

该数据集来自经济合作与发展组织（Organization for Economic Co-operation and Development，OECD），可公开使用。其网址如下。

https://stats.oecd.org/

1.3.2　实战操作

将 Excel 文件导入 Pandas 中并进行一些初始的数据清理。

（1）导入 pandas 库。

```
>>> import pandas as pd
```

（2）读取该 Excel 文件的人均 GDP 数据。

选择包含我们所需数据的工作表，但跳过不需要的列和行。使用 sheet_name 参数可指定工作表。将 skiprows 设置为 4，将 skipfooter 设置为 1，以跳过前四行（第一行已被隐藏）和最后一行。设置 usecols 参数的值，以获取 A 列、从 C 列到 T 列的数据（B 列为空）。最后使用 head 查看前几行的数据示例。

```
>>> percapitaGDP = pd.read_excel("data/GDPpercapita.xlsx",
...    sheet_name="OECD.Stat export",
...    skiprows=4,
...    skipfooter=1,
...    usecols="A,C:T")

>>> percapitaGDP.head()
                          Year   2001  ...   2017   2018
0          Metropolitan areas    NaN  ...    NaN    NaN
1              AUS: Australia     ..  ...     ..     ..
2      AUS01: Greater Sydney  43313  ...  50578  49860
3   AUS02: Greater Melbourne  40125  ...  43025  42674
4    AUS03: Greater Brisbane  37580  ...  46876  46640

[5 rows x 19 columns]
```

（3）使用 DataFrame 的 info 方法查看数据类型和 non-null（非空）值计数。

```
>>> percapitaGDP.info()
<class 'pandas.core.frame.DataFrame'>
RangeIndex: 702 entries, 0 to 701
Data columns (total 19 columns):
 #   Column  Non-Null Count  Dtype
---  ------  --------------  -----
 0   Year    702  non-null   object
 1   2001    701  non-null   object
 2   2002    701  non-null   object
 3   2003    701  non-null   object
 4   2004    701  non-null   object
 5   2005    701  non-null   object
 6   2006    701  non-null   object
 7   2007    701  non-null   object
 8   2008    701  non-null   object
 9   2009    701  non-null   object
 10  2010    701  non-null   object
 11  2011    701  non-null   object
```

```
 12   2012    701   non-null   object
 13   2013    701   non-null   object
 14   2014    701   non-null   object
 15   2015    701   non-null   object
 16   2016    701   non-null   object
 17   2017    701   non-null   object
 18   2018    701   non-null   object
dtypes: object(19)
memory usage: 104.3+ KB
```

（4）将 Year 列重命名为 metro 并删除前导空格。

本示例将给 Metropolitan areas（都市圈）列一个适当的名称。

在某些情况下，在 metro 值之前会有多余的空格，而在另一些情况下，会在 metro 值之后有多余的空格。因此，可以使用 startswith(' ')测试前导空格，然后使用 any 来确定是否存在第一个字符仍为空白的情况。我们还可以使用 endswith(' ')来检查末尾空格。最后使用 strip 删除前导和末尾空格。

```
>>> percapitaGDP.rename(columns={'Year':'metro'},inplace=True)
>>> percapitaGDP.metro.str.startswith(' ').any()
True
>>> percapitaGDP.metro.str.endswith(' ').any()
True
>>> percapitaGDP.metro = percapitaGDP.metro.str.strip()
```

（5）将数据列转换为数字。

遍历所有 GDP 年份列（2001—2018），并将数据类型从 object 转换为 float。即使存在字符数据（在此示例中为 .. 字符），也强制转换。我们希望这些列中的字符值变成缺失值，这也正是会发生的事情。最后，重命名年份列以更好地反映这些列中的数据。

```
>>> for col in percapitaGDP.columns[1:]:
...   percapitaGDP[col] = pd.to_numeric(percapitaGDP[col],errors='coerce')
...   percapitaGDP.rename(columns={col:'pcGDP'+col}, inplace=True)
...
>>> percapitaGDP.head()
                      metro  pcGDP2001  ...  pcGDP2017  pcGDP2018
0        Metropolitan areas        nan  ...        nan        nan
1           AUS: Australia        nan  ...        nan        nan
2     AUS01: Greater Sydney      43313  ...      50578      49860
3  AUS02: Greater Melbourne      40125  ...      43025      42674
4   AUS03: Greater Brisbane      37580  ...      46876      46640
```

```
>>> percapitaGDP.dtypes
metro          object
pcGDP2001    float64
pcGDP2002    float64

abbreviated to save space

pcGDP2017    float64
pcGDP2018    float64
dtype: object
```

（6）使用 describe 方法为 DataFrame 中的所有数字数据生成摘要统计信息。

```
>>> percapitaGDP.describe()
       pcGDP2001  pcGDP2002  ...  pcGDP2017  pcGDP2018
count        424        440  ...        445        441
mean       41264      41015  ...      47489      48033
std        11878      12537  ...      15464      15720
min        10988      11435  ...       2745       2832
25%        33139      32636  ...      37316      37908
50%        39544      39684  ...      45385      46057
75%        47972      48611  ...      56023      56638
max        91488      93566  ...     122242     127468

[8 rows x 18 columns]
```

（7）删除所有人均 GDP 值缺失的行。

使用 dropna 的 subset 参数检查所有列，从第 2 列（该参数的索引计数是基于 0 的，因此第 2 列的索引值其实是 1）到最后一列。使用 how 指定仅当 subset 中指定的所有列均包含缺失值时才删除行。最后使用 shape 显示结果 DataFrame 中的行数和列数。

```
>>> percapitaGDP.dropna(subset=percapitaGDP.columns[1:],
how="all", inplace=True)

>>> percapitaGDP.describe()
       pcGDP2001  pcGDP2002  ...  pcGDP2017  pcGDP2018
count        424        440  ...        445        441
mean       41264      41015  ...      47489      48033
std        11878      12537  ...      15464      15720
min        10988      11435  ...       2745       2832
25%        33139      32636  ...      37316      37908
50%        39544      39684  ...      45385      46057
75%        47972      48611  ...      56023      56638
```

```
max          91488      93566  ...      122242     127468

[8 rows x 18 columns]

>>> percapitaGDP.head()
                         metro  pcGDP2001  ...  pcGDP2017  pcGDP2018
2     AUS01: Greater Sydney       43313  ...      50578      49860
3  AUS02: Greater Melbourne       40125  ...      43025      42674
4   AUS03: Greater Brisbane       37580  ...      46876      46640
5      AUS04: Greater Perth       45713  ...      66424      70390
6   AUS05: Greater Adelaide       36505  ...      40115      39924

[5 rows x 19 columns]

>>> percapitaGDP.shape
(480, 19)
```

（8）使用 metro 列设置 DataFrame 的索引。

在设置索引之前，请确认 metro 列有 480 个有效值，并且有 480 个唯一值。

```
>>> percapitaGDP.metro.count()
480
>>> percapitaGDP.metro.nunique()
480
>>> percapitaGDP.set_index('metro', inplace=True)
>>> percapitaGDP.head()
                          pcGDP2001 pcGDP2002 ... pcGDP2017 pcGDP2018
metro                                         ...
AUS01: Greater Sydney         43313     44008 ...     50578     49860
AUS02: Greater Melbourne      40125     40894 ...     43025     42674
AUS03: Greater Brisbane       37580     37564 ...     46876     46640
AUS04: Greater Perth          45713     47371 ...     66424     70390
AUS05: Greater Adelaide       36505     37194 ...     40115     39924

[5 rows x 18 columns]

>>> percapitaGDP.loc['AUS02: Greater Melbourne']
pcGDP2001   40125
pcGDP2002   40894
...
pcGDP2017   43025
pcGDP2018   42674
Name: AUS02: Greater Melbourne, dtype: float64
```

现在，我们已将 Excel 数据成功地导入 Pandas DataFrame 中，并清除了电子表格中的一些混乱数据。

1.3.3　原理解释

在步骤（2）中，设置了 skiprows、skipfooter 和 usecols 参数来跳过不需要的行和列，以获得所需的数据，但是这仍然有许多问题需要解决，例如，read_excel 会将所有 GDP 数据解释为字符数据，许多行都没有加载有用的数据，而列名也不能很好地表示数据。此外，Metropolitan area 列可能会用作索引，但是它的前导字符和末尾字符可能有空格，并且可能包含缺失值或重复的值。

read_excel 将 Year 解释为 Metropolitan area 数据的列名，因为它在该 Excel 列的数据上方查找标题，并在其中找到 Year。因此，在步骤（4）中，我们将该列重命名为 metro。在该步骤中，还使用了 strip 来解决前导字符和末尾字符的空格问题。如果只有前导空格，则可以使用 lstrip；如果只有末尾空格，则可以使用 rstrip。最好假设任何字符数据中都可能存在前导空格或末尾空格，并在首次导入后不久即清除该数据。

电子表格作者使用 .. 表示缺失的数据。由于这实际上是有效的字符数据，因此这些列将获得 object 数据类型（在遇到包含字符或混合数据的列时，Pandas 就是这样处理的）。在步骤（5）中，强制将列的数据类型转换为数字。这也导致 .. 的原始值被替换为 NaN，这实际上就是 Pandas 对于缺失数字使用的值。这也是我们想要的结果。

我们只要使用几行代码就可以修改所有的人均 GDP 列，这是因为 Pandas 可以很容易地遍历 DataFrame 的列。通过指定[1:]，即可从第 2 列开始，迭代到最后一列。在将这些列更改为数字类型之后，可以将其重命名为更合适的名称。

整理年度 GDP 列的列标题是一个好主意，这有几个原因：一是它有助于我们记住实际数据是什么；二是如果按 Metropolitan area 将它与其他数据合并，则不必担心变量名冲突；三是我们可以基于这些列使用属性访问来处理 Pandas Series，在 1.3.4 节“扩展知识”中将对此展开详细讨论。

步骤（6）中的 describe 向我们显示，有效的人均 GDP 数据大概为 420～480 行。

当在步骤（7）中删除了所有人均 GDP 列均包含缺失值的行时，在 DataFrame 中显示最终有 480 行，这符合我们的预期。

1.3.4　扩展知识

一旦有了 Pandas DataFrame，我们就可以赋予列以更多的意义。我们可以使用属性访问（如 percapitaGPA.metro）或括号表示法（如 percapitaGPA ['metro']）来获取 Pandas 数据 Series 的功能。这两种方法都可以使用数据序列的字符串检查方法（如 str.startswith）和计数方法（如 nunique）。请注意，原始列名 20##不允许属性访问，因为它们是以数字开头的，因此 percapitaGDP.pcGDP2001.count()可以正常工作，但是 percapitaGDP.2001.count()就会返回语法错误，因为 2001 不是有效的 Python 标识符（它是以数字开头的）。

Pandas 具有用于字符串处理和数据序列操作的功能。后续秘笈将尝试其中的许多方法。此秘笈显示了在导入 Excel 数据时最有用的一些操作。

1.3.5　参考资料

我们有必要考虑重塑此数据。例如，不应该让每个都市圈的人均 GDP 数据有 18 列，而应该为每个都市圈提供 18 行数据，而列则分别是年份和人均 GDP。有关重塑数据的秘笈，可在本书第 9 章“规整和重塑数据”中找到。

1.4　从 SQL 数据库中导入数据

在本秘笈中，我们将分别使用 pymssql 和 mysql API 从 Microsoft SQL Server 和 MySQL（现在由 Oracle 拥有）数据库中读取数据。来自此类来源的数据往往具有良好的结构化，因为数据库的设计就是要方便组织成员的同步事务，以及与之交互的事务。每个事务也可能与其他组织的事务相关。

这意味着尽管企业系统中的数据表比 CSV 文件和 Excel 文件中的数据结构更可靠，但它们的逻辑不太可能是独立的。

你需要了解一个表中的数据与另一个表中的数据之间的关系，以了解其完整含义。提取数据时，需要保留这些关系，包括主键（primary key）和外键（foreign key）的完整性。此外，结构良好的数据表不一定是简单的数据表。通常存在确定数据值的复杂编码方案，并且这些编码方案可以随时间变化。例如，零售商店链中员工种族的代码在 1998 年可能与 2020 年有所不同。类似地，Pandas 还经常将一些缺失值的代码（如 99999）理解为有效值。

由于此逻辑中的大部分是业务逻辑，并且在存储过程或其他应用程序中实现，因此，当我们从一个较大的系统中提取数据时，这些逻辑将会丢失。在准备数据以进行分析时，某些丢失的东西最终仍然需要重建，这通常涉及合并来自多个表的数据，因此，重要的是要保留执行此类操作的能力。但是，这也可能涉及在将 SQL 表加载到 Pandas DataFrame

中后添加一些编码逻辑。本秘笈将探讨如何做到这一点。

1.4.1　准备工作

本秘笈假设你已经安装 pymssql 和 mysql API。如果尚未安装，则可以使用 pip 安装它们，这是相对比较简单的方法。

在终端或 PowerShell（Windows 系统）中，可输入以下命令。

```
pip install pymssql
pip install mysql-connector-python
```

注意：

此秘笈中的数据集同样是可公开使用的，其网址如下。

https://archive.ics.uci.edu/ml/machine-learning-databases/00320/

1.4.2　实战操作

本示例可将 SQL Server 和 MySQL 数据表导入 Pandas DataFrame 中，具体操作如下。

（1）导入 pandas、numpy、pymssql 和 mysql。

此步骤假定你已经安装了 pymssql 和 mysql API。

```
>>> import pandas as pd
>>> import numpy as np
>>> import pymssql
>>> import mysql.connector
```

（2）使用 pymssql API 和 read_sql 从 SQL Server 实例中检索和加载数据。

从 SQL Server 数据中选择所需的列，并使用 SQL 别名来改进列名（如 fedu AS fathereducation）。通过将数据库凭据传递给 pymssql connect 函数来创建与 SQL Server 数据的连接。通过将 SELECT 语句和 connection 对象传递给 read_sql 来创建 Pandas DataFrame。关闭连接以将其返回服务器的池中。

```
>>> query = "SELECT studentid, school, sex, age, famsize,\
...   medu AS mothereducation, fedu AS fathereducation,\
...   traveltime, studytime, failures, famrel, freetime,\
...   goout, g1 AS gradeperiod1, g2 AS gradeperiod2,\
...   g3 AS gradeperiod3 From studentmath"
>>>
>>> server = "pdcc.c9sqqzd5fulv.us-west-2.rds.amazonaws.com"
```

```
>>> user = "pdccuser"
>>> password = "pdccpass"
>>> database = "pdcctest"
>>>
>>> conn = pymssql.connect(server=server,
...   user=user, password=password, database=database)
>>>
>>> studentmath = pd.read_sql(query,conn)
>>> conn.close()
```

（3）检查数据类型和前几行。

```
>>> studentmath.dtypes
studentid          object
school             object
sex                object
age                 int64
famsize            object
mothereducation     int64
fathereducation     int64
traveltime          int64
studytime           int64
failures            int64
famrel              int64
freetime            int64
goout               int64
gradeperiod1        int64
gradeperiod2        int64
gradeperiod3        int64
dtype: object

>>> studentmath.head()
  studentid school  ...  gradeperiod2  gradeperiod3
0       001     GP  ...             6             6
1       002     GP  ...             5             6
2       003     GP  ...             8            10
3       004     GP  ...            14            15
4       005     GP  ...            10            10

[5 rows x 16 columns]
```

（4）使用 mysql 连接器和 read_sql 从 MySQL 中获取数据（此为可选操作步骤）。创建与 mysql 数据的连接，并将该连接传递给 read_sql 以检索数据并将其加载到

Pandas DataFrame 中。有关学生数学成绩的相同数据文件已上传到 SQL Server 和 MySQL，因此我们可以使用在前述步骤中使用的相同 SQL SELECT 语句。

```
>>> host = "pdccmysql.c9sqqzd5fulv.us-west-2.rds.amazonaws.com"
>>> user = "pdccuser"
>>> password = "pdccpass"
>>> database = "pdccschema"

>>> connmysql = mysql.connector.connect(host=host,
...   database=database,user=user,password=password)

>>> studentmath = pd.read_sql(sqlselect,connmysql)
>>> connmysql.close()
```

（5）重新排列各列，设置索引，然后检查缺失值。

将成绩数据移到 DataFrame 的左侧，仅在 studentid 列之后。此外，还将 freetime 列移动到右侧，也就是在 traveltime 和 studytime 之后。确认每一行都有一个 ID，并且这些 ID 是唯一的，然后将 studentid 设置为索引。

```
>>> newcolorder = ['studentid', 'gradeperiod1', 'gradeperiod2',
...   'gradeperiod3', 'school', 'sex', 'age', 'famsize',
...   'mothereducation', 'fathereducation', 'traveltime',
...   'studytime', 'freetime', 'failures', 'famrel',
...   'goout']
>>> studentmath = studentmath[newcolorder]
>>> studentmath.studentid.count()
395
>>> studentmath.studentid.nunique()
395
>>> studentmath.set_index('studentid', inplace=True)
```

（6）使用 DataFrame 的 count 函数检查缺失值。

```
>>> studentmath.count()
gradeperiod1      395
gradeperiod2      395
gradeperiod3      395
school            395
sex               395
age               395
famsize           395
mothereducation   395
fathereducation   395
```

```
traveltime       395
studytime        395
freetime         395
failures         395
famrel           395
goout            395
dtype: int64
```

（7）用更有提示性的值替换已编码的数据值。

使用列的替换值创建一个字典，然后使用 replace 设置这些值。

```
>>> setvalues={"famrel":{1:"1:very bad",2:"2:bad",3:"3:neutral",
...     4:"4:good",5:"5:excellent"},
...    "freetime":{1:"1:very low",2:"2:low",3:"3:neutral",
...     4:"4:high",5:"5:very high"},
...    "goout":{1:"1:very low",2:"2:low",3:"3:neutral",
...     4:"4:high",5:"5:very high"},
...    "mothereducation":{0:np.nan,1:"1:k-4",2:"2:5-9",
...     3:"3:secondary ed",4:"4:higher ed"},
...    "fathereducation":{0:np.nan,1:"1:k-4",2:"2:5-9",
...     3:"3:secondary ed",4:"4:higher ed"}}

>>> studentmath.replace(setvalues, inplace=True)
>>> setvalueskeys = [k for k in setvalues]
```

（8）将已更改数据的列的类型修改为 category（分类）。

检查内存使用情况是否有任何变化。

```
>>> studentmath[setvalueskeys].memory_usage(index=False)
famrel             3160
freetime           3160
goout              3160
mothereducation    3160
fathereducation    3160
dtype: int64

>>> for col in studentmath[setvalueskeys].columns:
...     studentmath[col] = studentmath[col].astype('category')
...
>>> studentmath[setvalueskeys].memory_usage(index=False)
famrel             595
freetime           595
goout              595
```

```
mothereducation     587
fathereducation     587
dtype: int64
```

（9）计算 famrel 列中的值的百分比。

运行 value_counts 并将 normalize 设置为 True 以生成百分比。

```
>>> studentmath['famrel'].value_counts(sort=False, normalize=True)
1:very bad    0.02
2:bad         0.05
3:neutral     0.17
4:good        0.49
5:excellent   0.27
Name: famrel, dtype: float64
```

（10）使用 apply 来计算多个列的百分比。

```
>>> studentmath[['freetime','goout']].\
...    apply(pd.Series.value_counts, sort=False, normalize=True)
             freetime  goout
1:very low       0.05   0.06
2:low            0.16   0.26
3:neutral        0.40   0.33
4:high           0.29   0.22
5:very high      0.10   0.13
>>>
>>> studentmath[['mothereducation','fathereducation']].\
...    apply(pd.Series.value_counts, sort=False, normalize=True)
                mothereducation  fathereducation
1:k-4                      0.15             0.21
2:5-9                      0.26             0.29
3:secondary ed             0.25             0.25
4:higher ed                0.33             0.24
```

上述步骤从 SQL 数据库检索数据表，将数据加载到 Pandas 中，并执行了一些初步的数据检查和清理工作。

1.4.3　原理解释

由于来自企业系统的数据通常具有比 CSV 或 Excel 文件更好的结构，因此我们无须执行诸如跳过行或处理列中不同逻辑数据类型之类的事情。但是，在开始探索性分析之前，通常仍然需要进行一些处理。一般来说，列数可能超出了我们的需要，并且某些列名很不直观，或者没有以最佳方式进行排序以方便分析。许多数据值的意义并未被存储在数据表中，以避免输入错误并节省存储空间。例如，在 mother's education 列中存储的是 3 而不是 secondary education。因此，最好在数据清洗过程中尽早重建该编码。

要从 SQL 数据库服务器中提取数据，我们需要一个连接对象以在服务器上进行身份验证，另外还需要一个 SQL 选择字符串。这些可以传递给 read_sql 以检索数据，然后将数据加载到 Pandas DataFrame 中。在这个阶段，可以使用 SQL SELECT 语句对列名称进行一些清理。其实在这里还可以对列进行重新排序，不过本秘笈是在后面的步骤执行的排序操作。

在步骤（5）中设置了索引，首先确认每一行都有一个 studentid 值，并且该值是唯一的。当使用企业数据时，这非常重要，因为我们几乎总是需要将检索到的数据与系统上的其他数据文件合并。尽管此合并不需要索引，但设置索引这一做法可为将来合并数据做好准备，它还可能会提高合并速度。

在步骤（6）中，使用了 DataFrame 的 count 函数来检查缺失值，结果发现没有缺失值。每一列的非缺失值为 395（这也正是行数）。这样的数据好到几乎难以置信。从逻辑上说，有些值可能是缺失的；也就是说，有些有效数字仍然表示缺失值，如-1、0、9 或 99。我们在步骤（7）中解决了这种可能存在的问题。

步骤（7）展示了一种用于替换多列数据值的有用技术。我们创建一个字典以将原始值映射到每一列的新值，然后使用 replace 运行它。为了减少新值占用的存储空间量，我们将这些列的数据类型转换为 category。为此我们生成了 setvalues 字典的键列表。

```
setvalueskeys = [k for k in setvalues]
```

这会生成[famrel, freetime, goout, mothereducation, fathereducation]。然后，我们遍历这 5 列，并使用 astype 方法将数据类型更改为 category（分类）。可以看到，在修改数据类型之后，这些列的内存使用量已大大减少。

在步骤（9）和步骤（10）中，使用了 value_counts 查看相对频率，以检查新值的分配情况。这里之所以使用 apply 方法是因为要在多个列上运行 value_counts。为避免 value_counts 按频率排序，我们将 sort 参数设置为 False。

DataFrame 的 replace 方法还可以是用于处理逻辑缺失值的便捷工具，这些逻辑缺失值在通过 read_sql 检索时不会被识别为缺失。例如，mothereducation 和 fathereducation 列中的 0 值就似乎属于某个分类。我们在步骤（7）的 setvalues 字典中修复了这个问题，方法是指示使用 NaN 替换 mothereducation 和 fathereducation 列中的 0 值。在初次导入后立即解决此类缺失值很重要，因为它们并不是很明显，但会严重影响所有后续工作。

诸如 SPPS、SAS 和 R 之类的软件包的用户将注意到此方法与 SPSS 和 R 中的值标签以及 SAS 中的 proc 格式之间的区别。在 Pandas 中，我们需要将实际数据更改为更有提示性的值以获取更多信息。但是，我们还可以通过为列指定 category 数据类型来减少实际存储的数据量，category 类似于 R 中的 factor（因子）。

1.4.4　扩展知识

在本示例中，我们将成绩数据移到了 DataFrame 的开头附近，之所以要这样做，是因为在最左侧的列中包含潜在的目标或因变量很有帮助，它可以使我们在执行操作时会首先考虑到它们。此外，将相似的列保持在一起也很有帮助。在本示例中，个人在人口统计意义上的变量（sex 性别、age 年龄）彼此相邻，家庭变量（mothereducation 母亲教育、fathereducation 父亲教育）彼此相邻，学生的时间安排方式（traveltime 旅行时间、studytime 学习时间和 freetime 空闲时间）也安排在一起。

在步骤（7）中，也可以使用 map 而不是 replace。在 19.2 版之前的 Pandas 中，map 的效率明显更高。但从该版本之后，效率差异就小得多了。当然，如果你使用的数据集非常大，那么根据其差异可能仍然足以考虑使用 map。

1.4.5　参考资料

在第 4 章“识别缺失值和离群值”中，将仔细研究变量之间双变量和多变量的关系。

在第 8 章“组合 DataFrame”的秘笈中，将详细介绍合并数据的方法。

在本章的后续秘笈中，将演示如何在诸如 SPSS、SAS 和 R 之类的软件包中使用与上述操作相同的方法。

1.5　导入 SPSS、Stata 和 SAS 数据

我们将使用 pyreadstat 将数据从 3 个流行的统计数据包读取到 Pandas 中。pyreadstat 的主要优势在于，它允许数据分析人员从这些包中导入数据而不会丢失其元数据（如变量和值标签）。

我们收到的 SPSS、Stata 和 SAS 数据文件通常不会出现诸如 CSV 和 Excel 文件以及 SQL 数据库表那样的数据问题。一般来说，不会出现无效的列名，数据类型的更改，以及不明确的缺失值（这些都是 CSV 或 Excel 文件容易出现的），也不会从业务逻辑中分离数据（这是 SQL 数据容易出现的问题）。当某人或某个组织与我们共享这些软件包之一中的数据文件时，他们通常会为分类数据添加变量标签和值标签。例如，假设有一个

名为 presentsat 的数据列，它的变量标签可能是 overall satisfaction with presentation（对演讲的总体满意程度），值标签为 1～5，其中 1 表示非常不满意，5 表示高度满意。

对于此类数据而言，问题在于将数据从那些系统导入 Pandas 中时如何保留元数据（Metadata）。Pandas 中没有精确等同于变量和值标签的东西，并且用于导入 SAS、Stata 和 SAS 数据的内置工具将会丢失元数据。在本秘笈中，我们将使用 pyreadstat 加载变量和值标签信息，并使用多种技术在 Pandas 中表示该信息。

1.5.1 准备工作

本秘笈假设你已安装 pyreadstat 软件包。如果尚未安装，则可以使用 pip 进行安装。在终端或 PowerShell（Windows 系统）中，输入以下语句。

```
pip install pyreadstat
```

你需要 SPSS、Stata 和 SAS 数据文件才能运行本示例中的代码。

本示例将使用美国国家青年纵向调查（United States National Longitudinal Servey of Youth，NLS）的数据。

注意：

美国国家青年纵向调查（NLS）是由美国劳工统计局进行的。这项调查始于 1997 年的一组人群，这些人群出生于 1980—1985 年，每年进行一次随访，直到 2017 年。在本秘笈的准备工作中，我们从该调查的数百个数据项中提取了 42 个变量，包括职等、工作、收入和对政府的态度等。你可以从本书存储库中下载对应 SPSS、Stata 和 SAS 的单独文件。NLS 数据可从以下地址中下载。

https://www.nlsinfo.org/investigator/pages/search

1.5.2 实战操作

本示例将从 SPSS、Stata 和 SAS 中导入数据，并保留元数据（如值标签）。

（1）导入 pandas、numpy 和 pyreadstat。

此步骤假定你已安装 pyreadstat。

```
>>> import pandas as pd
>>> import numpy as np
>>> import pyreadstat
```

（2）检索 SPSS 数据。

将路径和文件名传递给 pyreadstat 的 read_sav 方法。显示前几行和频率分布。请注意，列名和值标签是非描述性的，并且 read_sav 同时创建了 Pandas DataFrame 和元数据对象。

```
>>> nls97spss, metaspss = pyreadstat.read_sav('data/nls97.sav')
>>> nls97spss.dtypes
R0000100    float64
R0536300    float64
R0536401    float64
...
U2962900    float64
U2963000    float64
Z9063900    float64
dtype: object

>>> nls97spss.head()
   R0000100  R0536300  ...  U2963000  Z9063900
0         1         2  ...       nan        52
1         2         1  ...         6         0
2         3         2  ...         6         0
3         4         2  ...         6         4
4         5         1  ...         5        12

[5 rows x 42 columns]
>>> nls97spss['R0536300'].value_counts(normalize=True)
1.00   0.51
2.00   0.49
Name: R0536300, dtype: float64
```

（3）获取元数据以改进列标签和值标签。

调用 read_sav 时创建的 metaspss 对象其实已经包含了 SPSS 文件中的列标签和值标签。在本示例中，可以使用 variable_value_labels 字典将值映射到一列的值标签（R0536300）中。这不会更改数据，只会在运行 value_counts 时改进显示。使用 set_value_labels 方法则可以将值标签实际应用于 DataFrame。

```
>>> metaspss.variable_value_labels['R0536300']
{0.0: 'No Information', 1.0: 'Male', 2.0: 'Female'}

>>> nls97spss['R0536300'].\
...    map(metaspss.variable_value_labels['R0536300']).\
...    value_counts(normalize=True)
Male      0.51
Female    0.49
```

```
Name: R0536300, dtype: float64

>>> nls97spss = pyreadstat.set_value_labels(nls97spss, metaspss,
formats_as_category=True)
```

（4）使用元数据中的列标签重命名列。

要在 DataFrame 中使用 metaspss 中的列标签，可以简单地将 metaspss 中的列标签分配给 DataFrame 的列名。我们还可以对列名称进行一些整理，例如将列名更改为小写，将空格更改为下画线，并删除所有剩余的非字母数字字符。

```
>>> nls97spss.columns = metaspss.column_labels

>>> nls97spss['KEY!SEX (SYMBOL) 1997'].value_counts(normalize=True)
Male      0.51
Female    0.49
Name: KEY!SEX (SYMBOL) 1997, dtype: float64

>>> nls97spss.dtypes
PUBID - YTH ID CODE 1997                       float64
KEY!SEX (SYMBOL) 1997                         category
KEY!BDATE M/Y (SYMBOL) 1997                    float64
KEY!BDATE M/Y (SYMBOL) 1997                    float64
CV_SAMPLE_TYPE 1997                           category
KEY!RACE_ETHNICITY (SYMBOL) 1997              category
...
HRS/WK R WATCHES TELEVISION 2017              category
HRS/NIGHT R SLEEPS 2017                        float64
CVC_WKSWK_YR_ALL L99                           float64
dtype: object

>>> nls97spss.columns = nls97spss.columns.\
...     str.lower().\
...     str.replace(' ','_').\
...     str.replace('[^a-z0-9_]', '')
>>> nls97spss.set_index('pubid__yth_id_code_1997', inplace=True)
```

（5）通过从头开始应用值标签来简化过程。

实际上，我们可以在初次调用 read_sav 时即应用数据值，方法是将 apply_value_formats 设置为 True，这消除了以后调用 set_value_labels 函数的需要。

```
>>> nls97spss, metaspss = pyreadstat.read_sav('data/nls97.sav',
apply_value_formats=True, formats_as_category=True)
>>> nls97spss.columns = metaspss.column_labels
```

```
>>> nls97spss.columns = nls97spss.columns.\
...    str.lower().\
...    str.replace(' ','_').\
...    str.replace('[^a-z0-9_]', '')
```

（6）显示列和几行数据。

```
>>> nls97spss.dtypes
pubid__yth_id_code_1997                          float64
keysex_symbol_1997                              category
keybdate_my_symbol_1997                          float64
keybdate_my_symbol_1997                          float64
...
hrsnight_r_sleeps_2017                           float64
cvc_wkswk_yr_all_199                             float64
dtype: object

>>> nls97spss.head()
   pubid__yth_id_code_1997  keysex_symbol_1997  ...  \
0                        1              Female  ...
1                        2                Male  ...
2                        3              Female  ...
3                        4              Female  ...
4                        5                Male  ...

    hrsnight_r_sleeps_2017  cvc_wkswk_yr_all_199
0                      nan                    52
1                        6                     0
2                        6                     0
3                        6                     4
4                        5                    12

[5 rows x 42 columns]
```

（7）在其中一列上运行 frequency 并设置索引。

```
>>> nls97spss.govt_responsibility__provide_jobs_2006.\
...    value_counts(sort=False)
Definitely should be          454
Definitely should not be      300
Probably should be            617
Probably should not be        462
Name: govt_responsibility__provide_jobs_2006, dtype:int64

>>> nls97spss.set_index('pubid__yth_id_code_1997', inplace=True)
```

（8）导入 Stata 数据，应用值标签，并改进列标题。

对 Stata 数据可使用与 SPSS 数据相同的方法。

```
>>> nls97stata, metastata = pyreadstat.read_dta('data/nls97.dta',
apply_value_formats=True, formats_as_category=True)
>>> nls97stata.columns = metastata.column_labels
>>> nls97stata.columns = nls97stata.columns.\
...     str.lower().\
...     str.replace(' ','_').\
...     str.replace('[^a-z0-9_]', '')
>>> nls97stata.dtypes
pubid__yth_id_code_1997                          float64
keysex_symbol_1997                              category
keybdate_my_symbol_1997                          float64
keybdate_my_symbol_1997                          float64
...
hrsnight_r_sleeps_2017                           float64
cvc_wkswk_yr_all_l99                             float64
dtype: object
```

（9）查看几行数据和运行 frequency。

```
>>> nls97stata.head()
   pubid__yth_id_code_1997  keysex_symbol_1997  ...  \
0                        1              Female  ...
1                        2                Male  ...
2                        3              Female  ...
3                        4              Female  ...
4                        5                Male  ...

   hrsnight_r_sleeps_2017  cvc_wkswk_yr_all_l99
0                      -5                    52
1                       6                     0
2                       6                     0
3                       6                     4
4                       5                    12

[5 rows x 42 columns]
>>> nls97stata.govt_responsibility__provide_jobs_2006.\
...    value_counts(sort=False)
-5.0                        1425
-4.0                        5665
-2.0                          56
```

```
-1.0                              5
Definitely should be            454
Definitely should not be        300
Probably should be              617
Probably should not be          462
Name: govt_responsibility__provide_jobs_2006, dtype:int64
```

（10）修复 Stata 数据中的逻辑缺失值并设置索引。

```
>>> nls97stata.min()
pubid__yth_id_code_1997                          1
keysex_symbol_1997                          Female
keybdate_my_symbol_1997                          1
keybdate_my_symbol_1997                      1,980
...
cv_bio_child_hh_2017                            -5
cv_bio_child_nr_2017                            -5
hrsnight_r_sleeps_2017                          -5
cvc_wkswk_yr_all_l99                            -4
dtype: object

>>> nls97stata.replace(list(range(-9,0)), np.nan, inplace=True)

>>> nls97stata.min()
pubid__yth_id_code_1997                          1
keysex_symbol_1997                          Female
keybdate_my_symbol_1997                          1
keybdate_my_symbol_1997                      1,980
...
cv_bio_child_hh_2017                             0
cv_bio_child_nr_2017                             0
hrsnight_r_sleeps_2017                           0
cvc_wkswk_yr_all_l99                             0
dtype: object
>>> nls97stata.set_index('pubid__yth_id_code_1997', inplace=True)
```

（11）使用 SAS 目录文件中的值标签检索 SAS 数据。

SAS 的数据值被存储在目录文件（catalog file）中。设置目录文件路径和文件名将检索值标签并应用它们。

```
>>> nls97sas, metasas = pyreadstat.read_sas7bdat('data/nls97.sas7bdat',
catalog_file='data/nlsformats3.sas7bcat', formats_as_category=True)
>>> nls97sas.columns = metasas.column_labels
```

```
>>>
>>> nls97sas.columns = nls97sas.columns.\
...     str.lower().\
...     str.replace(' ','_').\
...     str.replace('[^a-z0-9_]', '')
>>>
>>> nls97sas.head()
   pubid__yth_id_code_1997  keysex_symbol_1997  ...  \
0                        1              Female  ...
1                        2                Male  ...
2                        3              Female  ...
3                        4              Female  ...
4                        5                Male  ...

   hrsnight_r_sleeps_2017  cvc_wkswk_yr_all_199
0                     nan                    52
1                       6                     0
2                       6                     0
3                       6                     4
4                       5                    12

[5 rows x 42 columns]
>>> nls97sas.keysex_symbol_1997.value_counts()
Male      4599
Female    4385
Name: keysex_symbol_1997, dtype: int64
>>> nls97sas.set_index('pubid__yth_id_code_1997', inplace=True)
```

上述操作演示了如何导入 SPSS、SAS 和 Stata 数据而不会丢失重要的元数据。

1.5.3 原理解释

pyreadstat 的 read_sav、read_dta 和 read_sas7bdat 方法可分别用于 SPSS、Stata 和 SAS 数据文件，它们的工作方式相似。

在步骤（5）中，针对 SPSS 文件，将 apply_value_formats 设置为 True；在步骤（8）中，针对 Stata 文件，将 apply_value_formats 设置为 True；在步骤（11）中，提供了 SAS 的目录文件路径和文件名。这些步骤都可以在读取数据时应用值标签。

我们可以将 formats_as_category 设置为 True，以将数据值被改变的那些列的数据类型更改为 category。元数据对象具有来自统计软件包的列名和列标签，因此可以在任何时候将元数据列标签分配给 Pandas DataFrame 列名（nls97spss.columns = metaspss.column_labels）。

通过将 Pandas 列名称设置为元数据列名称（nls97spss.columns = metaspss.column_names），我们甚至可以在为它们分配元数据列标签后恢复到原始列标题。

在步骤（3）中，我们在不应用值标签的情况下读取了 SPSS 数据。我们查看了字典中的一个变量（metaspss.variable_value_labels['R0536300']），但其实我们也可以查看所有变量（metaspss.variable_value_labels）的字典。当确信标签有意义时，可以通过调用 set_value_labels 函数来设置它们。当你不太了解数据并且想要在应用标签之前检查标签内容时，这是一种很好的方法。

与原始列标题相比，元对象的列标签通常是更好的选择，因为列标题可能非常隐蔽，尤其是在 SPSS、Stata 或 SAS 文件基于大型调查的情况下（本示例就是这种情况）。但是标签通常也不是列标题的理想选择，因为它们有时包含空格、无用的大写字母和非字母数字字符等。因此，我们可以将一些字符串操作链接起来，以将它们转换为小写字母，用下画线替换空格，并删除非字母数字字符。

对于这些数据文件处理缺失值并不总是那么简单，因为通常有许多原因导致数据缺失。如果文件来自调查，则缺失值可能是由于调查跳过模式、被调查者未能回答问题或回答无效等。NLS 有 9 个可能的缺失值，即-1～-9。SPSS 导入时会自动将这些值设置为 NaN，而 Stata 导入时则会保留原始值。如果有必要，也可以通过将 user_missing 设置为 True 来让 SPSS 导入时保留这些值。对于 Stata 数据，则需要告诉它用 NaN 替换-1～-9 的所有值。为此，可以使用 DataFrame 的 replace 函数，并传递给它一个-9～-1 的整数列表，列表的具体形式如下。

```
list(range(-9,0))
```

1.5.4　扩展知识

你可能已经注意到，此秘笈与上一个秘笈在值标签的设置方面有相似之处。在上一个秘笈中，使用了 DataFrame 的 replace 操作设置值标签，而在此秘笈中，使用了类似的 set_value_labels 函数。我们传递了一个字典给 replace，以将列映射到值标签中。此秘笈中的 set_value_labels 函数则基本上做的是同样的事情，使用了 meta 对象的 variable_value_labels 属性作为字典。

统计软件包中的数据通常不像 SQL 数据库那样具有良好的结构化设计。由于它们旨在促进分析，因此它们经常会违反数据库的标准化规则。此类数据可能会存在一个隐含的关系结构，但在某个阶段这种关系结构可能会被取消。例如，这些数据可能结合了个人和事件级别的数据——人员和医院就诊数、棕熊和冬眠日期等。一般来说，当你需要进行某些方面的分析时，将需要重塑此数据。

1.5.5 参考资料

pyreadstat 软件包有非常好的说明文档，其网址如下。

https://github.com/Roche/pyreadstat

该软件包提供了许多有用的选项，用于选择列和处理缺失的数据。由于篇幅受限，本秘笈无法对此进行演示。

1.6 导入 R 数据

可以使用 pyreadr 将 R 数据文件读入 Pandas 中。由于 pyreadr 无法捕获元数据，因此分析人员需要编写代码来重建值标签（类似于 R 因子）和列标题。这和 1.4 节“从 SQL 数据库中导入数据”的方法类似。

R 统计软件包在许多方面类似于 Python 和 Pandas 的组合（至少在其工作范围上是如此）。二者都具有一系列用于数据准备和数据分析任务的强大工具。一些数据科学家会同时使用 R 和 Python，例如，可能会使用 Python 进行数据处理，而使用 R 进行统计分析，反之亦然，这取决于他们首选的软件包。但是，当前缺少将 R 中存储的数据（如 rds 或 rdata 文件）读入 Python 中的工具。分析人员通常先将数据另存为 CSV 文件，然后将 CSV 文件加载到 Python 中。本秘笈将使用 pyreadr（它与 pyreadstat 来自同一作者），因为它不需要安装 R 软件。

当我们收到一个 R 文件，或使用我们自己创建的 R 文件时，可以预计它的结构会相当好，至少与 CSV 或 Excel 文件相比是如此。每列将只有一种数据类型，列标题将具有 Python 变量的适当名称，所有行将具有相同的结构。当然，我们可能需要还原某些编码逻辑，就像处理 SQL 数据时所做的那样。

1.6.1 准备工作

本秘笈假定你已安装 pyreadr 软件包。如果尚未安装，则可以使用 pip 进行安装。在终端或 Powershell（Windows 系统）中，输入以下命令。

```
pip install pyreadr
```

你需要此秘笈的 R 格式 rds 文件才能运行本示例的代码。

在此秘笈中，将再次使用美国国家青年纵向调查（NLS）的数据。其下载地址详见

1.5.1 节“准备工作”。

1.6.2　实战操作

此秘笈将从 R 中导入数据而不会丢失重要的元数据。

（1）加载 pandas、numpy、pyreadr 和 pprint 软件包。

```
>>> import pandas as pd
>>> import numpy as np
>>> import pyreadr
>>> import pprint
```

（2）获取 R 数据。

将路径和文件名传递给 read_r 方法以检索 R 数据并将其作为 Pandas DataFrame 加载到内存中。read_r 可以返回一个或多个对象。当读取 rds 文件（与 rdata 文件相对）时，它将返回一个对象，其键为 None。我们将指定 None 以获取 Pandas DataFrame。

```
>>> nls97r = pyreadr.read_r('data/nls97.rds')[None]
>>> nls97r.dtypes
R0000100     int32
R0536300     int32
...
U2962800     int32
U2962900     int32
U2963000     int32
Z9063900     int32
dtype: object

>>> nls97r.head(10)
   R0000100  R0536300  R0536401  ...  U2962900  U2963000  Z9063900
0         1         2         9  ...        -5        -5        52
1         2         1         7  ...         2         6         0
2         3         2         9  ...         2         6         0
3         4         2         2  ...         2         6         4
4         5         1        10  ...         2         5        12
5         6         2         1  ...         2         6         6
6         7         1         4  ...        -5        -5         0
7         8         2         6  ...        -5        -5        39
8         9         1        10  ...         2         4         0
9        10         1         3  ...         2         6         0

[10 rows x 42 columns]
```

（3）为值标签和列标题设置字典。

加载将列映射到值标签中的字典，并创建首选列名称的列表，如下所示。

```
>>> with open('data/nlscodes.txt', 'r') as reader:
...     setvalues = eval(reader.read())
...
>>> pprint.pprint(setvalues)
{'R0536300': {0.0: 'No Information', 1.0: 'Male', 2.0:'Female'},
 'R1235800': {0.0: 'Oversample', 1.0: 'Cross-sectional'},
 'S8646900': {1.0: '1. Definitely',
             2.0: '2. Probably ',
             3.0: '3. Probably not',
             4.0: '4. Definitely not'}}
...
>>> newcols = ['personid','gender','birthmonth','birthyear',
...    'sampletype', 'category','satverbal','satmath',
...    'gpaoverall','gpaeng','gpamath','gpascience','govjobs',
...    'govprices','govhealth','goveld','govind','govunemp',
...    'govinc','govcollege','govhousing','govenvironment',
...    'bacredits','coltype1','coltype2','coltype3','coltype4',
...    'coltype5','coltype6','highestgrade','maritalstatus',
...    'childnumhome','childnumaway','degreecol1',
...    'degreecol2','degreecol3','degreecol4','wageincome',
...    'weeklyhrscomputer','weeklyhrstv',
...    'nightlyhrssleep','weeksworkedlastyear']
```

（4）设置值标签和缺失值，然后将所选列更改为 category 数据类型。

使用 setvalues 字典，用值标签替换现有值。

使用 NaN 替换−9～−1 的所有值。

```
>>> nls97r.replace(setvalues, inplace=True)
>>> nls97r.head()
   R0000100  R0536300  ...  U2963000  Z9063900
0         1    Female  ...        -5        52
1         2      Male  ...         6         0
2         3    Female  ...         6         0
3         4    Female  ...         6         4
4         5      Male  ...         5        12

[5 rows x 42 columns]

>>> nls97r.replace(list(range(-9,0)), np.nan, inplace=True)
```

```
>>> for col in nls97r[[k for k in setvalues]].columns:
...     nls97r[col] = nls97r[col].astype('category')
...
>>> nls97r.dtypes
R0000100         int64
R0536300      category
R0536401         int64
R0536402         int64
R1235800      category
                ...
U2857300      category
U2962800      category
U2962900      category
U2963000       float64
Z9063900       float64
Length: 42, dtype: object
```

（5）设置有意义的列标题。

```
>>> nls97r.columns = newcols

>>> nls97r.dtypes
personid                    int64
gender                   category
birthmonth                  int64
birthyear                   int64
sampletype               category
                           ...
wageincome               category
weeklyhrscomputer        category
weeklyhrstv              category
nightlyhrssleep           float64
weeksworkedlastyear       float64
Length: 42, dtype: object
```

上述操作显示了如何将 R 数据文件导入 Pandas 中并分配值标签。

1.6.3　原理解释

使用 pyreadr 将 R 数据读取到 Pandas 中非常简单。只要将文件名传递给 read_r 函数即可。由于 read_r 可以通过一次调用返回多个对象，因此需要指定对象。读取 rds 文件（与

rdata 文件相对）时，仅返回一个对象。它具有键 None。

在步骤（3）中，加载了一个字典，该字典将变量映射到值标签中，并列出了首选列标题的列表。

在步骤（4）中，我们应用了值标签，还将已经应用了值的列的数据类型更改为 category。其具体方法是：使用[k for k in setvalues]生成 setvalues 字典的键的列表，然后在这些列上进行迭代。

在步骤（5）中，列标题被修改为更有意义和更直观的标题。请注意，这里的顺序很重要。由于 setvalues 字典基于原始列标题，因此在更改列名称之前需要设置值标签。

使用 pyreadr 直接将 R 文件读入 Pandas 中的主要优点是，不必先将 R 数据转换为 CSV 文件。在编写 Python 代码以读取文件后，只要 R 数据发生更改，就可以重新运行它。当我们工作的机器上没有 R 时，这特别有用。

1.6.4 扩展知识

pyreadr 可以返回多个 DataFrame。当需要将 R 中的多个数据对象另存为 rdata 文件时，这很有用。只要一次调用即可返回全部数据对象。

print 是一个可改善 Python 字典显示的实用工具。

1.6.5 参考资料

有关 pyreadr 的说明和示例，可访问以下网址。

https://github.com/ofajardo/pyreadr

Feather 是一种相对较新的文件格式，支持 R 语言和 Python 的交互式存储，速度更快。在下一个秘笈中将讨论该类型文件。

我们本来可以使用 rpy2 而不是 pyreadr 来导入 R 数据。rpy2 比 pyreadr 强大，但是它要求安装 R。它可以读取 R 因子并将其自动设置为 Pandas DataFrame 值。示例如下。

```
>>> import rpy2.robjects as robjects
>>> from rpy2.robjects import pandas2ri
>>> pandas2ri.activate()
>>> readRDS = robjects.r['readRDS']
>>> nls97withvalues = readRDS('data/nls97withvalues.rds')

>>> nls97withvalues
     R0000100 R0536300 R0536401 ...                    U2962900    U2963000
```

```
1              1   Female       9 ...                  NaN -2147483648
2              2     Male       7 ...      3 to 10 hours a week           6
3              3   Female       9 ...      3 to 10 hours a week           6
4              4   Female       2 ...      3 to 10 hours a week           6
5              5     Male      10 ...      3 to 10 hours a week           5
...          ...      ...      ... ...                       ...         ...
8980        9018   Female       3 ...      3 to 10 hours a week           4
8981        9019     Male       9 ...      3 to 10 hours a week           6
8982        9020     Male       7 ...                  NaN -2147483648
8983        9021     Male       7 ...      3 to 10 hours a week           7
8984        9022   Female       1 ... Less than 2 hours per week          7

[8984 rows x 42 columns]
```

可以看到，这会生成一个离群值，即−2147483648。当 readRDS 解释数字列中的缺失数据时，就会发生这种情况。在确认该数字不是有效值之后，可以考虑使用 NaN 对该数字进行全局替换。

1.7　保留表格数据

我们之所以要保留数据，将其从内存复制到本地或远程存储中，原因无非有以下几个。

- 无须重复生成数据的步骤即可访问数据。
- 与他人共享数据。
- 使其可以在其他软件中进行处理。

在此秘笈中，我们会将已加载到 Pandas DataFrame 中的数据保存为不同类型的文件（CSV、Excel、Pickle 和 Feather）。

保留数据的另一个重要但有时被忽略的原因是保留数据的某些部分，在完成分析之前，这一部分数据可能需要其他人对其进行仔细检查。对于使用大中型组织的运营数据的分析师而言，这个过程也是日常数据清理工作流程的一部分。

除了上述保留数据的原因之外，我们有关何时以及如何序列化（Serialize）数据的决定还受到以下因素的影响。

- 就数据分析项目而言，我们所处的位置和阶段。
- 保存和重新加载数据所需的硬件和软件资源。
- 数据集的大小。

在 Word、Excel 或 PowerPoint 等办公应用程序中，我们可以随时按 Ctrl+S 快捷键保存，相形之下，分析师在保存数据时需要考虑更多的东西。

在持久化保存数据之后，一般会将其与用于创建数据的逻辑分开存储。作者发现这是对数据分析完整性的最重要威胁之一。通常而言，我们可能会加载过去（一周前、一个月前或一年前）保存的数据，而忘记了变量的定义方式以及它与其他变量的关系。如果我们正在执行数据清理任务的中间阶段，则最好不要保留数据，只要我们的工作站和网络可以轻松处理重新生成数据的负担即可。最好仅在达到工作里程碑后才保留数据。

除了何时保留数据这个问题，还有一个如何保留数据的问题。如果我们保存数据是为了以后使用相同软件重复使用它，则最好以该软件原生的二进制格式保存它。对于 SPSS、SAS、Stata 和 R 之类的工具来说，这非常简单，但对于 Pandas 而言则不然。但这在某种程度上其实是一个好消息，因为我们有很多选择，从 CSV 和 Excel 到 Pickle 和 Feather 都行。本秘笈将演示保存这些文件类型。

1.7.1 准备工作

如果你的系统上没有 Feather，则需要安装。可以在终端窗口或 Powershell（Windows 系统）中输入以下命令。

```
pip install pyarrow
```

如果在 chapter 1 文件夹中还没有名为 Views 的子文件夹，则需要创建该子文件夹才能运行此秘笈的代码。

注意：[1]

该数据集取自 Global Historical Climatology Network Integrated Database（全球历史气候学网络集成数据库），由美国国家海洋与大气管理局提供给公众使用。其网址如下。

https://www.ncdc.noaa.gov/data-access/land-based-station-data/land-based-datasets/global-historical-climatology-network-monthly-version-4

这只是整个数据集的 100000 行样本，该样本在本书的存储库中也可以找到。

1.7.2 实战操作

本示例将 CSV 文件加载到 Pandas 中，然后将其另存为 Pickle 文件和 Feather 文件。我们还将以 CSV 和 Excel 格式保存数据的子集。

（1）导入 pandas 和 pyarrow，并调整显示。

需要导入 pyarrow 才能将 Pandas DataFrame 保存为 Feather。

[1] 这里与英文原文的内容保持一致，保留了其中文翻译。

```
>>> import pandas as pd
>>> import pyarrow
```

（2）将陆地温度 CSV 文件加载到 Pandas 中，删除包含缺失数据的行，并设置索引。

```
>>> landtemps = pd.read_csv('data/landtempssample.csv',
... names=['stationid','year','month','avgtemp','latitude',
... 'longitude','elevation','station','countryid','country'],
...     skiprows=1,
...     parse_dates=[['month','year']],
...     low_memory=False)
>>>
>>> landtemps.rename(columns={'month_year':'measuredate'}, inplace=True)
>>> landtemps.dropna(subset=['avgtemp'], inplace=True)

>>> landtemps.dtypes
measuredate      datetime64[ns]
stationid                object
avgtemp                 float64
latitude                float64
longitude               float64
elevation               float64
station                  object
countryid                object
country                  object
dtype: object

>>> landtemps.set_index(['measuredate','stationid'], inplace=True)
```

（3）将温度的极值写入 CSV 和 Excel 文件中。

使用 quantile 方法选择包含离群值的行，即在分布的两端各 1/1000 的行。

```
>>> extremevals = landtemps[(landtemps.avgtemp <
landtemps.avgtemp.quantile(.001)) | (landtemps.avgtemp >
landtemps.avgtemp.quantile(.999))]
>>> extremevals.shape
(171, 7)
>>> extremevals.sample(7)
                             avgtemp  ...   country
measuredate  stationid                ...
2013-08-01   QAM00041170       35.30  ...     Qatar
2005-01-01   RSM00024966      -40.09  ...    Russia
1973-03-01   CA002401200      -40.26  ...    Canada
2007-06-01   KU000405820       37.35  ...    Kuwait
```

```
1987-07-01   SUM00062700    35.50  ...    Sudan
1998-02-01   RSM00025325   -35.71  ...   Russia
1968-12-01   RSM00024329   -43.20  ...   Russia

[7 rows x 7 columns]

>>> extremevals.to_excel('views/tempext.xlsx')
>>> extremevals.to_csv('views/tempext.csv')
```

（4）保存为 Pickle 和 Feather 文件。

需要重置索引才能保存 Feather 文件。

```
>>> landtemps.to_pickle('data/landtemps.pkl')
>>> landtemps.reset_index(inplace=True)
>>> landtemps.to_feather("data/landtemps.ftr")
```

（5）加载刚刚保存的 Pickle 和 Feather 文件。

可以看到，保存和加载 Pickle 文件时会保留索引。

```
>>> landtemps = pd.read_pickle('data/landtemps.pkl')
>>> landtemps.head(2).T
measuredate     2000-04-01  1940-05-01
stationid      USS0010K01S  CI000085406
avgtemp               5.27        18.04
latitude             39.90       -18.35
longitude          -110.75       -70.33
elevation         2,773.70        58.00
station      INDIAN_CANYON        ARICA
countryid               US           CI
country      United States        Chile

>>> landtemps = pd.read_feather("data/landtemps.ftr")
>>> landtemps.head(2).T
                               0                    1
measuredate  2000-04-01 00:00:00  1940-05-01 00:00:00
stationid            USS0010K01S          CI000085406
avgtemp                     5.27                18.04
latitude                   39.90               -18.35
longitude                -110.75               -70.33
elevation               2,773.70                58.00
station            INDIAN_CANYON                ARICA
countryid                     US                   CI
country            United States                Chile
```

上述步骤演示了如何使用两种不同的格式（Pickle 和 Feather）来序列化 Pandas DataFrame。

1.7.3　原理解释

持久保存 Pandas 数据非常简单。DataFrame 具有 to_csv、to_excel、to_pickle 和 to_feather 方法，可对应保存 4 种格式。保存为 Pickle 时还可以保留索引。

1.7.4　扩展知识

将数据存储在 CSV 文件中的优点是，保存数据将占用很少的额外内存，缺点是写入 CSV 文件的速度很慢，并且将会丢失重要的元数据，如数据类型。虽然在重新加载文件时，read_csv 通常可以找出正确的数据类型，但并非总是如此。

Pickle 文件可保留这些元数据，但是在序列化时可能会给资源不足的系统带来负担。Pickle 序列化后的数据，可读性差，人一般无法识别。

相形之下，Feather 在资源上的要求更简单一些，并且可以轻松地在 R 和 Python 中加载，但是为了序列化，它必须牺牲索引。另外值得一提的是，Feather 的作者对于长期技术支持没有任何承诺。

你可能已经注意到，除了建议将完整数据集的持久保存限制为项目里程碑之外，我们并没有对数据序列化使用什么格式提出建议，因为此类选择绝对适用“最适合的就是最好的”这一原则。例如，当与同事共享文件时，可以使用 CSV 或 Excel 文件；对于进行中的 Python 项目，可以使用 Feather；当机器的硬件配置较低，内存和 CPU 资源有限且使用 R 时，也可以使用 Feather；在包装项目时，可以将 DataFrame 存储为 Pickle 文件。

第 2 章　将 HTML 和 JSON 导入 Pandas 中

本章继续执行从各种来源导入数据的工作，并在导入后对数据进行初步检查。

在过去的 25 年，数据分析师们逐渐发现，他们越来越需要使用非表格、半结构化形式的数据。有时，他们甚至会自己创建和保存这些形式的数据。在本章中，我们将使用传统表格数据集的通用替代方案——JSON，但是你也可以将此一般性概念扩展到 XML 和 NoSQL 数据存储，如 MongoDB。我们还将介绍从网站抓取数据时发生的常见问题。

本章包含以下秘笈。

- ❑ 导入简单的 JSON 数据。
- ❑ 通过 API 导入更复杂的 JSON 数据。
- ❑ 从网页中导入数据。
- ❑ 持久保存 JSON 数据。

2.1　技 术 要 求

本章的代码和 Notebook 可在 GitHub 上获得，其网址如下。

https://github.com.com/PacktPublishing/Python-Data-Cleaning-Cookbook

2.2　导入简单的 JSON 数据

事实证明，JavaScript 对象表示法（JavaScript object notation，JSON）是将数据从一台机器、进程或节点传输到另一台机器、进程或节点的非常有用的标准。客户端通常会向服务器发送数据请求，服务器在接收到请求之后，先是查询本地存储中的数据，然后将其从 SQL Server 表或类似表之类的东西转换为 JSON，以供客户端使用。有时这个过程还会更复杂一些，第一个服务器（即所谓的 Web 服务器）会将请求转发到数据库服务器。

JSON 和 XML 一样，具有以下特点。

- ❑ 可被人类阅读。
- ❑ 可被大多数客户端设备使用。

- 结构不受限制。

JSON 非常灵活，这意味着它几乎可以容纳任何东西。其结构甚至可以在 JSON 文件中更改，因此不同的键可能出现在不同的位置处。例如，文件可能以一些说明性的键开头，这些键的结构与其余的数据键完全不同。或者在某些情况下可能会出现某些键，而在其他情况下则不会。我们讨论了一些处理这种混乱情况的方法（即灵活性）。

2.2.1 准备工作

在此秘笈中，我们将使用有关政治候选人的新闻报道中的数据。该数据可公开使用，其网址如下。

dataverse.harvard.edu/dataset.xhtml?persistentId=doi:10.7910/DVN/0ZLHOK

作者将其中的 JSON 文件合并到一个文件中，并从合并的数据中随机选择了 60000 个新闻报道。该示例（allcandidatenewssample.json）在本书的 GitHub 存储库中也可获得。

在此秘笈中将使用列表推导式（list comprehension，LC）和字典推导式（dictionary comprehension）执行一些操作。如果你对这二者感到有些陌生，则不妨查看 DataCamp 网站，该网站提供了很好的指南，其网址如下。

- 列表推导式。

https://www.datacamp.com/community/tutorials/python-list-comprehension

- 字典推导式。

https://www.datacamp.com/community/tutorials/python-dictionary-comprehension

2.2.2 实战操作

在进行一些数据检查和清理后，即可将 JSON 文件导入 Pandas 中。

（1）导入 pandas、numpy、json 和 pprint 库。

pprint 改善了加载 JSON 数据时返回的列表和字典的显示。

```
>>> import pandas as pd
>>> import numpy as np
>>> import json
>>> import pprint
>>> from collections import Counter
```

（2）加载 JSON 数据并查找潜在问题。

使用 json load 方法返回有关政治候选人的新闻报道的数据。load 将返回一个字典列表。使用 len 可获取列表的大小，在本示例中，它其实就是新闻报道的总数。每个列表项都是一个字典，其中包含标题、来源等键，以及与这些键相对应的值。使用 pprint 可显示前两个字典。我们可以获取第一个列表项的 source 键的值。

```
>>> with open('data/allcandidatenewssample.json') as f:
...   candidatenews = json.load(f)
...
>>> len(candidatenews)
60000

>>> pprint.pprint(candidatenews[0:2])
[{'date': '2019-12-25 10:00:00',
  'domain': 'www.nbcnews.com',
  'panel_position': 1,
  'query': 'Michael Bloomberg',
  'source': 'NBC News',
  'story_position': 6,
  'time': '18 hours ago',
  'title':'Bloomberg cuts ties with company using prison inmates to make '
          'campaign calls',
    'url': 'https://www.nbcnews.com/politics/2020-election/bloomberg-
cuts-ties-company-using-prison-inmates-makecampaign-calls-n1106971'},
 {'date': '2019-11-09 08:00:00',
   'domain': 'www.townandcountrymag.com',
   'panel_position': 1,
   'query': 'Amy Klobuchar',
   'source': 'Town & Country Magazine',
   'story_position': 3,
   'time': '18 hours ago',
   'title': "Democratic Candidates React to Michael Bloomberg's Potential
Run",
   'url':'https://www.townandcountrymag.com/society/politics/a29739854/
michael-bloomberg-democraticcandidates-campaign-reactions/'}]

>>> pprint.pprint(candidatenews[0]['source'])
'NBC News'
```

（3）检查字典结构是否有差异。

使用 Counter 检查列表中的字典，以 9 个键为标准，检查少于或多于标准键数的字典。查看一些几乎没有数据的字典（即，那些只有两个键的字典），然后将它们删除掉。确认剩余的字典列表具有预期的长度，即 60000（总长度）−2382（被删除的只有两个键的字典个数）= 57618。

```
>>> Counter([len(item) for item in candidatenews])
Counter({9: 57202, 2: 2382, 10: 416})
>>> pprint.pprint(next(item for item in candidatenews if len(item)<9))
{'date': '2019-09-11 18:00:00', 'reason': 'Not collected'}
>>> pprint.pprint(next(item for item in candidatenews if len(item)>9))
{'category': 'Satire',
 'date': '2019-08-21 04:00:00',
 'domain': 'politics.theonion.com',
 'panel_position': 1,
 'query': 'John Hickenlooper',
 'source': 'Politics | The Onion',
 'story_position': 8,
 'time': '4 days ago',
 'title': ''And Then There Were 23,' Says Wayne Messam Crossing Out '
          'Hickenlooper Photo \n'
          'In Elaborate Grid Of Rivals',
 'url': 'https://politics.theonion.com/and-then-there-were-23-says-
wayne-messam-crossing-ou-1837311060'}
>>> pprint.pprint([item for item in candidatenews if len(item)==2][0:10])
[{'date': '2019-09-11 18:00:00', 'reason': 'Not collected'},
 {'date': '2019-07-24 00:00:00', 'reason': 'No Top stories'},
...
 {'date': '2019-01-03 00:00:00', 'reason': 'No Top stories'}]
>>> candidatenews = [item for item in candidatenews if len(item)>2]
>>> len(candidatenews)
57618
```

（4）从 JSON 数据生成计数。

获取仅源于 Politico（这是美国一家讨论政治新闻的网站）的字典，并显示其中几个字典。

```
>>> politico = [item for item in candidatenews if
item["source"] == "Politico"]
>>> len(politico)
2732
>>> pprint.pprint(politico[0:2])
[{'date': '2019-05-18 18:00:00',
  'domain': 'www.politico.com',
  'panel_position': 1,
```

```
  'query': 'Marianne Williamson',
  'source': 'Politico',
  'story_position': 7,
  'time': '1 week ago',
  'title': 'Marianne Williamson reaches donor threshold for Dem debates',
  'url': 'https://www.politico.com/story/2019/05/09/
marianne-williamson-2020-election-1315133'},
 {'date': '2018-12-27 06:00:00',
  'domain': 'www.politico.com',
  'panel_position': 1,
  'query': 'Julian Castro',
  'source': 'Politico',
  'story_position': 1,
  'time': '1 hour ago',
  'title': "O'Rourke and Castro on collision course in Texas",
  'url': 'https://www.politico.com/story/2018/12/27/
orourke-julian-castro-collision-texas-election-1073720'}]
```

（5）获取 source 数据并确认其具有预期的长度。

显示新 sources 列表中的前几项。按来源生成新闻报道计数，并显示 10 个最受欢迎的来源。请注意，来自美国国会山（the Hill）的新闻报道有两个 source 值，一个是 TheHill（无空格），另一个是 The Hill，这是错误的，需要修复。

```
>>> sources = [item.get('source') for item in candidatenews]
>>> type(sources)
<class 'list'>
>>> len(sources)
57618
>>> sources[0:5]
['NBC News', 'Town & Country Magazine', 'TheHill', 'CNBC.com', 'Fox News']
>>> pprint.pprint(Counter(sources).most_common(10))
[('Fox News', 3530),
 ('CNN.com', 2750),
 ('Politico', 2732),
 ('TheHill', 2383),
 ('The New York Times', 1804),
 ('Washington Post', 1770),
 ('Washington Examiner', 1655),
 ('The Hill', 1342),
 ('New York Post', 1275),
 ('Vox', 941)]
```

（6）修复字典中值的所有错误。

修复 The Hill 的 source 值。可以看到，在修改之后，现在 The Hill 是新闻报道中频率最高的来源。

```
>>> for newsdict in candidatenews:
...     newsdict.update((k, "The Hill") for k, v in newsdict.items()
...     if k == "source" and v == "TheHill")
...
>>> sources = [item.get('source') for item in candidatenews]

>>> pprint.pprint(Counter(sources).most_common(10))
[('The Hill', 3725),
 ('Fox News', 3530),
 ('CNN.com', 2750),
 ('Politico', 2732),
 ('The New York Times', 1804),
 ('Washington Post', 1770),
 ('Washington Examiner', 1655),
 ('New York Post', 1275),
 ('Vox', 941),
 ('Breitbart', 799)]
```

（7）创建一个 Pandas DataFrame。

将 JSON 数据传递给 Pandas DataFrame 方法。查看各列的数据类型，注意，date 列现在是 object 类型，这也是需要修复的。

```
>>> candidatenewsdf = pd.DataFrame(candidatenews)
>>> candidatenewsdf.dtypes
title               object
url                 object
source              object
time                object
date                object
query               object
story_position       int64
panel_position      object
domain              object
category            object
dtype: object
```

（8）确认获取 source 的期望值。

将 date 列转换为 datetime 数据类型，并将列名称重命名为 storydate。

```
>>> candidatenewsdf.rename(columns={'date':'storydate'}, inplace=True)
```

```
>>> candidatenewsdf.storydate = candidatenewsdf.storydate.
astype('datetime64[ns]')
>>> candidatenewsdf.shape
(57618, 10)
>>> candidatenewsdf.source.value_counts(sort=True).head(10)
The Hill                3725
Fox News                3530
CNN.com                 2750
Politico                2732
The New York Times      1804
Washington Post         1770
Washington Examiner     1655
New York Post           1275
Vox                      941
Breitbart                799
Name: source, dtype: int64
```

现在，我们有了一个 Pandas DataFrame，其中仅包含有意义数据的新闻报道，并且修复了一些 source 的值。

2.2.3 原理解释

json.load 方法可返回一个字典列表，这样就可以在处理这些数据时使用许多熟悉的工具，如列表方法、切片、列表推导式、字典更新等。很多时候，也许你只是需要填充列表或计算给定分类中的个体数量，这时就无须使用 Pandas。

从步骤（2）到步骤（6），我们使用列表方法执行了许多检查，这些检查与以前秘笈中使用 Pandas 所做的检查相同。

在步骤（3）中，使用了 Counter 和以下列表推导式以获取每个字典中的键数。

```
(Counter([len(item) for item in candidatenews]))
```

结果告诉我们，有 2382 个仅带 2 个键的字典，以及 416 个带 10 个键的字典。

我们使用了 next 来查看少于 9 个键和多于 9 个键的字典的示例，以了解这些项目的结构。此外，我们还使用了切片来显示带有 2 个键的 10 个字典，以查看这些字典中是否有任何数据。然后仅选择了包含 2 个以上键的字典。

在步骤（4）中，我们创建了字典列表的一个子集，在该子集中，字典的 source 仅来源于 Politico 的政治新闻讨论网站，然后查看了几个项目。

在步骤（5）中，我们仅使用 source 数据创建了一个列表，并使用 Counter 列出了 10 个最常见的新闻报道来源。

步骤（6）演示了如何在字典列表中按条件替换键值。在本示例中，只要键（k）为 source 并且值（v）为 TheHill，就会将键值更新为 The Hill。以下语句是该段代码中的精华，它将遍历 candidatenews 中所有字典的所有键/值对。

```
for k, v in newsdict.items()
```

通过将字典列表传递给 Pandas DataFrame 方法，可以轻松创建 Pandas DataFrame。我们在步骤（7）中执行了此操作。这里最主要的麻烦是，我们需要将 date 列从字符串转换为日期，因为在 JSON 中，这些日期值只是字符串。

2.2.4 扩展知识

在步骤（5）和步骤（6）中，使用了 item.get('source')而不是 item ['source']。当字典中可能包含缺失值时，这很方便；当键缺失时，get 返回 None。但是我们可以使用可选的第二个参数来指定要返回的值。

在步骤（8）中，我们将 date 列重命名为 storydate。这并不是必需的，但它确实是一个好主意。date 不仅不能告诉你日期实际代表的任何信息，而且它的列名也太通用了，不确定什么时候就会带来一些问题。

新闻报道数据非常适合表格结构。将每个列表项表示为一行是很有意义的，而键/值对则可以表示为该行的列和列值。这一点也不复杂，键值本身就是字典列表。想象每个新闻报道的 authors（作者）键，它有一个列表项，每个作者都可以作为键值，该列表项是有关该作者的信息字典。在 Python 中使用 JSON 数据时，这一点也不稀奇。下一个秘笈展示了如何使用以这种方式构造的数据。

2.3 通过 API 导入更复杂的 JSON 数据

在上一个秘笈中，我们讨论了使用 JSON 数据的一个显著优势（同时也是一个挑战）：JSON 的灵活性。JSON 文件几乎可以具有其作者可以想象的任何结构。这通常意味着该数据不具有我们到目前为止所讨论的数据源的表格结构，而 Pandas DataFrames 则具有这样的表格结果。一般来说，分析人员和应用程序开发人员之所以使用 JSON，恰恰是因为它不坚持使用表格结构。显然他们知道自己在做什么。

从多个表中检索数据通常需要我们进行一对多合并。将数据保存到一个表或文件中，意味着在一对多关系的“一”侧复制数据。例如，将学生人口统计数据与他们的学习课程数据合并时，即需要针对每个课程重复人口统计数据。

而在使用 JSON 时，不需要进行这种复制，我们可以将这些数据项捕获到一个文件中，然后将学习课程数据嵌套到每个学生的数据中。

但是，使用这种结构化的 JSON 进行分析时，最终需要执行以下操作之一。

- 采用与以往不同的方式处理数据。
- 将 JSON 转换为表格形式。

在第 10 章“用户定义的函数和类”中，将详细探讨第一种方法（详见 10.7 节“处理非表格数据结构的类”）。

本秘笈采用的是第二种方法。它使用非常方便的工具将 JSON 的选定节点转换为表格结构，这个工具就是 json_normalize。

我们首先使用 API 来获取 JSON 数据，因为这是 JSON 经常被使用的方式。使用 API 检索数据而不是使用我们在本地保存的文件，这种操作方式的一个好处是，当刷新源数据时，更容易重新运行代码。

2.3.1　准备工作

本秘笈假设你已经安装了 requests 和 pprint 库。如果尚未安装，则可以使用 pip 安装它们。在终端或 PowerShell（Windows 系统）中，输入以下命令。

```
pip install requests
pip install pprint
```

以下是使用 Cleveland Museum of Art（克利夫兰艺术博物馆）的 collections（馆藏）API 时创建的 JSON 文件的结构。开头有一个有用的 info（信息）部分，但我们对 data（数据）部分更感兴趣。此数据无法很好地纳入表格数据结构中。每个馆藏对象可能有多个 citations（引用）对象和多个 creators（创作者）对象。为节约篇幅，以下 JSON 文件已做节略。

```
{"info": { "total": 778, "parameters": {"african_american_artists": "" }},
"data": [
{
"id": 165157,
"accession_number": "2007.158",
"title": "Fulton and Nostrand",
"creation_date": "1958",
"citations": [
  {
   "citation": "Annual Exhibition: Sculpture, Paintings...",
   "page_number": "Unpaginated, [8],[12]",
```

```
    "url": null
    },
   {
    "citation": "\"Moscow to See Modern U.S. Art,\"<em> New York...",
    "page_number": "P. 60",
    "url": null
   }]
 "creators": [
        {
       "description": "Jacob Lawrence (American, 1917-2000)",
       "extent": null,
       "qualifier": null,
       "role": "artist",
       "birth_year": "1917",
       "death_year": "2000"
       }
  ]
 }
```


注意：

本秘笈中使用的 API 由克利夫兰艺术博物馆提供，它可以公开使用，其网址如下。

https://openaccess-api.clevelandart.org/

2.3.2 实战操作

根据博物馆的馆藏数据创建一个 DataFrame，每个 citation（引用）一行，title（标题）和 creation_date（创建日期）重复。

（1）导入 pandas、numpy、json、pprint 和 requests 库。

需要 requests 库来使用 API 检索 JSON 数据。pprint 可改善列表和字典的显示。

```
>>> import pandas as pd
>>> import numpy as np
>>> import json
>>> import pprint
>>> import requests
```

（2）使用 API 加载 JSON 数据。

向克利夫兰艺术博物馆的 collections API 发出 get 请求。使用查询字符串指示你只想要非裔美国艺术家的收藏。在此将显示第一个馆藏项目。为节约篇幅，我们截断了第一个馆藏项目的部分输出。

```
>>> response = requests.get("https://openaccess-api.clevelandart.org/
api/artworks/?african_american_artists")
>>> camcollections = json.loads(response.text)
>>> print(len(camcollections['data']))
778
>>> pprint.pprint(camcollections['data'][0])
{'accession_number': '2007.158',
 'catalogue_raisonne': None,
 'citations': [{'citation': 'Annual Exhibition:Sculpture...',
                'page_number': 'Unpaginated, [8],[12]',
                'url': None},
               {'citation': '"Moscow to See Modern U.S....',
                'page_number': 'P. 60',
                'url': None}]
 'collection': 'American - Painting',
 'creation_date': '1958',
 'creators': [{'biography': 'Jacob Lawrence (born 1917)...',
               'birth_year': '1917',
               'description': 'Jacob Lawrence (American...)',
               'role': 'artist'}],
'type': 'Painting'}
```

（3）展平 JSON 数据。

使用 json_normalize 方法利用 JSON 数据创建一个 DataFrame。

指示引用次数将确定行数，并将重复 accession_number、title、creatation_date、collection、creators 和 type。通过显示前两个观察值并使用 .T 选项将其转置以使其更易于查看，从而观察到数据已被展平。

```
>>> camcollectionsdf=pd.json_normalize(camcollections['data'],/
 'citations',['accession_number','title','creation_date',/
 'collection','creators','type'])
>>> camcollectionsdf.head(2).T
                                        0                          1
citation                Annual Exhibiti...  "Moscow to See Modern...
page_number                   Unpaginated,                      P.60
url                                   None                      None
accession_number                  2007.158                  2007.158
title                       Fulton and No...          Fulton and No...
creation_date                         1958                      1958
collection                  American - Pa...          American - Pa...
creators             [{'description': 'J...   [{'description': 'J...
type                              Painting                  Painting
```

（4）从 creators 中提取 birth_year（出生年份）的值。

```
>>> creator = camcollectionsdf[:1].creators[0]
>>> type(creator[0])
<class 'dict'>
>>> pprint.pprint(creator)
[{'biography': 'Jacob Lawrence (born 1917) has been a prominent art...',
  'birth_year': '1917',
  'death_year': '2000',
  'description': 'Jacob Lawrence (American, 1917-2000)',
  'extent': None,
  'name_in_original_language': None,
  'qualifier': None,
  'role': 'artist'}]
>>> camcollectionsdf['birthyear'] = camcollectionsdf.\
...   creators.apply(lambda x: x[0]['birth_year'])
>>> camcollectionsdf.birthyear.value_counts().\
...   sort_index().head()
1821     18
1886      2
1888      1
1892     13
1899     17
Name: birthyear, dtype: int64
```

上述操作为我们提供了一个 Pandas DataFrame，每个馆藏项目的每个 citation（引用）都包含一行，并重复了馆藏信息（包括 title、creation_date 等）。

2.3.3 原理解释

与上一个秘笈相比，本秘笈使用了一个更加有趣的 JSON 文件。JSON 文件中的每个对象都是克利夫兰艺术博物馆的一个馆藏项目，每个馆藏项目中嵌套一个或多个引用。在表格化 DataFrame 中捕获此信息的唯一方法是将其展平。对于该收藏项目的创作者（一个或多个艺术家），还有一个或多个字典。该字典包含我们想要的 birth_year 值。

我们希望所有馆藏项目的每个 citation 都包含一行。要理解这一点，可以想象我们正在使用关系数据并有一个 collections 表和一个 citations 表，并且我们正在进行从 collections 到 citations 的一对多合并。通过使用 citations 作为第二个参数，我们实际上是在执行与 json_normalize 类似的操作。这告诉 json_normalize 为每个引用创建一行，并使用每个引用字典中的键值作为数据值。引用字典中的键包括 citations、page_number 和 url 等。

json_normalize 调用中的第三个参数包含数据的列名称的列表，它们在每次引用时是重复的。在上面的示例中可以看到，观察值 1 和值 2 中重复了 access_number、title、creation_date、collection、creators 和 type。而 citation 和 page_number 则有变化。由于第一次引用和第二次引用的 url 值相同，因此它没有变化，否则它也会改变。

这仍然给我们带来了创作者字典的问题（因为可以有多个创作者）。当我们运行 json_normalize 时，它会抓取我们（在第三个参数中）指示的每个键的值，并将其存储在该列和行的数据中，无论该值是简单文本还是字典列表，对于创作者来说都是如此。

在步骤（4）中，我们查看了第一个馆藏行的第一个 creators 项目，并将其命名为 creator。可以看到，creators 列表在一个馆藏项目的所有 citations 中都是重复的，就像 title、creation_date 等的值一样。

我们希望每个馆藏项目的第一个创作者的出生年份都可以在 creator[0] ['birth_year'] 上找到。要使用此方法创建 birthyear（出生年份）Series，可以使用 apply 和 lambda 函数。

```
>>> camcollectionsdf['birthyear'] = camcollectionsdf.\
...   creators.apply(lambda x: x[0]['birth_year'])
```

在本书第 6 章“使用 Series 操作清洗和探索数据”中将仔细研究 lambda 函数。在这里，你只需要将 x 视为 creators Series 的表示即可，这样 x [0]就可以提供所需的列表项 creators[0]。我们将从 birth_year 键中获取值。

2.3.4　扩展知识

你可能已经注意到，在调用 json_normalize 时，我们省略了 API 返回的一些 JSON。传递给 json_normalize 的第一个参数是 camcollections ['data']，实际上，这就是忽略了 JSON 数据开头的 info 对象，因为我们想要的信息是从 data 对象开始的。从概念上讲，这与 1.3 节“导入 Excel 文件”中的 skiprows 参数没有太大区别。有时在 JSON 文件的开头有这样的元数据。

2.3.5　参考资料

前面的秘笈演示了一些在不使用 Pandas 的情况下进行数据完整性检查的有用技术，包括列表操作和列表推导式。这些也都与本秘笈中的数据相关。

2.4　从网页中导入数据

在此秘笈中，我们将使用知名的 Python 爬虫利器 Beautiful Soup 来从网页中抓取数据并将其加载到 Pandas 中。当网站上有定期更新的数据但没有 API 时，Web 抓取非常有用。每当页面更新时，我们都可以重新运行代码以生成新数据。

遗憾的是，当目标页面的结构发生变化时，我们构建的网页抓取工具可能会失效。对于 API 来说，这种情况不太可能发生，因为它们是为数据交换而设计的，并且已经考虑到了这一点。对于大多数网页设计师而言，首要的是信息显示的质量，而不是数据交换的可靠性和便捷性。这为 Web 提取特有的数据带来了挑战，例如，HTML 元素可能会保存在让人意想不到且不断变化的位置、底层数据的格式化标签也许是混乱的、那些有助于理解数据的解释性文本难以检索等。除了这些挑战，抓取还会带来一些常见的数据清理问题，例如，更改列中的数据类型、标题不太理想，以及数值缺失等。在此秘笈中，我们将演示如何处理这些最常见的数据问题。

2.4.1 准备工作

你需要安装 Beautiful Soup 库才能运行此秘笈中的代码。可以使用 pip 进行安装。方法是在终端窗口或 Windows PowerShell 中输入以下命令。

```
pip install beautifulsoup4
```

我们将从网页中抓取数据，在该页面中找到如图 2.1 所示的表格，然后将其加载到 Pandas DataFrame 中。

Country	Cases	Deaths	Cases per Million	Deaths per Million	population	population_density	median_age	gdp_per_capita	hospital_beds_per_100k
Algeria	9,394	653	214	15	43,851,043	17	29	13,914	1.9
Austria	16,642	668	1848	74	9,006,400	107	44	45,437	7.4
Bangladesh	47,153	650	286	4	164,689,383	1265	28	3,524	0.8
Belgium	58,381	9467	5037	817	11,589,616	376	42	42,659	5.6
Brazil	514,849	29314	2422	138	212,559,409	25	34	14,103	2.2
Canada	90,936	7295	2409	193	37,742,157	4	41	44,018	2.5

图 2.1　来自 6 个国家的 COVID-19 数据

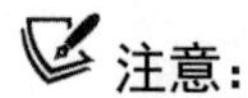 注意：

该页面是我们专门创建的，其网址如下。

http://www.alrb.org/datacleaning/covidcaseoutliers.html

其中的新冠疫情数据可公开使用，它来自 Our World in Data 网站，其网址如下。

https://ourworldindata.org/coronavirus-source-data

2.4.2 实战操作

我们将从网站上抓取 COVID 数据，并进行一些常规数据检查。

（1）导入 pandas、numpy、json、pprint、requests 和 BeautifulSoup 库。

```
>>> import pandas as pd
>>> import numpy as np
>>> import json
>>> import pprint
>>> import requests
>>> from bs4 import BeautifulSoup
```

（2）解析网页并获取表的标题行。

使用 Beautiful Soup 的 find 方法获取所需的表，然后使用 find_all 检索嵌套在该表的 th 标签（表示表格的标题行）中的元素。最后根据 th 行的文本创建列标签列表。

```
>>> webpage = requests.get("http://www.alrb.org/
datacleaning/covidcaseoutliers.html")
>>> bs = BeautifulSoup(webpage.text, 'html.parser')

>>> theadrows = bs.find('table', {'id':'tblDeaths'}).thead.find_all('th')
>>> type(theadrows)
<class 'bs4.element.ResultSet'>

>>> labelcols = [j.get_text() for j in theadrows]
>>> labelcols[0] = "rowheadings"
>>> labelcols
['rowheadings', 'Cases', 'Deaths', 'Cases per Million',
'Deaths per Million', 'population', 'population_density',
'median_age', 'gdp_per_capita', 'hospital_beds_per_100k']
```

（3）从表格单元格获取数据。

查找所需表的所有表格行。对于每个表格行，找到 th 元素并检索文本。我们将使用该文本作为行标签。另外，对于每一行，找到所有 td 元素（td 指的是 table data，就是包含数据的表格单元格），并将所有这些元素的文本保存到列表中。这样就生成了 datarows，它包含表格中的所有数字数据。你可以确认它与网页中的表格匹配。然后，将 labelrows 列表（具有行标题）插入 datarows 中每个列表的开头。

```
>>> rows = bs.find('table', {'id':'tblDeaths'}).tbody.find_all('tr')
>>> datarows = []
>>> labelrows = []
>>> for row in rows:
...   rowlabels = row.find('th').get_text()
...   cells = row.find_all('td', {'class':'data'})
...   if (len(rowlabels)>3):
...     labelrows.append(rowlabels)
...   if (len(cells)>0):
...     cellvalues = [j.get_text() for j in cells]
...     datarows.append(cellvalues)
...
>>> pprint.pprint(datarows[0:2])
[['9,394', '653', '214', '15', '43,851,043', '17', '29', '13,914', '1.9'],
['16,642', '668', '1848', '74', '9,006,400', '107', '44', '45,437', '7.4']]
>>> pprint.pprint(labelrows[0:2])
['Algeria', 'Austria']
>>>
>>> for i in range(len(datarows)):
...   datarows[i].insert(0, labelrows[i])
...
>>> pprint.pprint(datarows[0:1])
[['Algeria','9,394','653','214','15','43,851,043','17','29',
'13,914','1.9']]
```

（4）将数据加载到 Pandas 中。

将 datarows 列表传递给 Pandas 的 DataFrame 方法。请注意，所有数据都通过 object 数据类型被读取到 Pandas 中，并且某些数据的值不能被转换为当前形式的数字值（由于存在逗号）。

```
>>> totaldeaths = pd.DataFrame(datarows, columns=labelcols)
>>> totaldeaths.head()
  rowheadings     Cases  Deaths  ...  median_age  gdp_per_capita  \
0     Algeria     9,394     653  ...          29          13,914
1     Austria    16,642     668  ...          44          45,437
2  Bangladesh    47,153     650  ...          28           3,524
3     Belgium    58,381    9467  ...          42          42,659
4      Brazil   514,849   29314  ...          34          14,103

>>> totaldeaths.dtypes
rowheadings                 object
Cases                       object
```

```
Deaths                         object
Cases per Million              object
Deaths per Million             object
population                     object
population_density             object
median_age                     object
gdp_per_capita                 object
hospital_beds_per_100k         object
dtype: object
```

（5）修复列名称，然后将数据转换为数值。

从列名称中删除空格。从第一列中删除所有非数字数据以及数值中包含的逗号（str.replace (" [^ 0-9]",""））。

将数据转换为数值，但 rowheadings（行标题）列除外。

```
>>> totaldeaths.columns = totaldeaths.columns.str.
replace(" ", "_").str.lower()
>>> for col in totaldeaths.columns[1:-1]:
...   totaldeaths[col] = totaldeaths[col].\
...     str.replace("[^0-9]","").astype('int64')
...
>>> totaldeaths['hospital_beds_per_100k'] =
totaldeaths['hospital_beds_per_100k'].astype('float')
>>> totaldeaths.head()
   rowheadings   cases  deaths  ...  median_age  gdp_per_capita  \
0      Algeria    9394     653  ...          29           13914
1      Austria   16642     668  ...          44           45437
2   Bangladesh   47153     650  ...          28            3524
3      Belgium   58381    9467  ...          42           42659
4       Brazil  514849   29314  ...          34           14103
>>> totaldeaths.dtypes
rowheadings                  object
cases                         int64
deaths                        int64
cases_per_million             int64
deaths_per_million            int64
population                    int64
population_density            int64
median_age                    int64
gdp_per_capita                int64
hospital_beds_per_100k      float64
dtype: object
```

操作完成，我们从 html 表格中创建了一个 Pandas DataFrame。

2.4.3 原理解释

Beautiful Soup 是用于在网页中查找特定 HTML 元素并从中检索文本的非常有用的工具。你可以使用 find 获得一个 HTML 元素，并使用 find_all 获得一个或多个 HTML 元素。find 和 find_all 的第一个参数是要获取的 HTML 元素，第二个参数采用 Python 属性字典。可以从使用 get_text 找到的所有 HTML 元素中检索文本。

就像我们在步骤（2）和步骤（3）中看到的那样，处理元素和文本通常需要一定数量的循环。步骤（2）中的以下两个语句非常典型。

```
>>> theadrows = bs.find('table', {'id':'tblDeaths'}).thead.find_all('th')
>>> labelcols = [j.get_text() for j in theadrows]
```

第一条语句可以找到我们想要的所有 th 元素，并从找到的元素中创建一个名为 theadrows 的 Beautiful Soup 结果集；第二条语句使用 get_text 方法遍历 theadrows Beautiful Soup 结果集，以从每个元素中获取文本，并将其存储在 labelcols 列表中。

步骤（3）涉及的操作更多，但使用了相同的 Beautiful Soup 方法。

我们将在目标表格中找到所有表格行（表格行的标签是 tr，即 table rows）。其语句如下。

```
(rows = bs.find('table',{'id':'tblDeaths'}).tbody.find_all('tr'))
```

我们遍历了每个行，找到 th 元素，并获取该元素中的文本，其语句如下。

```
(rowlabels = row.find('th').get_text())
```

我们还找到每一行的所有表格单元格（td），其语句如下。

```
(cells = row.find_all('td', {'class':'data'})
```

然后从所有表格单元格中获取文本，其语句如下。

```
(cellvalues = [j.get_text() for j in cells])
```

请注意，此代码取决于 td 元素作为 data 的类，最后，我们将从 th 元素中获得的行标签插入 datarows 中每个列表的开头处。

```
>>> for i in range(len(datarows)):
...    datarows[i].insert(0, labelrows[i])
```

在步骤（4）中，我们使用了 DataFrame 方法将步骤（2）和步骤（3）中创建的列表加载到 Pandas 中，然后执行了与本章前面的秘笈类似的一些清洗操作。我们使用 string replace 从列名称中删除空格，并从其他有效数字值中删除所有非数字数据（包括逗号）。我们将除 rowheadings 列之外的所有列都转换为数字。

2.4.4　扩展知识

我们的抓取代码取决于网页结构的几个方面（这些方面是不变的）：主表的 ID、包含列标题的 th 标签，以及包含数据的 td 元素（单元格）等。好消息是，如果网页的结构确实发生了变化，则可能只会影响到 find 和 find_all 调用。其余代码则无须更改。

2.5　持久保存 JSON 数据

我们要序列化 JSON 文件的原因可能有以下几个。

- 可能已经使用 API 检索了数据，但是需要保留数据快照。
- JSON 文件中的数据是相对静态的，可在项目的多个阶段为我们的数据清洗和分析提供信息。
- 我们可能会认为无模式格式（如 JSON）的灵活性有助于解决许多数据清洗和分析问题。

值得强调的是，上述使用 JSON 的最后一个原因——它可以解决许多数据问题。尽管表格数据结构显然具有很多优点（尤其是对于操作数据而言），但它们通常不是存储数据以进行分析的最佳方法。在准备数据进行分析时，需要花费大量时间，例如，你可能需要合并来自不同表格的数据，或者在处理平面文件时清除数据冗余。这些过程不仅耗时，而且每次合并或重塑都会为各种数据错误敞开大门。这也可能意味着我们最终会过多地关注数据处理的机制，而很少关注工作核心的概念性问题。

在此秘笈中，我们仍然以克利夫兰艺术博物馆的收藏数据为例。此数据文件至少有 3 个可能的分析单位——馆藏项目级别、创作者级别和引用级别。JSON 使我们可以将引用和创作者嵌套在馆藏项目中。

你可以在本秘笈的“准备工作”小节中检查 JSON 文件的结构。如果不展平该文件，则无法以表格结构形式保留此数据，而在本章前面的秘笈中，我们并没有展平数据。在本秘笈中，我们将使用两种不同的方法来持久保存 JSON 数据，每种方法都有其自身的优缺点。

2.5.1 准备工作

我们将使用克利夫兰艺术博物馆有关非裔美国艺术家馆藏作品的数据。以下是 API 返回的 JSON 数据的结构。为节约篇幅，内容已做节略。

```
{"info": { "total": 778, "parameters": {"african_american_artists": "" }},
"data": [
{
"id": 165157,
"accession_number": "2007.158",
"title": "Fulton and Nostrand",
"creation_date": "1958",
"citations": [
  {
   "citation": "Annual Exhibition: Sculpture, Paintings...",
   "page_number": "Unpaginated, [8],[12]",
   "url": null
  },
  {
   "citation": "\"Moscow to See Modern U.S. Art,\"<em> New York...",
   "page_number": "P. 60",
   "url": null
  }]
"creators": [
      {
     "description": "Jacob Lawrence (American, 1917-2000)",
     "extent": null,
     "qualifier": null,
     "role": "artist",
     "birth_year": "1917",
     "death_year": "2000"
     }
  ]
}
```

2.5.2 实战操作

我们将使用两种不同的方法来序列化 JSON 数据。

（1）加载 pandas、json、pprint、requests 和 msgpack 库。

```
>>> import pandas as pd
>>> import json
>>> import pprint
>>> import requests
>>> import msgpack
```

（2）从 API 中加载 JSON 数据。为节约篇幅，以下 JSON 文件已做节略。

```
>>> response = requests.get("https://openaccess-api.clevelandart.org/
api/artworks/?african_american_artists")
>>> camcollections = json.loads(response.text)
>>> print(len(camcollections['data']))
778
>>> pprint.pprint(camcollections['data'][0])
{'accession_number': '2007.158',
 'catalogue_raisonne': None,
 'citations': [{'citation': 'Annual Exhibition:Sculpture...',
                'page_number': 'Unpaginated, [8],[12]',
                'url': None},
               {'citation': '"Moscow to See Modern U.S....',
                'page_number': 'P. 60',
                'url': None}]
 'collection': 'American - Painting',
 'creation_date': '1958',
 'creators': [{'biography': 'Jacob Lawrence (born 1917)...',
               'birth_year': '1917',
               'description': 'Jacob Lawrence (American...',
               'role': 'artist'}],
 'type': 'Painting'}
```

（3）使用 Python 的 json 库保存并重新加载 JSON 文件。

以人类可读的形式持久保存 JSON 数据。从保存的文件中重新加载它，并通过从第一个馆藏项目中检索 creators 数据来确认它是否有效。

```
>>> with open("data/camcollections.json","w") as f:
...   json.dump(camcollections, f)
...
>>> with open("data/camcollections.json","r") as f:
...   camcollections = json.load(f)
...
>>> pprint.pprint(camcollections['data'][0]['creators'])
[{'biography': 'Jacob Lawrence (born 1917) has been a prominent artist
since...'
```

```
  'birth_year': '1917',
  'description': 'Jacob Lawrence (American, 1917-2000)',
  'role': 'artist'}]
```

（4）使用 msgpack 保存并重新加载 JSON 文件。

```
>>> with open("data/camcollections.msgpack", "wb") as outfile:
...     packed = msgpack.packb(camcollections)
...     outfile.write(packed)
...
1586507

>>> with open("data/camcollections.msgpack", "rb") as data_file:
...     msgbytes = data_file.read()
...
>>> camcollections = msgpack.unpackb(msgbytes)

>>> pprint.pprint(camcollections['data'][0]['creators'])
[{'biography': 'Jacob Lawrence (born 1917) has been a prominent...',
  'birth_year': '1917',
  'death_year': '2000',
  'description': 'Jacob Lawrence (American, 1917-2000)',
  'role': 'artist'}]
```

2.5.3　原理解释

我们使用了克利夫兰艺术博物馆的 collections API 来检索藏品。查询字符串中的 african_american_artists（非裔美国人艺术家）标志指示我们只想要这些创作者的馆藏。

json.loads 返回一个名为 info 的字典和一个名为 data 的字典列表。我们检查了 data 列表的长度。结果显示此类馆藏有 778 个项目。然后，我们显示馆藏的第一项，以更好地了解数据的结构（为节约篇幅，该 JSON 输出已做节略处理）。

在步骤（3）中，使用了 Python 的 JSON 库保存并重新加载数据。以这种方式持久存储数据的优点在于，它可以使数据保持人类可读的形式。

遗憾的是，它有两个缺点：与序列化方法相比，其保存需要更长的时间，并且它会占用更多的存储空间。

在步骤（4）中，使用了 msgpack 保存数据。这比 Python 的 JSON 库更快，并且保存的文件占用的空间更少。当然，缺点是生成的 JSON 是二进制的，而不是基于文本的。也就是说，人类无法直接阅读。

2.5.4　扩展知识

在实际工作中，使用上述两种方法来持久保存 JSON 数据是很常见的。当我们处理少量数据且该数据是相对静态的时，使用人类可读的 JSON 可能更合适。在第 1 章中就有这样的秘笈操作示例，这种方式需要创建值标签。

当处理大量数据（并且这些数据会定期更改）时，使用 msgpack 是更好的选择。当你想对企业数据库中的关键表进行定期快照时，msgpack 文件也非常有用。

克利夫兰艺术博物馆的馆藏数据与我们每天使用的数据类似。其分析的单位经常变化。在本示例中，我们研究的是馆藏、引用和创作者。而在我们的工作中，可能必须同时研究学生和课程、家庭和存款等数据。用于博物馆数据的企业数据库系统可能会有单独的馆藏、引用和创作者表，而我们最终需要合并这些表。生成的合并文件将存在数据冗余问题，无论何时更改分析单位，我们都需要解决这些问题。

当我们更改数据清洗流程以直接使用 JSON 或其中的一部分时，最终的目的都是要消除其主要的错误来源。在 10.7 节“处理非表格数据结构的类”中，讨论了更多有关 JSON 数据的清洗操作。

第 3 章　衡量数据好坏

作为数据分析师，在收到新数据集的一个星期之内，至少可能会有一个人向我们询问一个耳熟能详的问题："这个数据看起来怎么样？"询问者并非总是以轻松的语调来问这个问题，因为如果数据有问题，他们就需要返工。因此，当数据分析师告知已经发现的所有问题时，其他人通常难言开心。当然，如果我们因为迁就而过早签署它，声明数据已经可用于分析，则可能会造成更大的问题。例如，呈现的结果无效、对变量关系的解释错误，以及必须重做主要分析等。

因此，要回答"数据怎么样"的问题，关键是在探索数据中的其他内容之前，先整理我们需要了解的数据。本章中的秘笈提供了一些技术，以确定数据是否足够好，可用于进行分析。这样，即使我们不能说"看起来很好"，也至少可以说："我已经找到了主要问题，就在这里。"

一般来说，我们在具体专业领域的知识是非常有限的，或者至少不如创建数据的人那么好。但是，即使对数据中反映的个人或事件几乎没有实质性的了解，我们也必须快速了解正在查看的内容。很多时候（对于数据分析师来说，其实就是绝大多数时候），都不会在接收数据的同时收到像数据字典或密码本这样的东西。

在这种情况下，你需要问一问自己，你尝试发现的头几件事是什么？也就是说，当你第一次获得几乎没什么了解的数据时，可能需要弄清楚以下问题。

- ❑ 数据集的行是如何唯一标识的（分析的单位是什么）？
- ❑ 数据集中有多少行和列？
- ❑ 关键的分类变量是什么？每个值的频率是多少？
- ❑ 重要的连续变量如何分布？
- ❑ 变量之间如何相互关联？例如，连续变量的分布如何根据数据中的分类而发生变化？
- ❑ 哪些变量值超出了预期范围，缺失值的分布情况如何？

在本章中，我们将介绍回答前 4 个问题的基本工具和策略，而在第 4 章"识别缺失值和离群值"中，将研究后两个问题。

应该指出的是，即使熟悉数据的结构，对数据进行的第一次处理也很重要。例如，当我们收到的新月份或年份的数据具有与以前相同的列名和数据类型时，免不了有人会认为可以重新运行旧程序。

当我们收到结构熟悉的新数据时，相信多数人都会有这种想法。但是，如果你回到上述问题的答案，那么意义则会很不一样，如关键的分类变量可能有了新的有效值、已经有好几个时期未见的罕见值现在又出现了、客户端/学生/顾客的状态发生了意外变化等。

因此，重要的是建立一个例程来理解我们的数据，并且无论我们是否熟悉它，在接收到新数据时都按照这个例程来处理。

本章包含以下秘笈。

- ❑ 初步了解数据。
- ❑ 选择和组织列。
- ❑ 选择行。
- ❑ 生成分类变量的频率。
- ❑ 生成连续变量的摘要统计信息。

3.1 技术要求

本章的代码和 Notebook 可在 GitHub 上获得，其网址如下。

https://github.com.com/PacktPublishing/Python-Data-Cleaning-Cookbook

3.2 初步了解数据

本章将使用两个数据集：第一个数据集是 1997 年的美国国家青年纵向调查（NLS），这是美国政府进行的一项调查，调查了 1997—2017 年的同一批人；第二个数据集是来自 Our World in Data 网站的新冠疫情病例数和死亡数。

3.2.1 准备工作

在此秘笈中，将主要使用 Pandas 库。我们将使用 Pandas 工具仔细研究 NLS 和 COVID-19 新冠疫情数据。

注意：[①]

NLS 是由美国劳工统计局进行的。这项调查始于 1997 年的一组人群，这些人群出生于 1980—1985 年，每年进行一次随访，直到 2017 年。在本秘笈的准备工作中，我们从

[①] 这里与英文原文的内容保持一致，保留了其中文翻译。

该调查的数百个数据项中提取了 89 个变量，包括职等、工作、收入和对政府的态度等。你可以从本书存储库中下载对应 SPSS、Stata 和 SAS 的单独文件。NLS 数据可从以下地址中下载。

https://www.nlsinfo.org/investigator/pages/search

Our World in Data 网站提供的 COVID-19 新冠疫情数据可公开使用，其网址如下。

https://ourworldindata.org/coronavirus-source-data

3.2.2　实战操作

我们将初步了解 NLS 和 COVID 数据，包括行列数和数据类型。

（1）导入 pandas 和 numpy 库并加载 DataFrame。

```
>>> import pandas as pd
>>> import numpy as np
>>> nls97 = pd.read_csv("data/nls97.csv")
>>>
>>> covidtotals = pd.read_csv("data/covidtotals.csv",
...   parse_dates=['lastdate'])
```

（2）设置 nls97 数据的索引并显示其大小。

另外，还需要检查索引值是否唯一。

```
>>> nls97.set_index("personid", inplace=True)
>>> nls97.index
Int64Index([100061, 100139, 100284, 100292, 100583, 100833, ...
              999543, 999698, 999963],
             dtype='int64', name='personid', length=8984)
>>> nls97.shape
(8984, 88)
>>> nls97.index.nunique()
8984
```

（3）显示数据类型和 non-null（非空）值计数。

```
>>> nls97.info()
<class 'pandas.core.frame.DataFrame'>
Int64Index: 8984 entries, 100061 to 999963
Data columns (total 88 columns):
 #   Column                       Non-Null Count  Dtype
---  ------                       --------------  -----
```

```
 0   gender                   8984  non-null  object
 1   birthmonth               8984  non-null  int64
 2   birthyear                8984  non-null  int64
 3   highestgradecompleted    6663  non-null  float64
 4   maritalstatus            6672  non-null  object
 5   childathome              4791  non-null  float64
 6   childnotathome           4791  non-null  float64
 7   wageincome               5091  non-null  float64
 8   weeklyhrscomputer        6710  non-null  object
 9   weeklyhrstv              6711  non-null  object
 10  nightlyhrssleep          6706  non-null  float64
 11  satverbal                1406  non-null  float64
 12  satmath                  1407  non-null  float64
...

 83            colenroct15   7469  non-null   object
 84            colenrfeb16   7036  non-null   object
 85            colenroct16   6733  non-null   object
 86            colenrfeb17   6733  non-null   object
 87            colenroct17   6734  non-null   object
dtypes: float64(29), int64(2), object(57)
memory usage: 6.1+ MB
```

（4）显示 nls97 数据的第一行。

可以通过转置来显示更多输出。

```
>>> nls97.head(2).T
personid                           100061            100139
gender                             Female              Male
birthmonth                              5                 9
birthyear                            1980              1983
highestgradecompleted                  13                12
maritalstatus                     Married           Married
...                                   ...               ...
colenroct15               1. Not enrolled   1. Not enrolled
colenrfeb16               1. Not enrolled   1. Not enrolled
colenroct16               1. Not enrolled   1. Not enrolled
colenrfeb17               1. Not enrolled   1. Not enrolled
colenroct17               1. Not enrolled   1. Not enrolled
```

（5）设置 COVID 数据的索引并显示其大小。

另外，还需要检查索引值是否唯一。

```
>>> covidtotals.set_index("iso_code", inplace=True)
>>> covidtotals.index
Index(['AFG', 'ALB', 'DZA', 'AND', 'AGO', 'AIA', 'ATG', 'ARG', ...
       'UZB', 'VAT', 'VEN', 'VNM', 'ESH', 'YEM', 'ZMB', 'ZWE'],
       dtype='object', name='iso_code', length=210)
>>> covidtotals.shape
(210, 11)
>>> covidtotals.index.nunique()
210
```

（6）显示数据类型和 non-null（非空）值计数。

```
>>> covidtotals.info()
<class 'pandas.core.frame.DataFrame'>
Index: 210 entries, AFG to ZWE
Data columns (total 11 columns):
 #   Column           Non-Null Count  Dtype
---  ------           --------------  -----
 0   lastdate         210  non-null   datetime64[ns]
 1   location         210  non-null   object
 2   total_cases      210  non-null   int64
 3   total_deaths     210  non-null   int64
 4   total_cases_pm   209  non-null   float64
 5   total_deaths_pm  209  non-null   float64
 6   population       210  non-null   float64
 7   pop_density      198  non-null   float64
 8   median_age       186  non-null   float64
 9   gdp_per_capita   182  non-null   float64
 10  hosp_beds        164  non-null   float64
dtypes: datetime64[ns](1), float64(7), int64(2), object(1)
memory usage: 19.7+ KB
```

（7）显示 COVID 数据的几行示例。

同样可以通过转置进行显示。

```
>>> covidtotals.sample(2, random_state=1).T
iso_code                         COG                   THA
lastdate         2020-06-01 00:00:00   2020-06-01 00:00:00
location                       Congo              Thailand
total_cases                      611                  3081
total_deaths                      20                    57
total_cases_pm               110.727                 44.14
total_deaths_pm                3.624                 0.817
population               5.51809e+06              6.98e+07
```

```
pop_density              15.405              135.132
median_age                   19                 40.1
gdp_per_capita          4881.41              16277.7
hosp_beds                   NaN                  2.1
```

上述操作为我们理解 DataFrame（包括其大小和列数据类型）奠定了良好的基础。

3.2.3　原理解释

在步骤（2）中，我们设置并显示了 nls97 DataFrame 的索引，该索引被称为 personid。它比默认的 Pandas RangeIndex（实际上是基数为 0 的行号）更有意义。一般来说，当使用个体作为分析单位时，会有一个唯一的标识符。这是索引的不错选择。这使得通过该标识符选择行更加容易。

现在我们不必使用语句 nls97.loc[personid==1000061]获取某人的行数据，而是可以使用 nls97.loc[1000061]。在下一个秘笈中将尝试该操作。

使用 Pandas 可以轻松查看行数和列数、数据类型和每列非缺失值的数量，以及几行数据的列值。这可以通过使用 shape 属性并调用 info、head 和 sample 方法来完成。

使用 head(2)方法可显示前两行，但有时从 DataFrame 中的任何位置抓取一行更有帮助，在步骤（7）中，我们就使用了 sample 方法并设置了种子。

```
sample(2, random_state = 1)
```

这样，每次运行代码时，都会得到相同的结果。

我们可以将 head 或 sample 的调用链接起来，并使用 T 进行转置。这将反转行和列的显示。当列的数量超出水平显示的范围并且你希望能够看到所有列时，转置方法将很有帮助。通过转置行和列，我们可以看到所有列。

在步骤（2）中，nls97 的 shape 属性告诉我们，该 DataFrame 共有 8984 行和 88 个非索引列。由于 personid 是索引，因此它不包括在列的计数中。info 方法向我们展示了许多列具有 object 数据类型，并且某些列具有大量缺失值。satverbal 和 satmath 仅具有约 1400 个有效值。

在步骤（5）中，covidtotals 的 shape 属性告诉我们，该 DataFrame 共有 210 行和 11 列，其中不包括用于索引的国家/地区 iso_code 列（iso_code 是每个国家/地区的唯一的三位数标识符）。

我们将执行的大多数分析的关键变量是 total_cases、total_deaths、total_cases_pm 和 total_deaths_pm。在步骤（6）中可以看到，每个国家/地区都存在 total_cases 和 total_deaths，但是有一个国家/地区的 total_cases_pm 和 total_deaths_pm 是缺失的。

3.2.4　扩展知识

在处理数据文件时，索引问题其实可以和分析单位挂钩。对于 NLS 数据来说，这看起来还不太明显，因为它实际上是伪装成人员级别数据的面板数据（panel data）。面板数据或纵向数据集在一定的固定时间内具有相同的个人数据。在本示例中，为每个人收集了从 1997—2017 年长达 21 年的数据。该调查的管理者出于分析的目的而展平了它，方法是随着对各年的某些回答而创建列，如大学入学（colenroct15～colenroct17）。这是一个相当标准的做法，但可能需要对某些分析进行一些调整。

在接收任何面板数据时，我们要特别注意的一件事是，随着时间的流逝，对关键变量的回答会下降。可以看到，从 colenroct15～colenroct17，有效值就下降了。到 2017 年 10 月，只有 75%的受访者提供了有效的回答（6734/8984）。在后续分析中，这绝对值得牢记，因为剩余的 6734 名受访者在重要性方面与 8984 名的总体样本显然是不一样的。

3.2.5　参考资料

第 1 章“将表格数据导入 Pandas 中”的秘笈中介绍了如何将 Pandas DataFrames 保留为 Feather 或 Pickle 文件。在本章后续秘笈中，将介绍这两个 DataFrame 的描述性信息和频率。

在第 9 章“规整和重塑数据”中，将重塑 NLS 数据，以面板数据的形式恢复其某些实际结构。这对于诸如生存分析（survival analysis）之类的统计方法是必需的，并且更接近规整数据理想。

3.3　选择和组织列

在此秘笈中，我们探索了从 DataFrame 中选择一个或多个列的几种方法。我们可以通过将列名称的列表传递给方括号（[ ]）操作符，或使用特定于 Pandas 的数据访问器 loc 和 iloc 来选择列。

在清洗数据或进行探索性分析和统计分析时，将重点放在与当前问题或分析相关的变量上将很有帮助。因此，必须根据列之间的实质性或统计关系对列进行分组，或者限制我们要分析的列。数据分析人员经常会这样问自己：“为什么变量 B 的值为 y 时，变量 A 的值为 x？”当查看的数据量过多时，我们对这样的问题往往是茫无头绪的。只有在给定时刻我们查看的数据量不超过该时刻我们的感知能力时，才能较好地回答这个问题，因此，选择和组织列也是一项对分析很有帮助的工作。

3.3.1 准备工作

本秘笈将继续使用上一个秘笈中的 NLS 数据。

3.3.2 实战操作

本示例将探索若干种选择列的方法。

（1）导入 pandas 和 numpy 库并将 NLS 数据加载到 pandas 中。

另外，还需要将 NLS 数据中所有 object（对象）数据类型的列转换为 category（分类）数据类型。为此，可以使用 select_dtypes 选择 object 数据类型列，然后使用 apply 和 lambda 函数将数据类型更改为 category。

```
>>> import pandas as pd
>>> import numpy as np
>>> nls97 = pd.read_csv("data/nls97.csv")
>>> nls97.set_index("personid", inplace=True)
>>> nls97.loc[:, nls97.dtypes == 'object'] = \
...   nls97.select_dtypes(['object']). \
...   apply(lambda x: x.astype('category'))
```

（2）使用 Pandas [ ]操作符以及 loc 和 iloc 访问器选择一列。

可以将与列名称匹配的字符串传递给[ ]操作符以返回一个 Pandas Series。如果我们传递一个包含列名称的只有一个元素的列表（如 nls97 [['gender']]），则返回的将是一个 DataFrame，而不是 Series。我们还可以使用 loc 和 iloc 访问器选择列。

```
>>> analysisdemo = nls97['gender']
>>> type(analysisdemo)
<class 'pandas.core.series.Series'>

>>> analysisdemo = nls97[['gender']]
>>> type(analysisdemo)
<class 'pandas.core.frame.DataFrame'>

>>> analysisdemo = nls97.loc[:,['gender']]
>>> type(analysisdemo)
<class 'pandas.core.frame.DataFrame'>

>>> analysisdemo = nls97.iloc[:,[0]]
```

```
>>> type(analysisdemo)
<class 'pandas.core.frame.DataFrame'>
```

（3）从 Pandas DataFrame 中选择多个列。

使用[ ]操作符和 loc 选择几列。

```
>>> analysisdemo = nls97[['gender','maritalstatus',
...     'highestgradecompleted']]
>>> analysisdemo.shape
(8984, 3)
>>> analysisdemo.head()
          gender  maritalstatus  highestgradecompleted
personid
100061    Female        Married                     13
100139      Male        Married                     12
100284      Male  Never-married                      7
100292      Male            NaN                    nan
100583      Male        Married                     13
>>> analysisdemo = nls97.loc[:,['gender','maritalstatus',
...   'highestgradecompleted']]
>>> analysisdemo.shape
(8984, 3)
>>> analysisdemo.head()
          gender  maritalstatus  highestgradecompleted
personid
100061    Female        Married                     13
100139      Male        Married                     12
100284      Male  Never-married                      7
100292      Male            NaN                    nan
100583      Male        Married                     13
```

（4）根据列的列表选择多个列。

如果要选择多个列，则单独创建一个列名称的列表将很有帮助。在本示例中，我们创建了一个用于分析的关键变量的 keyvars 列表。

```
>>> keyvars = ['gender','maritalstatus',
...   'highestgradecompleted','wageincome',
...   'gpaoverall','weeksworked17','colenroct17']
>>> analysiskeys = nls97[keyvars]
>>> analysiskeys.info()
<class 'pandas.core.frame.DataFrame'>
Int64Index: 8984 entries, 100061 to 999963
Data columns (total7columns):
```

```
 #   Column                 Non-Null Count  Dtype
---  ------                 --------------  -----
 0   gender                 8984  non-null  category
 1   maritalstatus          6672  non-null  category
 2   highestgradecompleted  6663  non-null  float64
 3   wageincome             5091  non-null  float64
 4   gpaoverall             6004  non-null  float64
 5   weeksworked17          6670  non-null  float64
 6   colenroct17            6734  non-null  category
dtypes: category(3), float64(4)
memory usage: 377.7 KB
```

（5）通过过滤列名称选择一个或多个列。

使用 filter 操作符选择所有 weeksworked##列。

```
>>> analysiswork = nls97.filter(like="weeksworked")
>>> analysiswork.info()
<class 'pandas.core.frame.DataFrame'>
Int64Index: 8984 entries, 100061 to 999963
Data columns (total 18 columns):
#    Column         Non-Null Count  Dtype
---  ------         --------------  -----
0    weeksworked00  8603  non-null  float64
1    weeksworked01  8564  non-null  float64
2    weeksworked02  8556  non-null  float64
3    weeksworked03  8490  non-null  float64
4    weeksworked04  8458  non-null  float64
5    weeksworked05  8403  non-null  float64
6    weeksworked06  8340  non-null  float64
7    weeksworked07  8272  non-null  float64
8    weeksworked08  8186  non-null  float64
9    weeksworked09  8146  non-null  float64
 10  weeksworked10  8054  non-null  float64
 11  weeksworked11  7968  non-null  float64
 12  weeksworked12  7747  non-null  float64
 13  weeksworked13  7680  non-null  float64
 14  weeksworked14  7612  non-null  float64
 15  weeksworked15  7389  non-null  float64
 16  weeksworked16  7068  non-null  float64
 17  weeksworked17  6670  non-null  float64
dtypes: float64(18)
memory usage: 1.3 MB
```

（6）选择具有 category 数据类型的所有列。

使用 select_dtypes 方法按数据类型选择列。

```
>>> analysiscats = nls97.select_dtypes(include=["category"])
>>> analysiscats.info()
<class 'pandas.core.frame.DataFrame'>
Int64Index: 8984 entries, 100061 to 999963
Data columns (total 57 columns):
 #   Column             Non-Null Count  Dtype
---  ------             --------------  -----
 0   gender             8984  non-null  category
 1   maritalstatus      6672  non-null  category
 2   weeklyhrscomputer  6710  non-null  category
 3   weeklyhrstv        6711  non-null  category
 4   highestdegree      8953  non-null  category
...
 49  colenrfeb14        7624  non-null  category
 50  colenroct14        7469  non-null  category
 51  colenrfeb15        7469  non-null  category
 52  colenroct15        7469  non-null  category
 53  colenrfeb16        7036  non-null  category
 54  colenroct16        6733  non-null  category
 55  colenrfeb17        6733  non-null  category
 56  colenroct17        6734  non-null  category
dtypes: category(57)
memory usage: 580.0 KB
```

（7）选择所有具有数字数据类型的列。

```
>>> analysisnums = nls97.select_dtypes(include=["number"])
>>> analysisnums.info()
<class 'pandas.core.frame.DataFrame'>
Int64Index: 8984 entries, 100061 to 999963
Data columns (total 31 columns):
 #   Column                 Non-Null Count  Dtype
---  ------                 --------------  -----
 0   birthmonth             8984  non-null  int64
 1   birthyear              8984  non-null  int64
 2   highestgradecompleted  6663  non-null  float64
...
 23  weeksworked10          8054  non-null  float64
 24  weeksworked11          7968  non-null  float64
 25  weeksworked12          7747  non-null  float64
```

```
 26  weeksworked13           7680  non-null  float64
 27  weeksworked14           7612  non-null  float64
 28  weeksworked15           7389  non-null  float64
 29  weeksworked16           7068  non-null  float64
 30  weeksworked17           6670  non-null  float64
dtypes: float64(29), int64(2)
memory usage: 2.2 MB
```

（8）使用列名称的列表来组织列。

使用列名称的列表可以组织 DataFrame 中的列。你可以轻松地以这种方式更改列的顺序或排除某些列。以下示例演示了将 demoadult 列表中的列移到前面。

```
>>> demo = ['gender','birthmonth','birthyear']
>>> highschoolrecord = ['satverbal','satmath','gpaoverall',
...  'gpaenglish','gpamath','gpascience']
>>> govresp = ['govprovidejobs','govpricecontrols',
...   'govhealthcare','govelderliving','govindhelp',
...   'govunemp','govincomediff','govcollegefinance',
...   'govdecenthousing','govprotectenvironment']
>>> demoadult = ['highestgradecompleted','maritalstatus',
...   'childathome','childnotathome','wageincome',
...   'weeklyhrscomputer','weeklyhrstv','nightlyhrssleep',
...   'highestdegree']
>>> weeksworked = ['weeksworked00','weeksworked01',
...   'weeksworked02','weeksworked03','weeksworked04',
...   'weeksworked14','weeksworked15','weeksworked16',
...   'weeksworked17']
>>> colenr = ['colenrfeb97','colenroct97','colenrfeb98',
...   'colenroct98','colenrfeb99','colenroct99',
      ...
...   'colenrfeb15','colenroct15','colenrfeb16',
...   'colenroct16','colenrfeb17','colenroct17']
```

（9）创建重新组织的新 DataFrame。

```
>>> nls97 = nls97[demoadult + demo + highschoolrecord + \
...   govresp + weeksworked + colenr]
>>> nls97.dtypes
highestgradecompleted    float64
maritalstatus           category
childathome              float64
childnotathome           float64
wageincome               float64
```

```
                                 ...
colenroct15             category
colenrfeb16             category
colenroct16             category
colenrfeb17             category
colenroct17             category
Length: 88, dtype: object
```

上述操作步骤显示了如何在 Pandas DataFrame 中选择列和更改列的顺序。

3.3.3 原理解释

[ ]操作符和 loc 数据访问器都可以非常方便地选择和组织列。传递列名称列表时，它们都会返回一个 DataFrame。列将根据传递的列名称列表进行排序。

在步骤（1）中，使用了 nls97.select_dtypes(['object'])选择具有 object 数据类型的列，使用了 apply 和 lambda 函数将这些列的数据类型修改为 category，其语句如下。

```
apply(lambda x: x.astype('category'))
```

我们还使用了 loc 访问器，仅更新包含 object 数据类型的列。

```
nls97.loc[:, nls97.dtypes == 'object']
```

在第 6 章“使用 Series 操作清洗和探索数据”中将详细介绍 apply 和 lambda 函数。

在步骤（6）和步骤（7）中，使用了 select_dtypes 方法按数据类型选择列。在将列传递给诸如 describe 或 value_counts 之类的方法并且你希望将分析范围限制为连续或分类变量时，select_dtypes 将非常有用。

在步骤（9）中，使用[ ]操作符连接了 6 个不同的列表，这会将 demoadult 中的列名称移到前面，并按这 6 个组的顺序组织所有列。现在，DataFrame 列中的顺序非常有条理，highschoolrecord（高中成绩记录）在 weeksworked（工作周数）前面。

3.3.4 扩展知识

还可以使用 select_dtypes 排除数据类型。另外，如果我们仅对 info 结果感兴趣，则可以将 select_dtypes 调用与 info 方法链接起来。

```
>>> nls97.select_dtypes(exclude=["category"]).info()
<class 'pandas.core.frame.DataFrame'>
Int64Index: 8984 entries, 100061 to 999963
Data columns (total 31 columns):
```

```
 #   Column                  Non-Null Count  Dtype
---  ------                  --------------  -----
 0   highestgradecompleted   6663  non-null  float64
 1   childathome             4791  non-null  float64
 2   childnotathome          4791  non-null  float64
 3   wageincome              5091  non-null  float64
 4   nightlyhrssleep         6706  non-null  float64
 5   birthmonth              8984  non-null  int64
 6   birthyear               8984  non-null  int64
...
 25  weeksworked12           7747  non-null  float64
 26  weeksworked13           7680  non-null  float64
 27  weeksworked14           7612  non-null  float64
 28  weeksworked15           7389  non-null  float64
 29  weeksworked16           7068  non-null  float64
 30  weeksworked17           6670  non-null  float64
dtypes: float64(29), int64(2)
memory usage: 2.2 MB
```

filter 操作符也可以采用正则表达式。例如，可以返回名称中包含 income 的列。

```
>>> nls97.filter(regex='income')
>>> nls97.filter(regex='income')
          wageincome  govincomediff
personid
100061        12,500            NaN
100139       120,000            NaN
100284        58,000            NaN
100292           nan            NaN
100583        30,000            NaN
...              ...            ...
999291        35,000            NaN
999406       116,000            NaN
999543           nan            NaN
999698           nan            NaN
999963        50,000            NaN
```

3.3.5　参考资料

本秘笈中的许多技术都可用于创建 Pandas Series 和 DataFrame。在第 6 章“使用 Series 操作清洗和探索数据”中将进行更多演示。

3.4 选择行

当我们衡量数据并以其他方式回答“这个数据看起来怎么样？”的问题时，会不断放大和缩小数据。我们需要查看汇总的数字和特定的行。但是，还有一些重要的数据问题仅在中间缩放级别才很明显，只有在查看某些行的子集时才能发现这些问题。本秘笈演示了如何使用 Pandas 工具来检测数据子集中的数据问题。

3.4.1 准备工作

本秘笈将继续使用 NLS 数据。

3.4.2 实战操作

下面将介绍几种在 Pandas DataFrame 中选择行的技术。

（1）导入 pandas 和 numpy，并加载 nls97 数据。

```
>>> import pandas as pd
>>> import numpy as np
>>> nls97 = pd.read_csv("data/nls97.csv")
>>> nls97.set_index("personid", inplace=True)
```

（2）使用切片从第 1001 行开始，然后转到第 1004 行。

nls97 [1000:1004]可以从冒号左侧整数（在本示例中为 1000）所指示的行开始进行选择，但不包括冒号右侧整数（1004）所指示的行。由于索引编号是从 0 开始的，因此整数 1000 所指示的行实际上是第 1001 行。由于我们已经对结果 DataFrame 进行了转置，因此每一行在输出中都显示为一列。

```
>>> nls97[1000:1004].T
personid                 195884            195891            195970  195996
gender                     Male              Male            Female  Female
birthmonth                   12                 9                 3       9
birthyear                  1981              1980              1982    1980
highestgradecompleted       NaN                12                17     NaN
maritalstatus               NaN     Never-married     Never-married     NaN
...                         ...               ...               ...     ...
colenroct15                 NaN  1. Not enrolled   1. Not enrolled     NaN
colenrfeb16                 NaN  1. Not enrolled   1. Not enrolled     NaN
```

```
colenroct16             NaN  1. Not enrolled  1. Not enrolled    NaN
colenrfeb17             NaN  1. Not enrolled  1. Not enrolled    NaN
colenroct17             NaN  1. Not enrolled  1. Not enrolled    NaN
```

（3）使用切片从第 1001 行开始，然后转到第 1004 行，每隔一行跳过一次。

第二个冒号后面的整数（在本示例中为 2）表示步长。当排除该步骤时，假定为 1。可以看到，通过将步长的值设置为 2，我们实现了每隔一行跳过一次。在步骤（2）中，结果中包含第 1001、1002、1003 和 1004 这 4 行，而本步骤的结果中则仅有第 1001 和 1003 行，第 1002 和 1004 行被跳过。

```
>>> nls97[1000:1004:2].T
personid                 195884           195970
gender                     Male           Female
birthmonth                   12                3
birthyear                  1981             1982
highestgradecompleted       NaN               17
maritalstatus               NaN    Never-married
...                         ...              ...
colenroct15                 NaN  1. Not enrolled
colenrfeb16                 NaN  1. Not enrolled
colenroct16                 NaN  1. Not enrolled
colenrfeb17                 NaN  1. Not enrolled
colenroct17                 NaN  1. Not enrolled
```

（4）使用 head 和[ ]操作符切片选择前 3 行。

可以看到，nls97 [:3]返回的 DataFrame 与 nls97.head(3)返回的结果相同。在切片[:3]中，冒号的左侧未提供值，这实际上是告诉操作符从 DataFrame 的开头获取行。

```
>>> nls97.head(3).T
personid              100061           100139           100284
gender                Female             Male             Male
birthmonth                 5                9               11
birthyear               1980             1983             1984
...                      ...              ...              ...
colenroct15  1. Not enrolled  1. Not enrolled  1. Not enrolled
colenrfeb16  1. Not enrolled  1. Not enrolled  1. Not enrolled
colenroct16  1. Not enrolled  1. Not enrolled  1. Not enrolled
colenrfeb17  1. Not enrolled  1. Not enrolled  1. Not enrolled
colenroct17  1. Not enrolled  1. Not enrolled  1. Not enrolled

>>> nls97[:3].T
personid              100061           100139           100284
```

```
gender                    Female          Male          Male
birthmonth                     5             9            11
birthyear                   1980          1983          1984
...                          ...           ...           ...
colenroct15   1. Not enrolled 1. Not enrolled 1. Not enrolled
colenrfeb16   1. Not enrolled 1. Not enrolled 1. Not enrolled
colenroct16   1. Not enrolled 1. Not enrolled 1. Not enrolled
colenrfeb17   1. Not enrolled 1. Not enrolled 1. Not enrolled
colenroct17   1. Not enrolled 1. Not enrolled 1. Not enrolled
```

（5）使用 tail 和[ ]操作符切片选择最后 3 行。

可以看到，nls97.tail(3)返回的 DataFrame 与 nls97 [-3:]返回的结果相同。

```
>>> nls97.tail(3).T
personid                  999543        999698        999963
gender                    Female        Female        Female
birthmonth                     8             5             9
birthyear                   1984          1983          1982
...                          ...           ...           ...
colenroct15   1. Not enrolled 1. Not enrolled 1. Not enrolled
colenrfeb16   1. Not enrolled 1. Not enrolled 1. Not enrolled
colenroct16   1. Not enrolled 1. Not enrolled 1. Not enrolled
colenrfeb17   1. Not enrolled 1. Not enrolled 1. Not enrolled
colenroct17   1. Not enrolled 1. Not enrolled 1. Not enrolled
>>> nls97[-3:].T
personid                  999543        999698        999963
gender                    Female        Female        Female
birthmonth                     8             5             9
birthyear                   1984          1983          1982
...                          ...           ...           ...
colenroct15   1. Not enrolled 1. Not enrolled 1. Not enrolled
colenrfeb16   1. Not enrolled 1. Not enrolled 1. Not enrolled
colenroct16   1. Not enrolled 1. Not enrolled 1. Not enrolled
colenrfeb17   1. Not enrolled 1. Not enrolled 1. Not enrolled
colenroct17   1. Not enrolled 1. Not enrolled 1. Not enrolled
```

（6）使用 loc 数据访问器选择几行。

使用 loc 访问器按索引标签进行选择。我们可以传递一个索引标签列表，也可以指定一个标签范围（回想一下，我们已经将 personid 设置为索引）。

可以看到，nls97.loc [[195884,195891,195970]]返回的 DataFrame 和 nls97.loc [195884:195970]返回的 DataFrame 是一样的。

```
>>> nls97.loc[[195884,195891,195970]].T
personid                           195884          195891          195970
gender                               Male            Male          Female
birthmonth                             12               9               3
birthyear                            1981            1980            1982
highestgradecompleted                 NaN              12              17
maritalstatus                         NaN   Never-married   Never-married
...                                   ...             ...             ...
colenroct15               1. Not enrolled 1. Not enrolled 1. Not enrolled
colenrfeb16               1. Not enrolled 1. Not enrolled 1. Not enrolled
colenroct16               1. Not enrolled 1. Not enrolled 1. Not enrolled
colenrfeb17               1. Not enrolled 1. Not enrolled 1. Not enrolled
colenroct17               1. Not enrolled 1. Not enrolled 1. Not enrolled

>>> nls97.loc[195884:195970].T
personid                           195884          195891          195970
gender                               Male            Male          Female
birthmonth                             12               9               3
birthyear                            1981            1980            1982
highestgradecompleted                 NaN              12              17
maritalstatus                         NaN   Never-married   Never-married
...                                   ...             ...             ...
colenroct15               1. Not enrolled 1. Not enrolled 1. Not enrolled
colenrfeb16               1. Not enrolled 1. Not enrolled 1. Not enrolled
colenroct16               1. Not enrolled 1. Not enrolled 1. Not enrolled
colenrfeb17               1. Not enrolled 1. Not enrolled 1. Not enrolled
colenroct17               1. Not enrolled 1. Not enrolled 1. Not enrolled
```

（7）使用 iloc 数据访问器从 DataFrame 的开头选择一行。

iloc 与 loc 的不同之处在于，它使用行位置整数的列表，而不是索引标签。因此，它的作用类似于[ ]操作符切片。在此步骤中，我们首先传递一个值为 0 的单项列表，它将返回仅包括第一行的 DataFrame。

```
>>> nls97.iloc[[0]].T
personid                           100061
gender                             Female
birthmonth                              5
birthyear                            1980
highestgradecompleted                  13
maritalstatus                     Married
...                                   ...
colenroct15               1. Not enrolled
```

```
colenrfeb16               1. Not enrolled
colenroct16               1. Not enrolled
colenrfeb17               1. Not enrolled
colenroct17               1. Not enrolled
```

（8）使用 iloc 数据访问器从 DataFrame 的开头选择几行。

我们将传递一个 3 项列表[0,1,2]，以返回包含 nls97 前 3 行的 DataFrame。如果将[0:3]传递给该访问器，则将得到相同的结果。

```
>>> nls97.iloc[[0,1,2]].T
personid                 100061            100139            100284
gender                   Female              Male              Male
birthmonth                    5                 9                11
birthyear                  1980              1983              1984
...                         ...               ...               ...
colenroct15     1. Not enrolled   1. Not enrolled   1. Not enrolled
colenrfeb16     1. Not enrolled   1. Not enrolled   1. Not enrolled
colenroct16     1. Not enrolled   1. Not enrolled   1. Not enrolled
colenrfeb17     1. Not enrolled   1. Not enrolled   1. Not enrolled
colenroct17     1. Not enrolled   1. Not enrolled   1. Not enrolled
>>> nls97.iloc[0:3].T
personid                 100061            100139            100284
gender                   Female              Male              Male
birthmonth                    5                 9                11
birthyear                  1980              1983              1984
...                         ...               ...               ...
colenroct15     1. Not enrolled   1. Not enrolled   1. Not enrolled
colenrfeb16     1. Not enrolled   1. Not enrolled   1. Not enrolled
colenroct16     1. Not enrolled   1. Not enrolled   1. Not enrolled
colenrfeb17     1. Not enrolled   1. Not enrolled   1. Not enrolled
colenroct17     1. Not enrolled   1. Not enrolled   1. Not enrolled
```

（9）使用 iloc 数据访问器从 DataFrame 的末尾选择几行。

使用 nls97.iloc [[-3,-2,-1]]和 nls97.iloc [-3:]都可以检索 DataFrame 的最后 3 行。

在[-3:]的冒号右边未提供值，这实际上是告诉访问器获取从倒数第三行到 DataFrame 末尾的所有行。

```
>>> nls97.iloc[[-3,-2,-1]].T
personid                 999543            999698            999963
gender                   Female            Female            Female
birthmonth                    8                 5                 9
birthyear                  1984              1983              1982
```

```
...                          ...                 ...                  ...
colenroct15  1. Not enrolled  1. Not enrolled  1. Not enrolled
colenrfeb16  1. Not enrolled  1. Not enrolled  1. Not enrolled
colenroct16  1. Not enrolled  1. Not enrolled  1. Not enrolled
colenrfeb17  1. Not enrolled  1. Not enrolled  1. Not enrolled
colenroct17  1. Not enrolled  1. Not enrolled  1. Not enrolled
>>> nls97.iloc[-3:].T
personid                999543           999698           999963
gender                  Female           Female           Female
birthmonth                   8                5                9
birthyear                 1984             1983             1982
...                        ...              ...              ...
colenroct15  1. Not enrolled  1. Not enrolled  1. Not enrolled
colenrfeb16  1. Not enrolled  1. Not enrolled  1. Not enrolled
colenroct16  1. Not enrolled  1. Not enrolled  1. Not enrolled
colenrfeb17  1. Not enrolled  1. Not enrolled  1. Not enrolled
colenroct17  1. Not enrolled  1. Not enrolled  1. Not enrolled
```

（10）使用布尔索引有条件地选择多行。

创建一个 DataFrame，其中仅包含睡眠时间较少的个人。在回答该问题的 6706 个人中，约 5%的受访者每晚睡眠的时间仅有 4 个小时，甚至更少。

使用 nls97.nightlyhrssleep <= 4 测试谁仅有 4 个小时或更少的睡眠时间，这将生成一个仅包含 True 和 False 值的 Pandas Series，这个 Series 被赋值给 sleepcheckbool 变量。将该 Series 传递给 loc 访问器将创建一个 lowsleep DataFrame。

lowsleep 具有的行数大致符合我们的预期。请注意，我们并不需要执行将布尔 Series 分配给变量的额外步骤，这样做仅出于解释目的。

```
>>> nls97.nightlyhrssleep.quantile(0.05)
4.0
>>> nls97.nightlyhrssleep.count()
6706
>>> sleepcheckbool = nls97.nightlyhrssleep<=4
>>> sleepcheckbool
personid
100061    False
100139    False
100284    False
100292    False
100583    False
          ...
999291    False
```

```
999406    False
999543    False
999698    False
999963    False
Name: nightlyhrssleep, Length: 8984, dtype: bool
>>> lowsleep = nls97.loc[sleepcheckbool]
>>> lowsleep.shape
(364, 88)
```

（11）根据多个条件选择行。

睡眠不足的人可能也有很多与之同住的孩子。使用 describe 可以了解 lowsleep 的孩子数量分布。大约四分之一有 3 个或更多的孩子。

创建一个新的 DataFrame，使其仅包含 nightlyhrssleep 等于或小于 4 且家里的孩子数等于或大于 3 的个人。

&是 Pandas 中的逻辑和（AND）操作符，表示要选择的行都必须满足两个条件。如果按以下方式使用 lowsleep DataFrame，则将得到相同的结果。

```
lowsleep3pluschildren = lowsleep.loc[lowsleep.childathome> = 3]
```

当然，上述操作无法演示对多个条件的测试。

```
>>> lowsleep.childathome.describe()
count  293.00
mean     1.79
std      1.40
min      0.00
25%      1.00
50%      2.00
75%      3.00
max      9.00
>>> lowsleep3pluschildren = nls97.loc[(nls97.nightlyhrssleep<=4) &
(nls97.childathome>=3)]
>>> lowsleep3pluschildren.shape
(82, 88)
```

（12）根据多个条件选择行和列。

将条件传递给 loc 访问器以选择行。另外，也可以传递一个列名称的列表进行选择。

```
>>> lowsleep3pluschildren = nls97.loc[(nls97.nightlyhrssleep<=4) &
(nls97.childathome>=3),['nightlyhrssleep','childathome']]
>>> lowsleep3pluschildren
          nightlyhrssleep  childathome
personid
```

```
119754              4            4
141531              4            5
152706              4            4
156823              1            3
158355              4            4
...               ...          ...
905774              4            3
907315              4            3
955166              3            3
956100              4            6
991756              4            3
```

上述步骤演示了在 Pandas 中选择行的关键技术。

3.4.3 原理解释

在步骤（2）～步骤（5）中，使用了[ ]操作符来选择行，这是类似于 Python 的标准切片。该操作符使我们能够轻松地基于列表或使用切片表示法指示的值范围来选择行。此表示法采用[start:end:step]的形式，如果未提供任何值，则 step（步长）的值将假定为 1。当 start 为负数时，表示从 DataFrame 的末尾开始的行数。

在步骤（6）中使用的 loc 访问器可根据行索引标签选择行。由于 personid 是 DataFrame 的索引，因此可以将一个或多个 personid 值的列表传递给 loc 访问器，以获取一个带有这些索引标签行的 DataFrame。

我们也可以将一系列的索引标签传递给访问器，它将返回一个 DataFrame，其中所有行的索引标签都在冒号左侧的标签和右侧的标签之间（含左右两侧的值）。因此，nls97.loc[195884:195970] 将返回一个 DataFrame，其中包含 personid 在 195884～195970 的行，并且包括这两个值。

iloc 访问器的工作原理与[ ]操作符非常相似。在步骤（7）～步骤（9）中可以看到这一点。我们可以传递一个整数列表，或使用切片符号传递一个范围。

布尔索引是最有价值的 Pandas 功能之一，这使得我们可以轻松地按条件选择行。在步骤（10）中可以看到这一点。测试将返回一个布尔 Series。loc 访问器将选择测试为 True 的所有行。实际上，我们并不需要将布尔数据 Series 赋值给变量，然后传递给 loc 操作符。使用以下语句可以将测试结果直接传递给 loc 访问器。

```
nls97.loc[nls97.nightlyhrssleep<=4]
```

我们应该仔细看看步骤（11）中使用 loc 访问器选择行的方式。在以下语句中，每个条件都放在圆括号内。

```
nls97.loc[(nls97.nightlyhrssleep<=4) & (nls97.childathome>=3)]
```

如果排除圆括号，将会产生错误。&操作符与标准 Python 中的 and 是等效的，这意味着两个条件都必须为 True，行才会被选择。如果任一条件为 True 即可选择行，则可以使用逻辑或（or）运算符（|）。

最后，步骤（12）演示了如何在一次调用 loc 访问器的过程中选择行和列。行的条件出现在逗号之前，而要选择的列则出现在逗号之后，其语句如下。

```
nls97.loc[(nls97.nightlyhrssleep<=4) & (nls97.childathome>=3),
['nightlyhrssleep','childathome']]
```

这将返回个体的 nightlyhrssleep（夜间睡眠）时间小于或等于 4 且 childathome（家庭孩子数）大于或等于 3 的所有行的 nightlyhrssleep 和 childathome 列。

3.4.4　扩展知识

在此秘笈中，我们使用了 3 种不同的工具从 Pandas DataFrame 中选择行：[ ]操作符，以及两个特定于 Pandas 的访问器 loc 和 iloc。

如果你是 Pandas 新手，可能会搞不清楚哪种情况下用什么方式合适，但是，几个月之后，你就会清楚在哪种情况下应该使用哪种工具。

如果你在使用 Pandas 之前有一定的 Python 和 NumPy 经验，那么你可能会发现[ ]操作符是最熟悉的。但是，Pandas 说明文档建议不要将[ ]操作符用于生产代码。因此，本示例中的操作仅用作演示。

通过布尔索引或按索引标签选择行时，可以使用 loc 访问器；通过行号选择行时，可使用 iloc 访问器。由于我们的工作流中使用了相当多的布尔索引，因此使用 loc 访问器比使用其他方法的情况要多得多。

3.4.5　参考资料

3.3 节“选择和组织列”对选择列进行了更详细的讨论。

3.5　生成分类变量的频率

许多年前，一位经验丰富的研究人员对作者说：“我们将在频率分布中看到 90%的结果。”这句话一直影响着作者。作者在 DataFrame 上执行的单向和双向频率分布（交叉表）越多，对它的理解就越深刻。在此秘笈中，我们将执行单向频率分布（one-way frequency distribution）分析，在后续秘笈中将执行双向频率分布（two-way frequency distribution）分析。

3.5.1 准备工作

本示例将继续使用 NLS 数据集。我们还将使用 filter 方法进行相当多的列选择。你无须复习本章有关列选择的内容，但如果能复习的话则更好。

3.5.2 实战操作

本示例将使用 Pandas 工具生成频率，特别是非常方便的 value_counts。

（1）加载 pandas 库和 nls97 文件。

另外，还需要将具有 object 数据类型的列转换为 category 数据类型。

```
>>> import pandas as pd
>>> nls97 = pd.read_csv("data/nls97.csv")
>>> nls97.set_index("personid", inplace=True)
>>> nls97.loc[:, nls97.dtypes == 'object'] = \
...    nls97.select_dtypes(['object']). \
...    apply(lambda x: x.astype('category'))
```

（2）显示具有 category 数据类型的列的名称，并检查缺失值的数量。

请注意，gender（性别）没有缺失值，highestdegree（最高学历）的缺失值也很少，但 maritalstatus（婚姻状况）和其他列的缺失值很多。

```
>>> catcols = nls97.select_dtypes(include=["category"]).columns
>>> nls97[catcols].isnull().sum()
gender                   0
maritalstatus         2312
weeklyhrscomputer     2274
weeklyhrstv           2273
highestdegree           31
                       ...
colenroct15           1515
colenrfeb16           1948
colenroct16           2251
colenrfeb17           2251
colenroct17           2250
Length: 57, dtype: int64
```

（3）显示婚姻状况的频率。

```
>>> nls97.maritalstatus.value_counts()
Married          3066
Never-married    2766
Divorced          663
Separated         154
Widowed            23
Name: maritalstatus, dtype: int64
```

（4）关闭按频率排序。

```
>>> nls97.maritalstatus.value_counts(sort=False)
Divorced          663
Married          3066
Never-married    2766
Separated         154
Widowed            23
Name: maritalstatus, dtype: int64
```

（5）显示百分比而不是计数。

```
>>> nls97.maritalstatus.value_counts(sort=False, normalize=True)
Divorced         0.10
Married          0.46
Never-married    0.41
Separated        0.02
Widowed          0.00
Name: maritalstatus, dtype: float64
```

（6）显示所有政府职责列的百分比。

通过过滤获得仅包含政府职责列的 DataFrame，然后使用 apply 在该 DataFrame 的所有列上运行 value_counts。

```
>>> nls97.filter(like="gov").apply(pd.value_counts, normalize=True)
                    govprovidejobs  govpricecontrols  ...  \
1.  Definitely                0.25              0.54  ...
2.  Probably                  0.34              0.33  ...
3.  Probably not              0.25              0.09  ...
4.  Definitely not            0.16              0.04  ...

                       govdecenthousing  govprotectenvironment
1.Definitely                       0.44                   0.67
2.Probably                         0.43                   0.29
```

```
3.Probably not                     0.10                     0.03
4.Definitely not                   0.02                     0.02
```

（7）找到已婚人士的所有政府职责列的百分比。

执行步骤（6）中的操作，但首先仅选择 maritalstatus（婚姻状况）等于 Married（已婚）的行。

```
>>> nls97[nls97.maritalstatus=="Married"].\
... filter(like="gov").\
... apply(pd.value_counts, normalize=True)
                   govprovidejobs  govpricecontrols  ...  \
1. Definitely                0.17              0.46  ...
2. Probably                  0.33              0.38  ...
3. Probably not              0.31              0.11  ...
4. Definitely not            0.18              0.05  ...

                   govdecenthousing  govprotectenvironment
1. Definitely                  0.36                   0.64
2. Probably                    0.49                   0.31
3. Probably not                0.12                   0.03
4. Definitely not              0.03                   0.01
```

（8）查找 DataFrame 中所有 category 列的频率和百分比。

首先，打开一个文件以输出频率。

```
>>> freqout = open('views/frequencies.txt', 'w')
>>>
>>> for col in nls97.select_dtypes(include=["category"]):
...   print(col, "----------------------", "frequencies",
...   nls97[col].value_counts(sort=False), "percentages",
...   nls97[col].value_counts(normalize=True, sort=False),
...   sep="\n\n", end="\n\n\n", file=freqout)
...
>>> freqout.close()
```

这样将生成一个文件，其开头应该如下所示。

```
gender

----------------------

frequencies

Female    4385
```

```
Male       4599
Name: gender, dtype: int64

percentages

Female   0.49
Male     0.51
Name: gender, dtype: float64
```

在上述步骤中可以看到，当我们需要为 DataFrame 的一列或多列生成频率时，value_counts 非常有用。

3.5.3 原理解释

nls97 DataFrame 中的大多数列（88 列中的 57 列）具有 object 数据类型。如果我们使用的是在逻辑上可以分类的数据，但在 Pandas 中没有将它识别为 category 数据类型，则有充分的理由将其转换为 category 类型。如本秘笈所示，转换为 category 类型不仅节省了内存，而且还使数据清洗更加容易。

此秘笈的重点是 value_counts 方法。它可以使用以下语句为一个 Series 生成频率。

```
nls97.maritalstatus.value_counts
```

也可以在整个 DataFrame 上运行。其语句如下。

```
nls97.filter(like="gov").apply(pd.value_counts, normalize=True)
```

在上面的示例中，首先创建了一个仅包含政府职责列的 DataFrame，然后使用了 apply 方法将结果 DataFrame 传递给 value_counts。

你可能已经注意到，在步骤（7）中，我们将方法链语句分为了几行，以使其更易于阅读。对于这种分行写法，目前还没有任何规则。一般来说，只要方法链涉及 3 个或 3 个以上的操作，都可以尝试这样做。

在步骤（8）中，使用以下语句遍历所有包含 category 数据类型的列。

```
for col in nls97.select_dtypes(include=["category"])
```

对于每一个包含 category 数据类型的列，都运行了 value_counts 以获取其频率，并再次运行了 value_counts 以获取其百分比。我们使用了 print 函数，以生成使输出结果更容易阅读的必要的 Enter 键符。所有结果都被保存到 views 子文件夹的 frequency.txt 文件中。在使用分类变量执行任何操作之前，检查一些单向频率是很方便的。步骤（8）就实现了这个目标。

3.5.4 扩展知识

频率分布可能是发现分类数据潜在数据问题的最重要的统计工具。此秘笈中生成的单向频率为进一步分析打下了良好的基础。

但是，一般来说，只有在检查了分类变量和其他变量（分类变量或连续变量）之间的关系后，我们才会发现问题。尽管在此秘笈中我们没有刻意去做双向频率分布分析，但在步骤（7）中，我们确实开始了拆分数据的过程以进行调查。在该步骤中，我们查看了已婚人士对于政府职责问题的回答，发现了这些回答与样本总体的区别。

这引发了我们对要探索的数据的几个问题的思考。例如，婚姻状况是否会影响到问题的回答率？这是否与政府职责变量的分布有关？在考虑潜在的有影响的变量之前，我们对于得出的结论应持谨慎态度。已婚的被访问者的回答是否可能跟他们年龄更大或有更多的孩子有关？这些因素是否影响了他们对政府职责的看法？

我们以婚姻状况变量为例，演示了可能生成单向频率（本秘笈中生成的就是这种频率）的查询。在后面的秘笈中，我们还将进行一些双变量分析（如相关矩阵、某些交叉表或散点图等）。在接下来的两章中将生成这些内容。

3.6 生成连续变量的摘要统计信息

Pandas 有很多工具可以用来了解连续变量的分布。本秘笈将重点介绍 describe，并演示直方图对可视化变量分布的用途。

在使用连续变量进行任何分析之前，重要的是要对它的分布方式（中心趋势、分布和偏度）有一个很好的了解。这种理解将有助于我们识别离群值（outlier，也被称为异常值）和意外值。这种分布方式本身也是至关重要的信息。

如果我们对特定变量的分布情况有了很好的理解，那么就可以很好地理解特定的变量；如果没有这样的理解，那么对于数据的任何解释都将是不完整的，或者是在某些方面有缺陷的。作者认为这种说法并非夸张。

3.6.1 准备工作

本秘笈将使用 COVID 新冠疫情统计数据。另外还需要 Matplotlib 库。如果你尚未安装该库，则可以在终端上输入以下命令进行安装。

```
pip install matplotlib
```

3.6.2　实战操作

先来看关键连续变量的分布。

（1）导入 pandas、numpy 和 matplotlib，并加载 COVID 总计数据。

```
>>> import pandas as pd
>>> import numpy as np
>>> import matplotlib.pyplot as plt
>>> covidtotals = pd.read_csv("data/covidtotals.csv",
...    parse_dates=['lastdate'])
>>> covidtotals.set_index("iso_code", inplace=True)
```

（2）来看数据的结构。

```
>>> covidtotals.shape
(210, 11)
>>> covidtotals.sample(2, random_state=1).T
iso_code                       COG                    THA
lastdate       2020-06-01 00:00:00  2020-06-01 00:00:00
location                     Congo               Thailand
total_cases                    611                   3081
total_deaths                    20                     57
total_cases_pm              110.73                  44.14
total_deaths_pm               3.62                   0.82
population            5,518,092.00          69,799,978.00
pop_density                  15.40                 135.13
median_age                   19.00                  40.10
gdp_per_capita            4,881.41              16,277.67
hosp_beds                      NaN                   2.10
>>> covidtotals.dtypes
lastdate         datetime64[ns]
location                 object
total_cases               int64
total_deaths              int64
total_cases_pm          float64
total_deaths_pm         float64
population              float64
pop_density             float64
median_age              float64
gdp_per_capita          float64
hosp_beds               float64
dtype: object
```

（3）获取关于 COVID 总数和人口统计列的描述性统计数据。

```
>>> covidtotals.describe()
       total_cases  total_deaths  total_cases_pm  ...  median_age
count          210           210             209  ...         186
mean        29,216         1,771           1,362  ...          31
std        136,398         8,706           2,630  ...           9
min              0             0               1  ...          15
25%            176             4              97  ...          22
50%          1,242            26             282  ...          30
75%         10,117           241           1,803  ...          39
max      1,790,191       104,383          19,771  ...          48
       gdp_per_capita  hosp_beds
count             182        164
mean           19,539          3
std            19,862          2
min               661          0
25%             4,485          1
50%            13,183          2
75%            28,557          4
max           116,936         14
```

（4）现在可以来仔细查看 case（病例）和 death（死亡）列的值的分布情况。

使用 NumPy 的 arange 方法将从 0～1.0 的浮点数列表传递给 DataFrame 的 quantile（分位数）方法。

```
>>> totvars = ['location','total_cases','total_deaths',
...   'total_cases_pm','total_deaths_pm']
>>> covidtotals[totvars].quantile(np.arange(0.0, 1.1, 0.1))
       total_cases  total_deaths  total_cases_pm  total_deaths_pm
0.00          0.00          0.00            0.89             0.00
0.10         22.90          0.00           18.49             0.00
0.20        105.20          2.00           56.74             0.40
0.30        302.00          6.70          118.23             1.73
0.40        762.00         12.00          214.92             3.97
0.50      1,242.50         25.50          282.00             6.21
0.60      2,514.60         54.60          546.05            12.56
0.70      6,959.80        137.20        1,074.03            26.06
0.80     16,847.20        323.20        2,208.74            50.29
0.90     46,513.10      1,616.90        3,772.00           139.53
1.00  1,790,191.00    104,383.00       19,771.35         1,237.55
```

（5）查看总病例的分布。

```
>>> plt.hist(covidtotals['total_cases']/1000, bins=12)
>>> plt.title("Total Covid Cases")
>>> plt.xlabel('Cases')
>>> plt.ylabel("Number of Countries")
>>> plt.show()
```

其输出结果如图 3.1 所示。

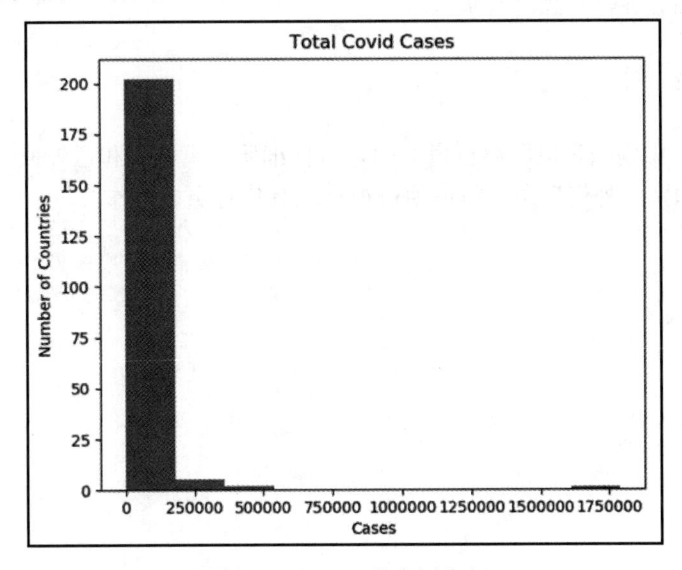

图 3.1　COVID 总病例分布

上述步骤演示了 describe 的应用和 Matplotlib 的 hist 方法（绘制直方图）的使用，这是使用连续变量时必不可少的工具。

3.6.3　原理解释

在步骤（3）中，使用了 describe 方法检查一些汇总统计数据和关键变量的分布。当平均值和中位数（50%）具有明显不同的值时，这通常是一个危险信号。病例和死亡人数严重偏向右侧（反映出平均值远远高于中位数），这使我们意识到上端存在离群值。即使对总体规模进行了调整也是如此，因为 total_cases_pm 和 total_deaths_pm 都显示出相同的偏差。在第 4 章“识别缺失值和离群值”中，我们将对离群值进行更多分析。

步骤（4）中更详细的百分位数数据进一步支持了这种偏斜感。例如，病例和死亡人数的 90%和 100%之间的差距很大。这些是很好的第一指标，它表示我们处理的不是正态分布的数据。即使这不是由于错误造成的，它对于接下来的统计测试也很重要。当被询问“这个数据看起来怎么样？”时，这是我们要注意的第一件事。

我们还应注意到，总死亡人数有不少的 0 值，超过 10%。当你认识到这一点时，它对于统计测试也很重要。

COVID 总病例的直方图确认，大部分的疫情分布为 0～150000，并且有一些离群值和 1S 极端离群值。从视觉上看，该变量的分布服从对数正态分布（log-normal）。对数正态分布的尾巴更胖，并且没有负值。

3.6.4　参考资料

在第 4 章“识别缺失值和离群值”中，将仔细研究离群值和意外值。在第 5 章“使用可视化方法识别意外值”中，将使用可视化工具执行更多操作。

第 4 章　识别缺失值和离群值

离群值和意外值可能并不是错误。“大千世界，无奇不有”，虽然有些事物令人惊讶，但它们很可能真实存在。例如，有些人的身高确实有 2m 以上，有些人的年薪确实超过亿元。有时候，数据之所以产生混乱是因为人和事物本身就是杂乱的；但是，极端值可能会对我们的分析产生巨大影响，尤其是当我们使用参数技术并假设正态分布时。

当处理数据子集时，这些问题可能变得更加明显。这不仅是因为在较小的样本中，极端值或意外值具有更大的权重，还因为当考虑双变量和多变量关系时，它们可能意义不大。本章在考虑检测离群值、意外值和缺失值的策略时会考虑这些复杂性。

本章包含以下秘笈。

- 寻找缺失值。
- 用一个变量识别离群值。
- 识别双变量关系中的离群值和意外值。
- 检查变量关系中的逻辑不一致情况。
- 使用线性回归来确定具有重大影响的数据点。
- 使用 k 最近邻算法找到离群值。
- 使用隔离森林算法查找异常。

4.1　技术要求

本章的代码和 Notebook 可在 GitHub 上获得，其网址如下。

https://github.com.com/PacktPublishing/Python-Data-Cleaning-Cookbook

4.2　寻找缺失值

在开始任何分析之前，我们需要对每个变量的缺失值数量以及为什么缺失这些值有一个很好的认识。我们还需要知道 DataFrame 中哪些行缺少几个关键变量的值。在 Pandas 中，仅需很简单的一些语句即可获得此信息。

在开始统计建模之前，我们还需要良好的策略来处理缺失值，因为这些模型通常不能灵活地处理缺失值。在本秘笈中将介绍处理策略，本章后续秘笈中还将展开更详细的介绍。

4.2.1 准备工作

本秘笈将使用按国家/地区划分的有关新冠疫情病例和死亡的累积数据。DataFrame 还包括其他相关信息，包括人口密度、年龄和 GDP。

注意：[1]

Our World in Data 网站在以下网址提供了可公开使用的 COVID-19 新冠疫情数据。

https://ourworldindata.org/coronavirus-source-data

此秘笈中使用的数据是在 2020 年 6 月 1 日下载的。该数据集缺少中华人民共和国香港特别行政区的新冠疫情病例和死亡数据，但此问题已在后续文件中得到纠正。

在此秘笈中还将使用 matplotlib 进行一些常规绘图，以帮助我们可视化新冠疫情病例和死亡的分布。可以使用以下命令安装 matplotlib。

```
pip install matplotlib
```

4.2.2 实战操作

本示例将充分利用 isull 和 sum 函数来计算所选列的缺失值的数目以及几个关键变量具有缺失值的行数。然后，我们将使用非常方便的 DataFrame fillna 方法来处理缺失值。

（1）加载 pandas、numpy 和 matplotlib 库以及新冠疫情病例数据文件。

另外，还需要设置新冠疫情病例和人口统计意义上的列。请注意，在下面的列名称中，total_cases_pm 表示每百万人口的新冠病例总数，其中 pm 表示 per million（每百万）；total_deaths_pm 表示每百万人口的新冠疫情死亡人数。

```
>>> import pandas as pd
>>> import numpy as np
>>> import matplotlib.pyplot as plt
>>> covidtotals = pd.read_csv("data/covidtotalswithmissings.csv")
>>> totvars = ['location','total_cases','total_deaths','total_cases_pm',
...    'total_deaths_pm']
>>>
```

[1] 这里与英文原文的内容保持一致，保留了其中文翻译。

```
>>> demovars = ['population','pop_density','median_age','gdp_per_capita',
...    'hosp_beds']
```

（2）检查人口统计意义上的列以查找缺失的数据。

将轴设置为 0（默认值）以检查每个人口统计变量值均包含缺失值的国家/地区的数量。

可以看到，在 210 个国家/地区中，有 46 个国家（占国家/地区总数的 20%以上）缺失了 hosp_beds（医院病床数量）的值。将轴设置为 1 可以检查每个国家/地区缺少的人口统计变量数量（各行缺少值）。接下来，获取结果 demovarsmisscnt Series 的 value_counts 计数，以查看某些国家/地区是否缺少大部分人口统计数据的值。可以看到，有 10 个国家/地区在 5 个人口统计变量中缺少 3 个变量的值，而有 8 个国家/地区在 5 个人口统计变量中缺少 4 个变量的值。

```
>>> covidtotals[demovars].isnull().sum(axis=0)
population          0
pop_density        12
median_age         24
gdp_per_capita     28
hosp_beds          46
dtype: int64

>>> demovarsmisscnt = covidtotals[demovars].isnull().sum(axis=1)

>>> demovarsmisscnt.value_counts()
0    156
1     24
2     12
3     10
4      8
dtype: int64
```

（3）列出人口统计数据中包含 3 个或 3 个以上缺失值的国家/地区。

索引对齐和布尔索引使我们能够使用缺失值的计数（demovarsmisscnt）选择行。将位置附加到 demovars 列表以查看国家/地区（以下示例仅显示了这些国家/地区中的前 5 个）。

```
>>> covidtotals.loc[demovarsmisscnt>=3, ['location'] +
demovars].head(5).T
iso_code             AND       AIA                     BES      \
location         Andorra  Anguilla  Bonaire Sint      ...
population        77,265    15,002                  26,221
pop_density          164       NaN                     NaN
median_age           NaN       NaN                     NaN
```

```
gdp_per_capita      NaN       NaN                  NaN
hosp_beds           NaN       NaN                  NaN

iso_code                               VGB               FRO
location          British Virgin Islands    Faeroe Islands
population                          30,237            48,865
pop_density                            208                35
median_age                             NaN               NaN
gdp_per_capita                         NaN               NaN
hosp_beds                              NaN               NaN

>>> type(demovarsmisscnt)
<class 'pandas.core.series.Series'>
```

（4）检查新冠疫情病例数据中的缺失值。

可以看到，只有一个国家/地区（即中华人民共和国香港特别行政区）缺失了此数据。

```
>>> covidtotals[totvars].isnull().sum(axis=0)
location           0
total_cases        0
total_deaths       0
total_cases_pm     1
total_deaths_pm    1
dtype: int64
>>> totvarsmisscnt = covidtotals[totvars].isnull().sum(axis=1)
>>> totvarsmisscnt.value_counts()
0    209
2      1
dtype: int64
>>> covidtotals.loc[totvarsmisscnt>0].T
iso_code                          HKG
lastdate          2020-05-26 00:00:00
location                    Hong Kong
total_cases                         0
total_deaths                        0
total_cases_pm                    NaN
total_deaths_pm                   NaN
population                  7,496,988
pop_density                     7,040
median_age                         45
gdp_per_capita                 56,055
hosp_beds                         NaN
```

（5）使用 fillna 方法修复受影响的一个国家/地区（即中华人民共和国香港特别行政区）缺失的病例数据。

在本示例中，我们实际上是将值设置为 0，因为在这两种情况下的分子均为 0。当然，使用正确的逻辑在代码重用方面是很有帮助的。

```
>>> covidtotals.total_cases_pm.fillna(covidtotals.total_cases/
...     (covidtotals.population/1000000), inplace=True)

>>> covidtotals.total_deaths_pm.fillna(covidtotals.total_deaths/
...     (covidtotals.population/1000000), inplace=True)

>>> covidtotals[totvars].isnull().sum(axis=0)
location            0
total_cases         0
total_deaths        0
total_cases_pm      0
total_deaths_pm     0
dtype: int64
```

上述步骤使我们对每一列的缺失值的数量以及哪些国家/地区包含许多缺失值有一个很好的认识。

4.2.3　原理解释

步骤（2）显示，人口统计学变量，尤其是 hosp_beds（医院病床数量），确实有一些缺失的数据。有 18 个国家，在 5 个人口统计学变量中至少有 3 个变量包含的是缺失值。在进行任何多变量分析时，我们将不得不排除这些变量，或者为这些变量估算值。在此秘笈中，我们没有尝试修复这些值。在后面的章节中，我们将讨论如何修复和处理缺失值。

在本示例中，关键的新冠疫情病例数据相对没有缺失值。只有一个地区（香港）缺失病例和死亡数据，在步骤（5）中，我们使用 fillna 解决了这个问题。其实也可以使用 fillna 将缺失值设置为 0。

在步骤（2）和步骤（3）中可以看到 Pandas 的魔力。我们创建了一个 Series demovarsmisscnt，其中包含每个国家/地区包含缺失值的人口统计列数。由于 Pandas 索引对齐和布尔索引功能，我们能够使用该 Series，查找缺失 3 个或 3 个以上值的 Series（demovarsmisscnt >= 3）。

4.2.4　参考资料

在第 6 章“使用 Series 操作清洗和探索数据”中，将深入研究其他用于修复缺失值的 Pandas 技术。

4.3 用一个变量识别离群值

离群值的概念有些主观判断的因素，但它也与特定分布的属性、中心趋势、传播和形状等密切相关。我们可以根据给定变量分布的可能性来确定该值是预期值还是非预期值。如果某个值离平均值有多个标准偏差，并且远离近似正态分布的值，则我们更倾向于将其视为离群值。有一种离群值是对称的（偏斜度低），而且尾巴相对较瘦（峰度低）。

如果想尝试从均匀分布中识别离群值，那么这一点将变得很清楚。没有集中的趋势，也没有尾巴。每个值的可能性是一样的。例如，如果每个国家的新冠疫情病例分布均匀，最少 1 个，最多 10000000 个，则 1 和 10000000 都不被视为离群值。

在确定离群值之前，我们需要先了解变量的分布方式。有若干个 Python 库提供了一些工具来帮助我们了解目标变量的分布方式。在此秘笈中，我们将使用其中的几个工具来确定某个值是否超出了范围而值得关注。

4.3.1 准备工作

除 Pandas 和 Numpy 外，你还需要 matplotlib、statsmodels 和 sciPy 库来运行此秘笈中的代码。你可以通过在终端或 PowerShell（Windows 系统）中输入以下命令来安装 matplotlib、statsmodels 和 sciPy。

```
pip install matplotlib
pip install statsmodels
pip install scipy
```

本秘笈将继续使用新冠疫情病例数据。

4.3.2 实战操作

本示例将很好地了解新冠疫情数据中一些关键连续变量的分布。我们将检查分布的主要趋势和形状，生成度量和正态性的可视化。

（1）加载 pandas、numpy、matplotlib、statsmodels 和 scipy 库以及新冠疫情病例的数据文件。

另外，还需要设置新冠疫情病例和人口统计意义上的列。

```
>>> import pandas as pd
>>> import numpy as np
>>> import matplotlib.pyplot as plt
>>> import statsmodels.api as sm
>>> import scipy.stats as scistat

>>> covidtotals = pd.read_csv("data/covidtotals.csv")
>>> covidtotals.set_index("iso_code", inplace=True)
>>> totvars = ['location','total_cases','total_deaths','total_cases_pm',
...    'total_deaths_pm']
>>> demovars = ['population','pop_density','median_age','gdp_per_capita',
...    'hosp_beds']
```

（2）使用 describe 获取新冠疫情病例数据的描述性统计信息。

创建一个仅包含关键病例数据的 DataFrame。

```
>>> covidtotalsonly = covidtotals.loc[:, totvars]
>>> covidtotalsonly.describe()
       total_cases  total_deaths  total_cases_pm  total_deaths_pm
count          210           210             210              210
mean        29,216         1,771           1,355               56
std        136,398         8,706           2,625              145
min              0             0               0                0
25%            176             4              93                1
50%          1,242            26             281                6
75%         10,117           241           1,801               32
max      1,790,191       104,383          19,771            1,238
```

（3）显示更详细的 quantile（百分位数）数据。

我们还将显示偏度（skewness）和峰度（kurtosis）。偏度和峰度分别描述了分布的对称性和分布的尾部有多肥。如果变量以正态分布，则这两个指标都大大高于我们的预期。

```
>>> covidtotalsonly.quantile(np.arange(0.0, 1.1, 0.1))
       total_cases  total_deaths  total_cases_pm  total_deaths_pm
0.00          0.00          0.00            0.00             0.00
0.10         22.90          0.00           18.00             0.00
0.20        105.20          2.00           56.29             0.38
0.30        302.00          6.70          115.43             1.72
0.40        762.00         12.00          213.97             3.96
0.50      1,242.50         25.50          280.93             6.15
0.60      2,514.60         54.60          543.96            12.25
0.70      6,959.80        137.20        1,071.24            25.95
0.80     16,847.20        323.20        2,206.30            49.97
```

```
0.90     46,513.10      1,616.90        3,765.14          138.90
1.00  1,790,191.00    104,383.00       19,771.35        1,237.55

>>> covidtotalsonly.skew()
total_cases        10.80
total_deaths        8.93
total_cases_pm      4.40
total_deaths_pm     4.67
dtype: float64
>>> covidtotalsonly.kurtosis()
total_cases        134.98
total_deaths        95.74
total_cases_pm      25.24
total_deaths_pm     27.24
dtype: float64
```

（4）测试新冠疫情数据的正态分布性。

使用 scipy 库中的 Shapiro-Wilk 测试，输出测试的 p 值。正态分布的 null 假设可以在低于 0.05 的任何 p 值和 95%的置信水平上被拒绝。

```
>>> def testnorm(var, df):
...   stat, p = scistat.shapiro(df[var])
...   return p
...
>>> testnorm("total_cases", covidtotalsonly)
3.753789128593843e-29
>>> testnorm("total_deaths", covidtotalsonly)
4.3427896631016077e-29
>>> testnorm("total_cases_pm", covidtotalsonly)
1.3972683006509067e-23
>>> testnorm("total_deaths_pm", covidtotalsonly)
1.361060423265974e-25
```

（5）显示总病例数和每百万总病例数的分位数图（quantile quantile plot，QQ Plot）。可以看到使用的是 qqplot 方法。

直线显示的是正态分布应有的外观。

```
>>> sm.qqplot(covidtotalsonly[['total_cases']]. \
...   sort_values(['total_cases']), line='s')
>>> plt.title("QQ Plot of Total Cases")
>>> sm.qqplot(covidtotals[['total_cases_pm']]. \
...   sort_values(['total_cases_pm']), line='s')
>>> plt.title("QQ Plot of Total Cases Per Million")
>>> plt.show()
```

这将输出如图 4.1 所示的散点图。

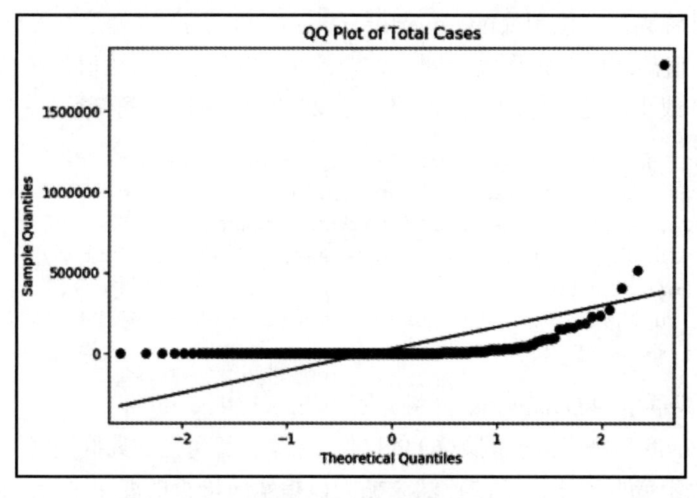

图 4.1　新冠疫情病例的分布与正态分布对比

即使按人口进行调整（每百万人口的总病例数列），其分布也与正态分布存在很大差异。

同样，直线显示的是正态分布应有的外观。其输出如图 4.2 所示。

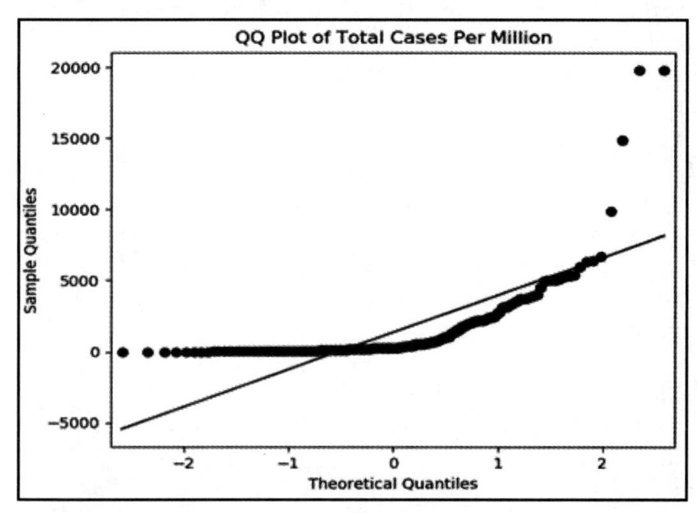

图 4.2　每百万人口总病例数的分布与正态分布对比

（6）显示总病例的离群值范围。

定义连续变量离群值的一种方法是按四分位数的距离计算。第三个四分位数（0.75）

被称为上四分位数，第一个四分位数（0.25）被称为下四分位数。上四分位数和下四分位数之间的距离被称为四分位距（interquartile range，IQR），也就是 0.25～0.75 分位数的范围。如果某个值离均值的距离大于四分位距的 1.5 倍，则认为该值是离群值。在本示例中，由于只有 0 或正值是可能的，因此将大于 25028 的任何总病例数值视为离群值。

```
>>> thirdq, firstq = covidtotalsonly.total_cases.quantile(0.75),
covidtotalsonly.total_cases.quantile(0.25)
>>> interquartilerange = 1.5*(thirdq-firstq)
>>> outlierhigh, outlierlow = interquartilerange+thirdq,
firstq-interquartilerange
>>> print(outlierlow, outlierhigh, sep=" <--> ")
-14736.125 <--> 25028.875
```

（7）生成离群值的 DataFrame 并将其写入 Excel 中。

遍历 4 个 Covid 病例列。与步骤（6）的操作一样，计算每列的离群值阈值。从 DataFrame 中选择高阈值以上或低阈值以下的行。添加列以指示所检查的变量（varname）的离群值和阈值级别。

```
>>> def getoutliers():
...   dfout = pd.DataFrame(columns=covidtotals.columns,data=None)
...   for col in covidtotalsonly.columns[1:]:
...     thirdq, firstq = covidtotalsonly[col].quantile(0.75),\
...       covidtotalsonly[col].quantile(0.25)
...     interquartilerange = 1.5*(thirdq-firstq)
...     outlierhigh, outlierlow = interquartilerange+thirdq,\
...       firstq-interquartilerange
...     df = covidtotals.loc[(covidtotals[col]>outlierhigh) | \
...       (covidtotals[col]<outlierlow)]
...     df = df.assign(varname = col, threshlow = outlierlow,\
...       threshhigh = outlierhigh)
...     dfout = pd.concat([dfout, df])
...   return dfout
...
>>> outliers = getoutliers()
>>> outliers.varname.value_counts()
total_deaths      36
total_cases       33
total_deaths_pm   28
total_cases_pm    17
Name: varname, dtype: int64
>>> outliers.to_excel("views/outlierscases.xlsx")
```

（8）下面更仔细地研究每百万人口病例数的离群值。

使用我们在步骤（7）中创建的 varname 列为 total_cases_pm（每百万人口病例数）选择离群值。此外，显示列（pop_density 和 gdp_per_capita）也可能有助于解释这些列的极值和四分位距。

```
>>> outliers.loc[outliers.varname=="total_cases_pm",\
...   ['location','total_cases_pm','pop_density','gdp_per_capita']].\
...   sort_values(['total_cases_pm'], ascending=False)
          location  total_cases_pm  pop_density  gdp_per_capita
SMR     San Marino       19,771.35       556.67       56,861.47
QAT          Qatar       19,753.15       227.32      116,935.60
VAT        Vatican       14,833.13          nan             nan
AND        Andorra        9,888.05       163.75             nan
BHR        Bahrain        6,698.47     1,935.91       43,290.71
LUX     Luxembourg        6,418.78       231.45       94,277.96
KWT         Kuwait        6,332.42       232.13       65,530.54
SGP      Singapore        5,962.73     7,915.73       85,535.38
USA  United States        5,408.39        35.61       54,225.45
ISL        Iceland        5,292.31         3.40       46,482.96
CHL          Chile        5,214.84        24.28       22,767.04
ESP          Spain        5,120.95        93.11       34,272.36
IRL        Ireland        5,060.96        69.87       67,335.29
BEL        Belgium        5,037.35       375.56       42,658.58
GIB      Gibraltar        5,016.18     3,457.10             nan
PER           Peru        4,988.38        25.13       12,236.71
BLR        Belarus        4,503.60        46.86       17,167.97
>>> covidtotals[['pop_density','gdp_per_capita']].quantile([0.25,0.5,0.75])
      pop_density  gdp_per_capita
0.25        37.42        4,485.33
0.50        87.25       13,183.08
0.75       214.12       28,556.53
```

（9）显示病例总数的直方图。

```
>>> plt.hist(covidtotalsonly['total_cases']/1000, bins=7)
>>> plt.title("Total Covid Cases (thousands)")
>>> plt.xlabel('Cases')
>>> plt.ylabel("Number of Countries")
>>> plt.show()
```

其输出结果如图 4.3 所示。

（10）对 COVID-19（新冠病毒）疫情数据执行对数转换（Log Transformation），并显示病例总数的对数转换的直方图。

```
>>> covidlogs = covidtotalsonly.copy()
```

```
>>> for col in covidtotalsonly.columns[1:]:
...   covidlogs[col] = np.log1p(covidlogs[col])
>>> plt.hist(covidlogs['total_cases'], bins=7)
>>> plt.title("Total Covid Cases (log)")
>>> plt.xlabel('Cases')
>>> plt.ylabel("Number of Countries")
>>> plt.show()
```

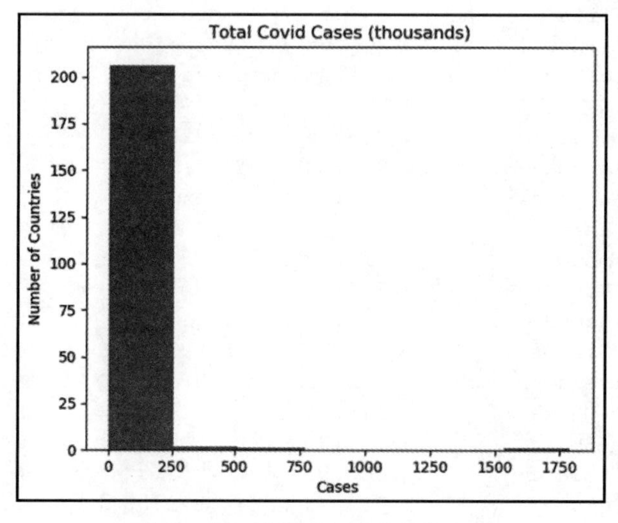

图 4.3　新冠疫情病例总数的直方图

其输出结果如图 4.4 所示。

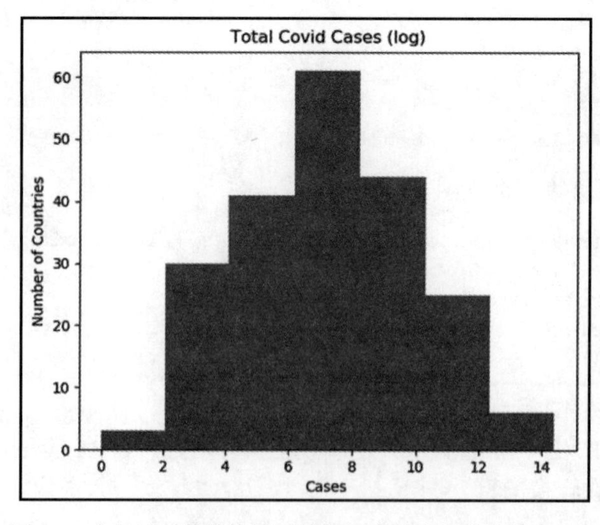

图 4.4　在经过对数转换之后的新冠疫情病例总数的直方图

上述步骤使用的工具可以告诉我们有关新冠疫情病例总数和死亡的分布情况，以及离群值所处的位置。

4.3.3　原理解释

步骤（3）中显示的百分位数数据反映了病例和死亡数据的偏度。例如，如果我们查看 20%和 30%百分位数之间的值范围，并将其与 70%和 80%百分位数的范围进行比较，则可以看到，对于每个变量，较高百分位数中的范围都更大。偏度和峰度的极高值证实了这一点（可以分别与 0 和 3 的正态分布值进行比较）。

在步骤（4）中，我们对正态性进行了形式化检验，结果表明 Covid 变量的分布在高显著性水平下不是正态的。

这与在步骤（5）中运行的 qqplots 是一致的。在该步骤中的绘图结果表明，total_cases（总病例数）和 total_cases_pm（每百万人口的总病例数）的分布都与正态分布有显著差异。许多国家/地区的病例数悬停在 0 附近，而右尾的斜率则急剧拉升。

我们在步骤（6）和步骤（7）中确定了离群值。使用 1.5 倍的四分位距确定离群值是合理的经验法则。我们喜欢将这些值和相关数据一起输出到 Excel 文件中，以检查是否可以在数据中发现一些模式。当然，这通常会引出更多的问题。我们将尝试在下一个秘笈中回答其中一些问题，但是现在需要考虑的一个问题是，究竟是什么原因导致某些国家/地区每百万人口中具有很高的病例数？

在步骤（8）中显示了相关分析，某些具有极值的国家/地区可能从国土面积上来说很小，所以人口密度可能是一个很重要的因素。但是，该列表中有一半国家/地区的人口密度接近或低于 0.75 百分位数。另外，此列表中的大多数国家/地区的人均 GDP 均高于 0.75 百分位数。这些二元关系值得进一步探讨，我们将在后续秘笈中继续进行研究。

在步骤（7）中，我们对离群值的识别采用了正态分布假设，这一假设已经被我们证明是不合理的。再来看步骤（9）中的分布，它看起来更像是对数正态分布，其值聚集在 0 左右，并且呈现右偏斜。

在步骤（10）中，我们对数据执行了对数转换，并绘制了转换结果。

4.3.4　扩展知识

我们还可以使用标准偏差（standard deviation，SD）而不是像步骤（6）和步骤（7）那样使用四分位距来确定离群值。

在此我们还要补充一点，离群值不一定是数据收集或测量错误，我们可能需要也可能不需要对数据进行调整。当然，极值可能会对我们的分析产生有意义且持久的影响，尤其是对于像本示例这样的小型数据集而言。

我们对新冠疫情病例数据的总体印象是它相对干净。也就是说，它的无效值并不多（这个“无效值”的定义是狭义上的）。单独查看每个变量，而不考虑其如何与其他变量一起变化，并不能识别出很多明显的数据错误。当然，变量的分布在统计上是相当成问题的。建立依赖于这些变量的统计模型将会很复杂，因为我们可能不得不排除参数测试。

另外值得一提的是，我们对离群值的判断是由我们对正态分布的假设所决定的。相反，如果我们允许期望以数据的实际分布为指导，那么我们对极值会有不同的理解。如果我们的数据反映的是固有的不呈正态分布的社会、生物或物理过程，那么我们对于离群值的理解应做相应调整。事实上，在正态分布之外，还有均匀分布、对数分布、指数分布、韦伯分布（Weibull distribution，也称为威布尔分布）和泊松分布（Poisson distribution）等。

4.3.5　参考资料

箱形图对于本示例也很有用。在第 5 章“使用可视化方法识别意外值”中，将使用此数据绘制一些箱形图。

在下一个秘笈中，将使用此秘笈的同一数据集探索双变量关系，以了解它们可能提供的有关离群值和意外值的任何见解。在后面的章节中，我们还将考虑为缺失数据插值和对极值进行调整的策略。

4.4　识别双变量关系中的离群值和意外值

什么是意外值（unexpected value）？当某个值与分布的平均值没有明显偏离时，即使它不是极值，它也可能是意外值。当第二个变量具有某些值时，第一个变量的某些值就可能是意外值。这种情况可以通过一个分类变量和另一个连续变量来说明。

图 4.5 描绘了几年来每天观察到的飞鸟的数量，这里显示的是两个观察点中每个站点的不同分布。其中一个观察站点每天的平均目击数为 33，而另一个站点则为 52（这是虚构的数据）。总体平均值为 42（未显示）。如果某一天我们观察到的飞鸟数为 58，那该如何判定这个值？这是一个离群值吗？显然，这取决于是哪一个站点观察到这个值的。如果某一天在站点 A 观察到有 58 只飞鸟，那么这个 58 就是一个异常高的数目。但对于站点 B 来说则并非如此，在该站点中，58 只飞鸟的观察结果与其均值相差不大。

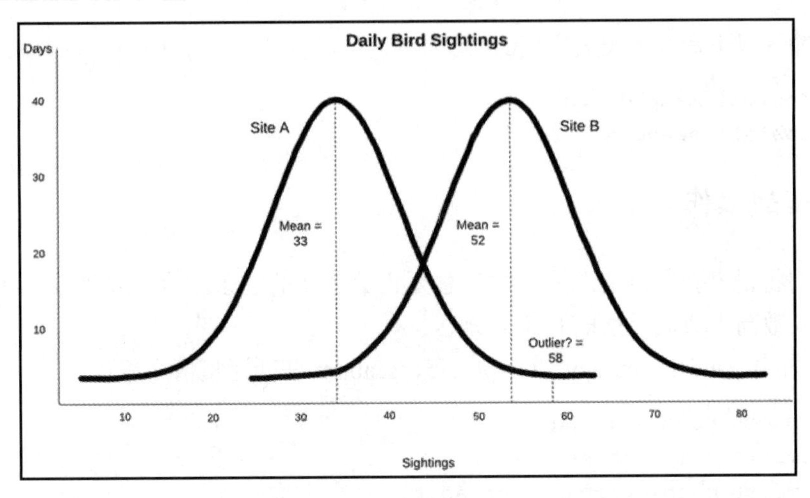

图 4.5　站点每天观察到的飞鸟数

原　　文	译　　文
Days	天
Daily Bird Sightings	每天观察到的飞鸟数
Site A	站点 A
Mean = 33	平均值=33
Site B	站点 B
Mean = 52	平均值=52
Outlier? = 58	58 是否为离群值？

这暗示了一个有用的经验法则：只要感兴趣的变量与另一个变量显著相关，则在尝试识别离群值（或实际上使用该变量进行的任何统计分析）时，都应考虑该关系。

我们可以表述得更精确一些，并将其扩展到两个变量都是连续变量的情况。假设变量 x 与变量 y 之间存在线性关系，则可以用熟悉的 $y = mx + b$ 方程描述该关系，其中 m 是斜率，b 是 y 轴截距。然后，我们可以预期 x 每增加 1 单位，y 就会增加 m。在该模型中，意外值就是那些基本上偏离此关系的值，其中，y 的值可能比给定 x 值所预测的值要高得多或低得多。该模型可以扩展到多个 x 或预测变量。

在本秘笈中，我们演示了如何通过检查一个变量与另一个变量之间的关系来识别离群值和意外值。在本章的后续秘笈中，还将使用多变量技术对离群值检测进行其他改进。

4.4.1　准备工作

此秘笈将使用 matplotlib 和 seaborn 库。你可以在终端客户端或 PowerShell（Windows

系统）中输入以下命令来安装它们。

```
pip install matplotlib
pip install seaborn
```

4.4.2 实战操作

本示例将研究新冠疫情总病例数与总死亡数之间的关系。给定病例数，我们将仔细研究死亡人数高于或低于预期的国家/地区。

（1）加载 pandas、numpy、matplotlib、seaborn 和新冠疫情累积数据。

```
>>> import pandas as pd
>>> import numpy as np
>>> import matplotlib.pyplot as plt
>>> import seaborn as sns
>>> covidtotals = pd.read_csv("data/covidtotals.csv")
>>> covidtotals.set_index("iso_code", inplace=True)
>>> totvars = ['location','total_cases','total_deaths','total_cases_pm',
...    'total_deaths_pm']
>>> demovars = ['population','pop_density','median_age','gdp_per_capita',
...    'hosp_beds']
```

（2）为累积列和人口统计列生成相关性矩阵。

不出意外的是，总病例数与总死亡数之间的相关性非常高（0.93），而每百万人口总病例数与每百万人口总死亡数之间的相关性则较小（0.59），但仍然相当可观。人均 GDP 与每百万人口病例数之间存在很强的关系（0.65）。

```
>>> covidtotals.corr(method="pearson")
                total_cases total_deaths total_cases_pm total_deaths_pm
total_cases            1.00         0.93           0.18            0.25
total_deaths           0.93         1.00           0.18            0.39
total_cases_pm         0.18         0.18           1.00            0.59
total_deaths_pm        0.25         0.39           0.59            1.00
population             0.27         0.21          -0.06           -0.01
pop_density           -0.03        -0.03           0.11            0.03
median_age             0.16         0.21           0.31            0.39
gdp_per_capita         0.19         0.20           0.65            0.38
hosp_beds              0.03         0.02           0.08            0.12
```

```
                 population pop_density median_age gdp_per_ hosp_beds
                                                    capita
total_cases            0.27       -0.03       0.16     0.19      0.03
total_deaths           0.21       -0.03       0.21     0.20      0.02
total_cases_pm        -0.06        0.11       0.31     0.65      0.08
total_deaths_pm       -0.01        0.03       0.39     0.38      0.12
population             1.00       -0.02       0.02    -0.06     -0.04
pop_density           -0.02        1.00       0.18     0.32      0.31
median_age             0.02        0.18       1.00     0.65      0.66
gdp_per_capita        -0.06        0.32       0.65     1.00      0.30
hosp_beds             -0.04        0.31       0.66     0.30      1.00
```

（3）给定总病例数，检查一些国家/地区的总死亡人数是否有意外的高值或低值。

首先创建一个 DataFrame，仅包含病例数和死亡数这两列。使用 qcut 创建一个将数据分解为分位数的列。显示总病例分位数与总死亡分位数的交叉表。

```
>>> covidtotalsonly = covidtotals.loc[:, totvars]
>>> covidtotalsonly['total_cases_q'] = pd.\
...   qcut(covidtotalsonly['total_cases'],
...   labels=['very low','low','medium',
...   'high','very high'], q=5, precision=0)

>>> covidtotalsonly['total_deaths_q'] = pd.\
...   qcut(covidtotalsonly['total_deaths'],
...   labels=['very low','low','medium',
...   'high','very high'], q=5, precision=0)

>>> pd.crosstab(covidtotalsonly.total_cases_q,
...   covidtotalsonly.total_deaths_q)
total_deaths_q  very low  low  medium  high  very high
total_cases_q
very low              34    7       1     0          0
low                   12   19      10     1          0
medium                 1   13      15    13          0
high                   0    0      12    24          6
very high              0    0       2     4         36
```

（4）来看看有哪些国家/地区未纳入对角线中。

有些国家/地区的病例总数很高，但死亡总数中等。没有任何国家/地区的总病例数很高，但是死亡率很低或非常低。此外，还要看看病例数较少但死亡数很高的国家。由于 covidtotals 和 covidtotalsonly 两个 DataFrame 具有相同的索引，因此我们可以使用从后者创建的布尔 Series 来返回从前者选择的行。

```
>>> covidtotals.loc[(covidtotalsonly.total_cases_q=="very high") &
(covidtotalsonly.total_deaths_q=="medium")].T
iso_code                          QAT                  SGP
lastdate          2020-06-01 00:00:00  2020-06-01 00:00:00
location                        Qatar            Singapore
total_cases                     56910                34884
total_deaths                       38                   23
total_cases_pm              19,753.15             5,962.73
total_deaths_pm                 13.19                 3.93
population               2,881,060.00         5,850,343.00
pop_density                    227.32             7,915.73
median_age                      31.90                42.40
gdp_per_capita             116,935.60            85,535.38
hosp_beds                        1.20                 2.40
>>> covidtotals.loc[(covidtotalsonly.total_cases_q=="low") &
(covidtotalsonly.total_deaths_q=="high")].T
iso_code                          YEM
lastdate          2020-06-01 00:00:00
location                        Yemen
total_cases                       323
total_deaths                       80
total_cases_pm                  10.83
total_deaths_pm                  2.68
population              29,825,968.00
pop_density                     53.51
median_age                      20.30
gdp_per_capita               1,479.15
hosp_beds                        0.70
>>> covidtotals.hosp_beds.mean()
3.012670731707318
```

（5）按总病例数绘制总死亡人数的散点图。

当使用 Seaborn 的 regplot 方法时，除生成散点图外，还可以生成线性回归线。

```
>>> ax = sns.regplot(x="total_cases", y="total_deaths",data=covidtotals)
>>> ax.set(xlabel="Cases", ylabel="Deaths", title="Total Covid Cases and
Deaths by Country")
>>> plt.show()
```

输出的散点图如图 4.6 所示。

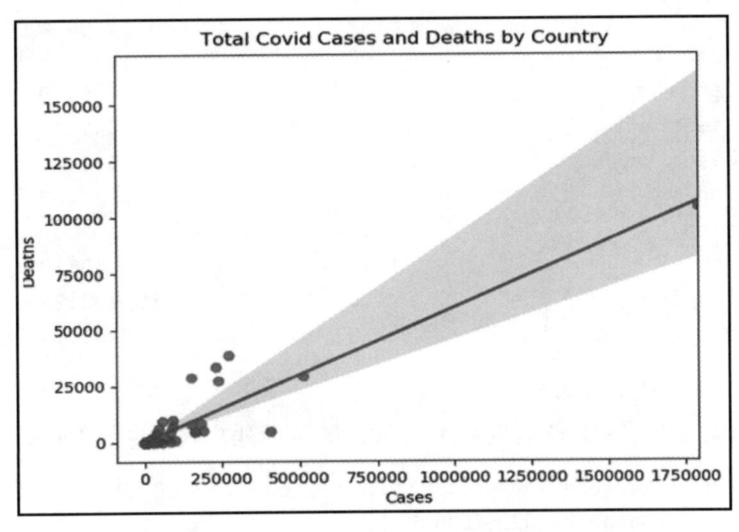

图 4.6　带有线性回归线的总病例和总死亡数的散点图

（6）检查回归线上方的意外值。

最好仔细查看那些病例数和死亡数坐标在数据上明显高于或低于回归线的国家/地区。可以看到，有 4 个国家（法国、意大利、西班牙和英国）的病例数少于 300000，死亡人数却超过 20000。

```
>>> covidtotals.loc[(covidtotals.total_cases<300000) &
(covidtotals.total_deaths>20000)].T
iso_code                          FRA                  ITA  \
lastdate          2020-06-01 00:00:00  2020-06-01 00:00:00
location                       France                Italy
total_cases                    151753               233019
total_deaths                    28802                33415
total_cases_pm               2,324.88             3,853.99
total_deaths_pm                441.25               552.66
population              65,273,512.00        60,461,828.00
pop_density                    122.58               205.86
median_age                      42.00                47.90
gdp_per_capita              38,605.67            35,220.08
hosp_beds                        5.98                 3.18

iso_code                          ESP                  GBR
lastdate          2020-05-31 00:00:00  2020-06-01 00:00:00
```

```
location                       Spain     United Kingdom
total_cases                   239429             274762
total_deaths                   27127              38489
total_cases_pm              5,120.95           4,047.40
total_deaths_pm               580.20             566.97
population             46,754,783.00      67,886,004.00
pop_density                    93.11             272.90
median_age                     45.50              40.80
gdp_per_capita             34,272.36          39,753.24
hosp_beds                       2.97               2.54
```

（7）检查回归线下方的意外值。

有一个国家（俄罗斯）的病例数超过 300000，但死亡人数少于 10000。

```
>>> covidtotals.loc[(covidtotals.total_cases>300000) &
(covidtotals.total_deaths<10000)].T
iso_code                        RUS
lastdate        2020-06-01 00:00:00
location                     Russia
total_cases                  405843
total_deaths                   4693
total_cases_pm             2,780.99
total_deaths_pm               32.16
population           145,934,460.00
pop_density                    8.82
median_age                    39.60
gdp_per_capita            24,765.95
hosp_beds                      8.05
```

（8）按每百万人口的总病例数绘制每百万人口总死亡数的散点图。

```
>>> ax = sns.regplot(x="total_cases_pm", y="total_deaths_pm",
data=covidtotals)
>>> ax.set(xlabel="Cases Per Million", ylabel="Deaths Per
Million", title="Total Covid Cases per Million and Deaths
per Million by Country")
>>> plt.show()
```

其输出散点图如图 4.7 所示。

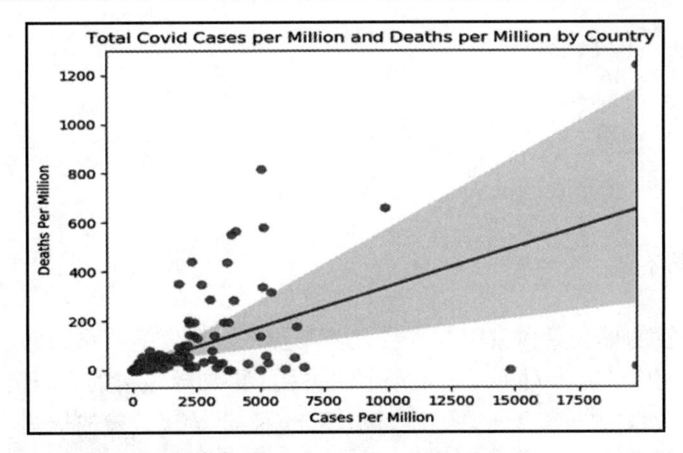

图 4.7　带有线性回归线的每百万人口总病例数和每百万人口总死亡数的散点图

（9）检查回归线以上和以下的每百万人口死亡数。

```
>>> covidtotals.loc[(covidtotals.total_cases_pm<7500) \
...   & (covidtotals.total_deaths_pm>250),\
...   ['location','total_cases_pm','total_deaths_pm']]
                           location  total_cases_pm  total_deaths_pm
iso_code
BEL                         Belgium           5,037              817
FRA                          France           2,325              441
IRL                         Ireland           5,061              335
IMN                     Isle of Man           3,951              282
ITA                           Italy           3,854              553
JEY                          Jersey           3,047              287
NLD                     Netherlands           2,710              348
SXM        Sint Maarten(Dutch part)           1,796              350
ESP                           Spain           5,121              580
SWE                          Sweden           3,717              435
GBR                  United Kingdom           4,047              567
USA                   United States           5,408              315

>>> covidtotals.loc[(covidtotals.total_cases_pm>5000) \
...     & (covidtotals.total_deaths_pm<=50), \
...     ['location','total_cases_pm','total_deaths_pm']]
            location  total_cases_pm  total_deaths_pm
iso_code
BHR          Bahrain           6,698               11
GIB        Gibraltar           5,016                0
ISL          Iceland           5,292               29
```

```
KWT          Kuwait          6,332                50
QAT           Qatar         19,753                13
SGP       Singapore          5,963                 4
VAT         Vatican         14,833                 0
```

上述步骤检查了变量之间的关系，以识别离群值。

4.4.3 原理解释

在上一个秘笈的单变量探索中，曾经预告过要进行双变量关系的探索，并提出了许多问题。在本示例中，有一对可以确定预期的关系，即新冠疫情的总病例数和总死亡数，但这也使得这对关系中的偏离现象更加令人好奇。对于给定数量的病例，可能存在对异常高死亡数字的实质性解释，但也不能排除测量误差或报告不准确的情况。

步骤（2）显示总病例数与总死亡数之间具有高度相关性（0.93），但即使如此，在该相关性上也存在差异。

在步骤（3）中，我们将病例数和死亡数划分为分位数，然后对分位数进行了交叉表分析。大多数国家都在对角线上或其附近。但是，步骤（4）显示有两个国家（卡塔尔和新加坡）的病例数很高，但死亡人数是中等的。

这也提醒我们，这两个国家的百万人口总病例数非常高，排在 0.90 百分位中。有理由怀疑它们是否存在潜在的报告问题。

还有一个国家（也门），其病例数很少，但死亡人数相对较多。这可能被认为与也门每 10 万人口中极低的病床数保持一致。但是，这也可能意味着新冠疫情病例数报告的不足。

在步骤（5）中，绘制了总病例数和死亡数的散点图。二者存在牢固的向上倾斜关系，但是有许多国家的死亡人数在回归线以上。我们可以看到，有 4 个国家（法国、意大利、西班牙和英国）的实际死亡人数比其病例总数所预计的死亡人数要高。另外还有一个国家（俄罗斯），其实际死亡人数比其病例总数所预计的死亡人数要少得多。有理由怀疑这是一个报告问题，或者它也可能反映了不同国家/地区对新冠疫情死亡定义的差异。

在步骤（8）中可以看到，在每百万人口病例数和每百万人口死亡数的散点图中，回归线周围的散点更多。

在步骤（9）中可以看到，比利时、法国、爱尔兰、意大利和荷兰等国家的每百万人口死亡人数要比每百万人口病例数预期的死亡人数要高得多，而巴林、冰岛、科威特、卡塔尔和新加坡等国家则相反，其每百万人口死亡人数要比每百万人口病例数预期的死亡人数要低得多。

4.4.4 扩展知识

本示例看起来让我们对数据有了很好的了解，但是这种形式的数据使我们无法检查单变量分布和双变量关系如何随时间变化。例如，为什么有些国家的每百万人口死亡人数要比每百万人口病例数预期的死亡人数要高得多？在梳理此原因的过程中可能会发现，自首次确诊病例以来已经过去了一段时间，我们无法在累积数据中进行探索，因为这需要每日的数据，在后续章节中将对此展开讨论。

此秘笈以及上一个秘笈表明，即使在第一次开始了解数据时也可以在探索性数据分析中进行一些数据清洗操作。当然，本章操作和数据探索还是有区别的。本秘笈试图了解数据是如何组合在一起的，为什么某些变量在某些情况下具有某些值而不是其他值。了解这些对于数据分析是有益的。

我们发现做一些小事情以使此过程正式化很有帮助。对于尚未准备好进行分析的文件，我们使用了不同的命名约定，以提示当前阶段还不能用于分析。

4.4.5 参考资料

值得一提的是，本示例的重点并不是检查可能的数据问题（这些问题仅在检查数据子集时才变得明显）。

在第 5 章“使用可视化方法识别意外值”中，我们将使用 Matplotlib 和 Seaborn 执行更多的操作。

4.5 检查变量关系中的逻辑不一致情况

在某个阶段，数据问题可归结为演绎逻辑问题，例如，当变量 y 小于某个数量 b 时，变量 x 必须大于某个数量 a。一旦完成了一些初步的数据清洗工作，检查逻辑上的不一致就很重要。Pandas 包含了一些子集工具（如 loc 和布尔索引），使这种错误检查相对简单。可以将其与 Series 和 DataFrame 上的汇总方法结合使用，以使我们能够轻松地将特定行的值与整个数据集或某些行子集的值进行比较。我们还可以轻松汇总列。使用这些工具可以回答关于变量之间的逻辑关系的任何问题。本秘笈将研究其中一些示例。

4.5.1 准备工作

本秘笈将使用美国全国青年纵向调查（NLS）数据集，主要使用有关就业和教育方面的数据。在本秘笈中，我们多次使用了 apply 和 lambda 函数，在第 7 章“聚合时修复混乱数据”中会更详细地介绍它们的用法。当然，即使你没有使用这些工具的经验，也不影响本秘笈的学习。

注意：[①]

美国国家青年纵向调查（NLS）是由美国劳工统计局进行的。这项调查始于 1997 年的一组人群，这些人群出生于 1980—1985 年，每年进行一次随访，直到 2017 年。

4.5.2 实战操作

本示例将对 NLS 数据进行一系列的逻辑检查，如具有研究生入学记录但没有本科入学记录的个人，或者具有工资收入但没有工作周数记录的个人。我们还将检查给定个人从一个时期到下一个时期的键值是否有较大变化。

（1）导入 pandas 和 numpy，然后加载 NLS 数据。

```
>>> import pandas as pd
>>> import numpy as np
>>> nls97 = pd.read_csv("data/nls97.csv")
>>> nls97.set_index("personid", inplace=True)
```

（2）查看一些就业和教育数据。

该数据集包含了从 2000—2017 年每年的工作周数记录，以及从 1997 年 2 月—2017 年 10 月每个月的大学入学记录。

要选择目标记录，可以使用 loc 访问器，选择冒号左侧和右侧指示的所有列，例如：

```
nls97.loc[:, "colenroct09":"colenrfeb14"]:
```

具体操作如下。

```
>>> nls97[['wageincome','highestgradecompleted','highestdegree']].head(3).T
personid                          100061          100139  100284
wageincome                        12,500         120,000  58,000
highestgradecompleted                 13              12       7
highestdegree             2. High School  2. High School  0.None

>>> nls97.loc[:, "weeksworked12":"weeksworked17"].head(3).T
personid         100061  100139  100284
weeksworked12        40      52       0
weeksworked13        52      52     nan
```

① 这里与英文原文的内容保持一致，保留了其中文翻译。

```
weeksworked14       52       52       11
weeksworked15       52       52       52
weeksworked16       48       53       47
weeksworked17       48       52        0

>>> nls97.loc[:, "colenroct09":"colenrfeb14"].head(3).T
                         100061            100139            100284
colenroct09   1. Not enrolled  1. Not enrolled  1. Not enrolled
colenrfeb10   1. Not enrolled  1. Not enrolled  1. Not enrolled
colenroct10   1. Not enrolled  1. Not enrolled  1. Not enrolled
colenrfeb11   1. Not enrolled  1. Not enrolled  1. Not enrolled
colenroct11  3.4-year college  1. Not enrolled  1. Not enrolled
colenrfeb12  3.4-year college  1. Not enrolled  1. Not enrolled
colenroct12  3.4-year college  1. Not enrolled  1. Not enrolled
colenrfeb13   1. Not enrolled  1. Not enrolled  1. Not enrolled
colenroct13   1. Not enrolled  1. Not enrolled  1. Not enrolled
colenrfeb14   1. Not enrolled  1. Not enrolled  1. Not enrolled
```

（3）显示有工资收入但是没有工作周数记录的个人。

工资收入变量反映了 2016 年的工资收入。

```
>>> nls97.loc[(nls97.weeksworked16==0) & nls97.wageincome>0,
['weeksworked16','wageincome']]
          weeksworked16  wageincome
personid
102625                0       1,200
109403                0       5,000
118704                0      25,000
130701                0      12,000
131151                0      65,000
...                 ...         ...
957344                0      90,000
966697                0      65,000
969334                0       5,000
991756                0       9,000
992369                0      35,000

[145 rows x 2 columns]
```

（4）检查个体是否有 4 年制大学的入学记录。

本操作将链接若干种方法（称为“方法链”）。

首先，使用以下语句创建一个 DataFrame。

```
colenr(nls97.filter(like="colenr"))
```

这些是每年10月和2月的大学入学记录列。请注意，colenr表示的是college enrollment（大学入学记录）。

然后，使用apply运行lambda函数，检查每个colenr列的第一个字符，其语句如下。

```
apply(lambda x: x.str[0:1]=='3')
```

这将为所有的大学入学记录列返回True或False值；如果字符串的第一个值为3，则返回True，表示已就读4年制大学。

最后，使用any函数测试上一步返回的值是否为True，其语句如下。

```
any(axis = 1)
```

上述操作将确定该个体是否在1997年2月—2017年10月参加了为期4年的大学课程。这里的第一个语句仅出于解释目的显示了前两个步骤的结果。所以，我们实际上仅需运行第二条语句即可获得所需的结果，即该个体是否在某个时候入读了4年制大学课程。

```
>>> nls97.filter(like="colenr").apply(lambda x:x.str[0:1]=='3').head(2).T
personid      100061  100139  ...
colenroct09    False   False
colenrfeb10    False   False
colenroct10    False   False
colenrfeb11    False   False
colenroct11     True   False
colenrfeb12     True   False
colenroct12     True   False
colenrfeb13    False   False
colenroct13    False   False
colenrfeb14    False   False
...
>>> nls97.filter(like="colenr").apply(lambda x:x.str[0:1]=='3').\
...    any(axis=1).head(2)
personid
100061      True
100139     False
dtype: bool
```

（5）显示有研究生入学记录但是没有大学入学记录的个体。

此步骤可以使用在步骤（4）中测试过的内容进行检查。我们需要检查出从未有大学入学记录（即colenr的第一个字符不是3），但是有研究生入学记录（即colenr的第一个字符是4）的个体。

可以看到，在测试的下半部分之前有一个“~”，它表示否定。

有 22 个人属于这一类。

```
>>> nobach = nls97.loc[nls97.filter(like="colenr").\
...    apply(lambda x: x.str[0:1]=='4').\
...    any(axis=1) & ~nls97.filter(like="colenr").\
...    apply(lambda x: x.str[0:1]=='3').\
...    any(axis=1), "colenrfeb97":"colenroct17"]

>>> len(nobach)
22
>>> nobach.head(3).T
personid                  153051              154535              184721
...
colenroct08     1. Not enrolled     1. Not enrolled     1. Not enrolled
colenrfeb09     1. Not enrolled     1. Not enrolled     1. Not enrolled
colenroct09     1. Not enrolled     1. Not enrolled     1. Not enrolled
colenrfeb10     1. Not enrolled     1. Not enrolled     1. Not enrolled
colenroct10     1. Not enrolled 4. Graduate program 4. Graduate program
colenrfeb11     1. Not enrolled 4. Graduate program                 NaN
colenroct11     1. Not enrolled 4. Graduate program                 NaN
colenrfeb12     1. Not enrolled 4. Graduate program                 NaN
colenroct12     1. Not enrolled 4. Graduate program                 NaN
colenrfeb13 4. Graduate program 4. Graduate program                 NaN
colenroct13     1. Not enrolled 4. Graduate program                 NaN
colenrfeb14 4. Graduate program 4. Graduate program                 NaN
```

（6）显示拥有本科学历或更高学历但没有 4 年制大学入学记录的个体。

使用 isin 将 highestdegree（最高学历）中的第一个字符与列表中的所有值进行比较，其语句如下。

```
nls97.highestdegree.str[0:1].isin(['4','5','6','7'])
```

具体操作如下。

```
>>> nls97.highestdegree.value_counts(sort=False)
0.  None               953
1.  GED               1146
2.  High School       3667
3.  Associates         737
4.  Bachelors         1673
5.  Masters            603
6.  PhD                 54
7.  Professional       120
```

```
Name: highestdegree, dtype: int64
>>> no4yearenrollment = nls97.loc[nls97.highestdegree.str[0:1].\
...   isin(['4','5','6','7']) & ~nls97.filter(like="colenr").\
...   apply(lambda x: x.str[0:1]=='3').\
...   any(axis=1), "colenrfeb97":"colenroct17"]
>>> len(no4yearenrollment)
39
>>> no4yearenrollment.head(3).T
personid                  113486              118749  124616

colenroct01  2. 2-year college    1. Not enrolled  1. Not enrolled
colenrfeb02  2. 2-year college    1. Not enrolled  2. 2-year college
colenroct02  2. 2-year college    1. Not enrolled  2. 2-year college
colenrfeb03  2. 2-year college    1. Not enrolled  2. 2-year college
colenroct03  2. 2-year college    1. Not enrolled  2. 2-year college
colenrfeb04  2. 2-year college    1. Not enrolled  2. 2-year college
colenroct04    1. Not enrolled    1. Not enrolled  2. 2-year college
colenrfeb05    1. Not enrolled    1. Not enrolled  2. 2-year college
colenroct05    1. Not enrolled    1. Not enrolled  1. Not enrolled
colenrfeb06    1. Not enrolled    1. Not enrolled  1. Not enrolled
colenroct06    1. Not enrolled    1. Not enrolled  1. Not enrolled
colenrfeb07    1. Not enrolled  2. 2-year college  1. Not enrolled
colenroct07    1. Not enrolled  2. 2-year college  1. Not enrolled
colenrfeb08    1. Not enrolled    1. Not enrolled  1. Not enrolled
...
```

（7）显示具有高工资收入的个体。

将高工资定义为高于平均值的 3 个标准差。

可以看到，这个高工资收入值已被截取为 235884 美元。

```
>>> highwages = nls97.loc[nls97.wageincome >nls97.wageincome.mean()+
(nls97.wageincome.std()*3),['wageincome']]
>>> highwages
         wageincome
personid
131858      235,884
133619      235,884
151863      235,884
164058      235,884
164897      235,884
...             ...
964406      235,884
966024      235,884
```

```
976141          235,884
983819          235,884
989896          235,884

[121 rows x 1 columns]
```

（8）显示最近一年的工作周数变化很大的个人。

计算每个人在 2012—2016 年工作周数的平均值，其语句如下。

```
nls97.loc[:, "weeksworked12":"weeksworked16"].mean(axis=1)
```

这里使用了 axis = 1 来指示计算每个人的跨列平均值，而不是个体的平均值。

然后，我们检查该平均值是否低于 2017 年工作周数的 50%，或者是 2017 年工作周数的两倍还多。如果有些人在 2017 年的工作周数为空，那么这些行也满足上述条件，但是我们对这些行不感兴趣，需要将它们排除在外。

可以看到，2017 年有 1160 个人的工作周数发生了急剧变化。

```
>>> workchanges = nls97.loc[~nls97.loc[:,
...   "weeksworked12":"weeksworked16"].mean(axis=1).\
...   between(nls97.weeksworked17*0.5,nls97.weeksworked17*2) \
...   & ~nls97.weeksworked17.isnull(),
...   "weeksworked12":"weeksworked17"]
>>> len(workchanges)
1160
>>> workchanges.head(7).T
personid        100284  101526  101718  101724  102228  102454  102625
weeksworked12        0       0      52      52      52      52      14
weeksworked13      nan       0       9      52      52      52       3
weeksworked14       11       0       0      52      17       7      52
weeksworked15       52       0      32      17       0       0      44
weeksworked16       47       0       0       0       0       0       0
weeksworked17        0      45       0      17       0       0       0
```

（9）显示最高受教育程度和最高学位上表现出的不一致。

使用 crosstab 函数显示 highestgradecompleted（最高受教育程度）和 highestdegree（最高学历）的交叉表，查找 highestgradecompleted 小于 12（即高中未毕业）的个体，这些人中有很多人表示他们已经完成了高中学业。事实上，在美国，K12（即学前教育至高中教育）是免费的，所以如果某人的 highestgradecompleted 小于 12，那么这在美国是不常见的。

```
>>> ltgrade12 = nls97.loc[nls97.highestgradecompleted<12,
```

```
['highestgradecompleted','highestdegree']]
>>> pd.crosstab(ltgrade12.highestgradecompleted,ltgrade12.highestdegree)
highestdegree          0. None  1. GED  2. High School
highestgradecompleted
5                            0       0               1
6                           11       5               0
7                           24       6               1
8                          113      78               7
9                          112     169               8
10                         111     204              13
11                         120     200              41
```

上述步骤揭示了 NLS 数据中许多逻辑上不一致的情况。

4.5.3 原理解释

在本秘笈中执行数据子集操作所需的语法可能看起来有些复杂（如果你是第一次接触的话）。但是，你应该熟悉这些操作，因为这样你就可以对数据快速运行任何查询。

数据中的某些不一致或意外值很可能是接受调查者的错误或输入错误，因此可能需要做进一步的调查。例如，当工作周数为 0 时，很难解释工资收入出现的正值。还有一些意外值可能根本不是数据问题，但这也提示我们应谨慎使用该数据。例如，我们可能不应该单独使用 2017 年的工作周数。相反，可以考虑在许多分析中使用 3 年的平均值。

4.5.4 参考资料

在本书 3.3 节“选择和组织列”以及 3.4 节“选择行”中，演示了一些用于数据子集的技术。

在第 7 章“聚合时修复混乱数据”中，将更详细地研究 apply 函数。

4.6 使用线性回归来确定具有重大影响的数据点

本章余下的秘笈将使用统计模型来识别离群值。这些技术的优势在于，它们对变量分布的依赖性较小，并且能比单变量或双变量分析揭示更多的东西。这使我们能够识别在其他方面不明显的离群值。另外，通过考虑更多因素，多变量技术也可以提供证据，证明先前的可疑值实际上在预期范围内，并提供更有意义的信息。

在此秘笈中，我们将使用线性回归（linear regression）来确定对目标或因变量模型具有较大影响的观察结果（行）。这可能表明某些观察值的一个或多个值是极值，它们损害了模型对其他所有观察值的拟合。

4.6.1 准备工作

本秘笈中的代码需要 matplotlib 和 statsmodels 库。你可以通过在终端窗口或 Powershell（Windows 系统）中输入以下命令来安装 matplotlib 和 statsmodels。

```
pip install matplotlib
pip install statsmodels
```

本示例将使用每个国家/地区的 COVID-19 新冠疫情病例总数和死亡数据。

4.6.2 实战操作

我们将使用 statsmodels OLS 方法拟合每百万人口总病例数的线性回归模型，然后确定那些对该模型有最大影响的国家/地区。

（1）导入 pandas、matplotlib 和 statsmodels，并加载 COVID-19 病例数据。

```
>>> import pandas as pd
>>> import matplotlib.pyplot as plt
>>> import statsmodels.api as sm
>>> covidtotals = pd.read_csv("data/covidtotals.csv")
>>> covidtotals.set_index("iso_code", inplace=True)
```

（2）创建一个分析文件并生成描述性统计信息。

仅获取分析所需的列。为分析列删除任何包含缺失值的行。

```
>>> xvars = ['pop_density','median_age','gdp_per_capita']
>>> covidanalysis = covidtotals.loc[:,['total_cases_pm']+xvars].dropna()
>>> covidanalysis.describe()
       total_cases_pm  pop_density  median_age  gdp_per_capita
count             175          175         175             175
mean            1,134          247          31          19,008
std             2,101          822           9          19,673
min                 0            2          15             661
25%                67           36          22           4,458
50%               263           82          30          12,952
75%             1,358          208          39          27,467
max            19,753        7,916          48         116,936
```

（3）拟合线性回归模型。

从概念上来说，我们有充分的理由认为 pop_density（人口密度）、median_age（中位数年龄）和 gdp_per_capita（人均 GDP）可能是每百万人口病例总数的预测指标。因此，可以在模型中使用上述所有 3 个变量。

```
>>> def getlm(df):
...     Y = df.total_cases_pm
...     X = df[['pop_density','median_age','gdp_per_capita']]
...     X = sm.add_constant(X)
...     return sm.OLS(Y, X).fit()
...
>>> lm = getlm(covidanalysis)
>>> lm.summary()

                    coef    std err          t      P>|t|    [0.025   0.975]
----------------------------------------------------------------------------
const             944.47     426.71       2.21      0.028    102.17  1786.77
pop_density        -0.21       0.14      -1.45      0.150     -0.49    0.075
median_age        -49.44      16.01      -3.09      0.002    -81.05  -17.832
gdp_per_capita      0.09       0.01      12.02      0.000     0.077    0.107
```

（4）确定对模型影响较大的国家/地区。

在线性回归中，库克距离（Cook's distance）描述了单个样本对整个回归模型的影响程度。库克距离越大，说明影响越大。因此，当库克距离值大于 0.5 时应仔细检查。

```
>>> influence = lm.get_influence().summary_frame()
>>> influence.loc[influence.cooks_d>0.5, ['cooks_d']]
          cooks_d
iso_code
HKG          0.78
QAT          5.08
>>> covidanalysis.loc[influence.cooks_d>0.5]
          total_cases_pm  pop_density  median_age  gdp_per_capita
iso_code
HKG                 0.00     7,039.71       44.80       56,054.92
QAT            19,753.15       227.32       31.90      116,935.60
```

（5）绘制影响图。

库克距离值较高的国家/地区带有较大的圆圈。

```
>>> fig, ax = plt.subplots(figsize=(10,6))
>>> sm.graphics.influence_plot(lm, ax = ax,criterion="cooks")
>>> plt.show()
```

其输出结果如图 4.8 所示。

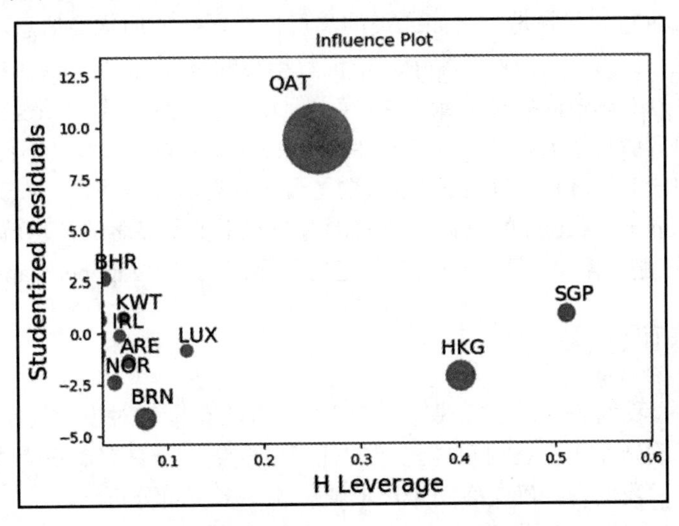

图 4.8　影响图，包括库克距离最高的国家/地区

（6）删除两个离群值，然后运行模型。

删除这些离群值，尤其是卡塔尔，它会对模型产生巨大影响。median_age 和常数的估算值不再有效。

```
>>> covidanalysisminusoutliers = covidanalysis.loc[influence.cooks_d<0.5]
>>> lm = getlm(covidanalysisminusoutliers)
>>> lm.summary()

                 coef  std err        t  P>|t|   [0.025  0.975]
-------------------------------------------------------------
const           44.09   349.92     0.13  0.900  -646.70 734.87
pop_density      0.24     0.15     1.67  0.098    -0.05   0.53
median_age      -2.52    13.53    -0.19  0.853   -29.22  24.18
gdp_per_capita   0.06     0.01     7.88  0.000     0.04   0.07
```

上述操作考查了在人口统计意义上的变量与每百万人口病例总数之间的关系，并且找出了在这种关系上明显不同于其他国家/地区的离群值。

4.6.3　原理解释

库克距离是每个观测值对模型影响程度的度量。

在步骤（6）中，删除了两个离群值并且在没有它们的情况下重新运行了模型，确认了这两个离群值对模型的巨大影响。

分析师要搞清楚的问题是，诸如此类的离群值是否会增加重要信息，或使模型失真并限制其适用性。在第一个回归结果中，中位数年龄的系数为−49，表明中位数年龄每增加 1 岁，则每百万人口中的病例数减少 49 点。但这似乎主要是由于该模型试图拟合卡塔尔的每百万人口病例总数的极值。在去掉卡塔尔之后，年龄系数似乎不再显著。

回归输出中的 P > | t |值告诉我们该系数是否与 0 有着显著不同。在第一次回归中，median_age 和 gdp_per_capita 的系数在 99%的置信水平上是显著的；也就是说，P > | t |值小于 0.01。而在删除两个离群值的情况下运行模型时，只有 gdp_per_capita 才是显著的。

4.6.4 扩展知识

在此秘笈中，我们之所以运行线性回归模型，并不是因为对模型的参数估计感兴趣，而是因为我们想确定是否存在对可能进行的任何多变量分析具有潜在重大影响的观察结果。在本示例中，我们看到确实有两个离群值影响了多变量分析。

一般来说，当发现离群值时，可以像本示例那样删除离群值。这样做是有意义的，但并不总是正确的。当我们能够在捕获自变量方面做得更好，使得离群值明显不同时，其他自变量的参数估计值就不容易受到失真的影响。

此外，我们也可以考虑转换（例如在上一个秘笈中进行的对数转换），或者进行标准化（后两个秘笈将介绍此操作）。根据你的数据情况，适当的转换可以通过限制极值的残差大小来减少离群值的影响。

4.7 使用 k 最近邻算法找到离群值

在上一个秘笈中，我们使用了每百万人口病例总数作为因变量，而在没有标签数据的情况下（也就是说，没有目标变量或因变量时），无监督的机器学习工具可以帮助我们识别与其他观察结果不同的观察结果。

在不对变量之间的关系进行任何假设的情况下，即使选择目标和因素相对简单，它对识别离群值也可能会有所帮助。我们可以使用 k 最近邻（k-nearest neighbor，kNN）算法来查找与其他观测值最不一样的观测值，这些观测值与其最接近的邻居的值之间的差异非常大，很可能就是离群值。

4.7.1 准备工作

你需要 PyOD 和 scikit-learn 才能运行此秘笈中的代码。PyOD 的名称来源于 Python

离群值检测（Python outlier detection）。你可以通过在终端或 Powershell（Windows 系统）中输入以下命令来安装它们。

```
pip install pyod
pip install sklearn
```

4.7.2　实战操作

本示例将使用 k 最近邻算法来识别属性表现异常的国家/地区。

（1）加载 pandas、pyod 和 scikit-learn 以及新冠疫情病例数据。

```
>>> import pandas as pd
>>> from pyod.models.knn import KNN
>>> from sklearn.preprocessing import StandardScaler
>>> covidtotals = pd.read_csv("data/covidtotals.csv")
>>> covidtotals.set_index("iso_code", inplace=True)
```

（2）创建分析列的标准化 DataFrame。

```
>>> standardizer = StandardScaler()
>>> analysisvars = ['location','total_cases_pm','total_deaths_pm',\
...     'pop_density','median_age','gdp_per_capita']
>>> covidanalysis = covidtotals.loc[:, analysisvars].dropna()
>>> covidanalysisstand = standardizer.fit_
transform(covidanalysis.iloc[:, 1:])
```

（3）运行 KNN 模型并生成异常分数。

通过将 contamination（混合）参数设置为 0.1，可以创建任意数量的离群值。

```
>>> clf_name = 'KNN'
>>> clf = KNN(contamination=0.1)
>>> clf.fit(covidanalysisstand)
KNN(algorithm='auto', contamination=0.1, leaf_size=30, method='largest',
  metric='minkowski', metric_params=None, n_jobs=1, n_neighbors=5, p=2,
  radius=1.0)
>>> y_pred = clf.labels_
>>> y_scores = clf.decision_scores_
```

（4）显示来自模型的预测。

从 y_pred 和 y_scores NumPy 数组创建一个 DataFrame，并且将其索引设置为 covidanalysis DataFrame 的索引，以便我们以后可以轻松地将其与该 DataFrame 组合在一起。可以看到，离群值（outlier）的得分均高于内围值（inlier）的得分（离群值= 0）。

```
>>> pred = pd.DataFrame(zip(y_pred, y_scores),
...   columns=['outlier','scores'],
...   index=covidanalysis.index)
>>>
>>> pred.sample(10, random_state=1)
         outlier  scores
iso_code
LBY            0    0.37
NLD            1    1.56
BTN            0    0.19
HTI            0    0.43
EST            0    0.46
LCA            0    0.43
PER            0    1.41
BRB            0    0.77
MDA            0    0.91
NAM            0    0.31
>>> pred.outlier.value_counts()
0   157
1    18
Name: outlier, dtype: int64
>>> pred.groupby(['outlier'])[['scores']].agg(['min','median','max'])
      scores
         min  median   max
outlier
0       0.08    0.36  1.52
1       1.55    2.10  9.48
```

（5）显示离群值的 COVID 数据。

首先，合并 covidanalysis 和 pred 两个 DataFrame。

```
>>> covidanalysis.join(pred).loc[pred.outlier==1,\
...     ['location','total_cases_pm','total_deaths_pm','scores']].\
...     sort_values(['scores'], ascending=False)
                   location  total_cases_pm  total_deaths_pm  scores
iso_code
SGP               Singapore        5,962.73             3.93    9.48
QAT                   Qatar       19,753.15            13.19    8.00
HKG                HongKong            0.00             0.00    7.77
BEL                 Belgium        5,037.35           816.85    3.54
BHR                 Bahrain        6,698.47            11.17    2.84
LUX              Luxembourg        6,418.78           175.73    2.44
```

```
ESP                Spain       5,120.95        580.20    2.18
KWT               Kuwait       6,332.42         49.64    2.13
GBR       United Kingdom       4,047.40        566.97    2.10
ITA                Italy       3,853.99        552.66    2.09
IRL              Ireland       5,060.96        334.56    2.07
BRN               Brunei         322.30          4.57    1.92
USA        United States       5,408.39        315.35    1.89
FRA               France       2,324.88        441.25    1.86
MDV             Maldives       3,280.04          9.25    1.82
ISL              Iceland       5,292.31         29.30    1.58
NLD          Netherlands       2,710.38        347.60    1.56
ARE United Arab Emirates       3,493.99         26.69    1.55
```

上述操作步骤演示了如何使用 k 最近邻算法基于多变量关系识别离群值。

4.7.3 原理解释

PyOD 是 Python 离群值检测工具的软件包。在本示例中，我们使用它作为 scikit-learn 的 KNN 包的包装。这简化了一些任务。

此秘笈的重点不是建立模型，而是在考虑了所有数据后快速了解哪些观察值（国家/地区）是重要的离群值。本示例中的分析支持了我们之前曾经提出过的观念，即新加坡、卡塔尔和中华人民共和国香港特别行政区与数据集中的其他观测值有很大不同。在步骤（5）中可以看到，它们的决策分数显著高于其他国家/地区。

步骤（5）中的表已经按分数的降序排序。比利时、巴林和卢森堡等国家/地区也可能被视为离群值，尽管这一点不太明确。先前的秘笈并未表明它们对回归模型具有压倒性的影响。但是，该模型没有同时考虑每百万人口的病例数和每百万人口的死亡数。这也可以解释为什么新加坡在本示例中显得比卡塔尔更离群。它的每百万人口的病例数很高，但每百万人口的死亡数则远低于平均水平。

scikit-learn 使标准化非常容易。在步骤（2）中使用了 StandardScaler 方法，该标准化方法为 DataFrame 中的每个值返回 Z 分数（Z-score）。该 Z 分数的计算方式是，从每个变量值中减去变量平均值，然后将其除以变量的标准差。许多机器学习工具都需要标准化的数据才能正常运行。

4.7.4 扩展知识

k 最近邻算法是一种非常流行的机器学习算法。它易于运行和解释。它的主要限制是在大型数据集上运行非常缓慢。

在构建机器学习模型时，我们已经跳过了通常可能采取的步骤。例如，我们没有创建单独的训练和测试数据集。PyOD 允许轻松完成此操作，但这对于我们此处的目的而言并不是必需的。

4.7.5 参考资料

PyOD 工具包具有大量用于检测数据异常的有监督和无监督学习技术。有关详细信息，可访问以下说明文档。

https://pyod.readthedocs.io/en/latest/

4.8 使用隔离森林算法查找异常

隔离森林（isolation forest，也称为孤立森林）算法是一种用于识别异常的相对较新的机器学习技术。它迅速流行起来，部分原因是其算法经过优化以查找异常值而不是正常值。它找到离群值的方法是，对数据进行连续分区，直至某个数据点被隔离。

如果某个数据点仅需要很少的分区即可隔离，那么它将获得较高的异常分数。事实证明，此过程对系统资源非常简单。在本秘笈中，我们将演示如何使用它来检测异常的 COVID-19 病例和死亡数据点。

4.8.1 准备工作

运行此秘笈中的代码需要 scikit-learn 和 matplotlib 库。要安装它们，可以在终端或 Powershell（Windows 系统）中输入以下命令。

```
pip install sklearn
pip install matplotlib
```

4.8.2 实战操作

本示例将使用隔离森林来识别属性表现异常的国家/地区。

（1）加载 pandas、matplotlib 和 scikit-learn 的 StandardScaler 和 IsolationForest 模块。

```
>>> import pandas as pd
>>> import matplotlib.pyplot as plt
>>> from sklearn.preprocessing import StandardScaler
```

```
>>> from sklearn.ensemble import IsolationForest
>>> from mpl_toolkits.mplot3d import Axes3D
>>> covidtotals = pd.read_csv("data/covidtotals.csv")
>>> covidtotals.set_index("iso_code", inplace=True)
```

（2）创建一个标准化的分析 DataFrame。

首先，删除所有包含缺失值的行。

```
>>> analysisvars = ['location','total_cases_pm','total_deaths_pm',
...   'pop_density','median_age','gdp_per_capita']
>>> standardizer = StandardScaler()
>>> covidtotals.isnull().sum()
lastdate            0
location            0
total_cases         0
total_deaths        0
total_cases_pm      0
total_deaths_pm     0
population          0
pop_density        12
median_age         24
gdp_per_capita     28
hosp_beds          46
dtype: int64
>>> covidanalysis = covidtotals.loc[:, analysisvars].dropna()
>>> covidanalysisstand = standardizer.fit_
transform(covidanalysis.iloc[:, 1:])
```

（3）运行隔离森林模型以检测离群值。

将标准化处理之后的数据传递给 fit 方法。可以看到，有 18 个国家/地区被识别为离群值（这些国家/地区的离群值为−1）。contamination（混合）参数同样被设置为 0.1。

```
>>> clf=IsolationForest(n_estimators=100, max_samples='auto',
...   contamination=.1, max_features=1.0)
>>> clf.fit(covidanalysisstand)
IsolationForest(behaviour='deprecated',bootstrap=False,contamination=0.1,
                max_features=1.0, max_samples='auto',n_estimators=100,
                n_jobs=None, random_state=None, verbose=0,
warm_start=False)

>>> covidanalysis['anomaly'] = clf.predict(covidanalysisstand)
>>> covidanalysis['scores'] = clf.decision_function(covidanalysisstand)
>>> covidanalysis.anomaly.value_counts()
```

```
 1      157
-1       18
Name: anomaly, dtype: int64
```

（4）创建离群值（outlier）和内围值（inlier）的 DataFrame。

根据异常分数列出前 10 个离群值。

```
>>> inlier, outlier = covidanalysis.loc[covidanalysis.anomaly==1],\
...   covidanalysis.loc[covidanalysis.anomaly==-1]
>>> outlier[['location','total_cases_pm','total_deaths_pm',\
...   'median_age','gdp_per_capita','scores']].\
...   sort_values(['scores']).\
...   head(10)
             location  total_cases_pm  total_deaths_pm  median_age  \
iso_code
SGP         Singapore        5,962.73             3.93       42.40
QAT             Qatar       19,753.15            13.19       31.90
HKG         Hong Kong            0.00             0.00       44.80
BEL           Belgium        5,037.35           816.85       41.80
BHR           Bahrain        6,698.47            11.17       32.40
LUX        Luxembourg        6,418.78           175.73       39.70
ITA             Italy        3,853.99           552.66       47.90
ESP             Spain        5,120.95           580.20       45.50
NLD       Netherlands        2,710.38           347.60       43.20
MDV          Maldives        3,280.04             9.25       30.60

          gdp_per_capita  scores
iso_code
SGP            85,535.38   -0.23
QAT           116,935.60   -0.21
HKG            56,054.92   -0.18
BEL            42,658.58   -0.14
BHR            43,290.71   -0.09
LUX            94,277.96   -0.09
ITA            35,220.08   -0.08
ESP            34,272.36   -0.06
NLD            48,472.54   -0.03
MDV            15,183.62   -0.03
```

（5）绘制离群值和内围值。

```
>>> ax = plt.axes(projection='3d')
>>> ax.set_title('Isolation Forest Anomaly Detection')
>>> ax.set_zlabel("Cases Per Million")
```

```
>>> ax.set_xlabel("GDP Per Capita")
>>> ax.set_ylabel("Median Age")
>>> ax.scatter3D(inlier.gdp_per_capita, inlier.median_age,
inlier.total_cases_pm, label="inliers", c="blue")
>>> ax.scatter3D(outlier.gdp_per_capita, outlier.median_age,
outlier.total_cases_pm, label="outliers", c="red")
>>> ax.legend()
>>> plt.tight_layout()
>>> plt.show()
```

其输出结果如图 4.9 所示。

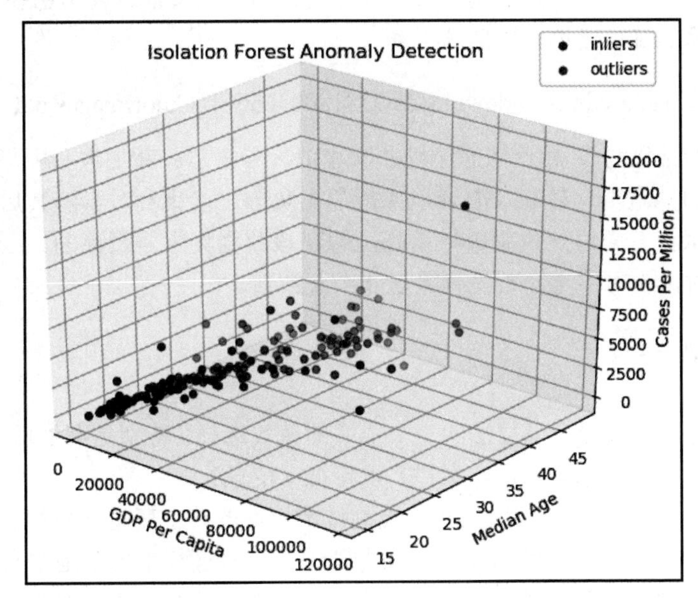

图 4.9　按人均 GDP、年龄中位数和每百万人口病例数划分离群值和内围值的国家/地区

上述步骤演示了如何使用隔离森林算法替代 k 最近邻算法进行异常检测。

4.8.3　原理解释

在此秘笈中使用了隔离森林（孤立森林）算法，这是一种从异常点出发，通过指定规则进行划分，根据划分次数进行判断的异常检测算法。它和上一个秘笈中使用的 k 最近邻算法有颇多相似之处。

在步骤（3）中，我们将经过标准化处理的数据集传递给隔离森林 fit 方法，然后使用其 predict 和 decision_function 方法分别获取异常标志和得分。

在步骤（4）中，使用了异常标记将数据分为离群值和内围值。

在步骤（5）中绘制了离群值和内围值。由于图中只有 3 个维度，因此它不能完全捕获隔离森林模型中的所有特征，但是离群值（红点）显然具有较高的人均 GDP 和年龄中位数，这些点通常位于内围值的右边和后面。

注意：

在图 4-9 中，离群值以红点表示，内围值以蓝点表示。在黑白印刷图书中，红点比蓝点的显示略淡（你也可以查看图 4-9 右上角的 inliers 和 outliers 图例以区分它们）。

如果你仍然觉得难以辨识，本书还提供了一个 PDF 文件，其中包含本书屏幕截图/图表的彩色图像。可以通过以下网址下载。

https://static.packt-cdn.com/downloads/9781800565661_ColorImages.pdf

隔离森林的结果与 k 最近邻的结果非常相似。卡塔尔、新加坡和中华人民共和国香港特别行政区的异常得分最高（准确地说是最小负分），比利时紧随其后。这很可能是由于比利时的每百万人口死亡总数异常高，即在该数据集中是最高的。因此，当进行任何多变量分析时，都可以考虑首先删除这 4 个观察值。

4.8.4 扩展知识

隔离森林算法是 k 最近邻算法的一个很好的替代选择，特别是在处理大型数据集时。其算法的效率使其可以处理大量样本和大量特征（变量）。

我们在最近 3 个秘笈中使用的异常检测技术旨在改善多变量分析和机器学习模型的训练。当然，我们也希望排除离群值，这有助于在分析过程中更早地识别它们。例如，如果从我们的模型中排除卡塔尔的数据很有意义，那么从某些描述性统计数据中排除卡塔尔也可能很有意义。

4.8.5 参考资料

除了可用于异常检测之外，隔离森林算法在直观效果上也很令人满意（该说法对于 k 最近邻算法也是成立的）。有关隔离森林算法的更多信息，可阅读以下资料。

https://cs.nju.edu.cn/zhouzh/zhouzh.files/publication/icdm08b.pdf

第 5 章　使用可视化方法识别意外值

在第 4 章“识别缺失值和离群值”中，初步介绍了可视化方法。我们使用了直方图和分位数图（quantile quantile plot，QQ Plot）检查单个变量的分布，并使用了散点图查看两个变量之间的关系。但是，对于 Matplotlib 和 Seaborn 库中可用的丰富可视化工具来说，上述应用不过是管中窥豹，初入门径罢了。数据分析人员如果能够善用 Matplotlib 和 Seaborn 库及其丰富功能，将有助于发现使用标准描述性分析时不明显的模式和怪异之处。

例如，箱形图（boxplot，也称为箱线图）是用于可视化超出特定范围的值的出色工具，它还可以通过分组的箱形图或小提琴图（violin plot）来扩展，使我们可以比较数据子集之间的分布情况。

散点图（scatter plot）的作用也不仅限于第 4 章中的操作，我们还可以使用它做更多的事情，包括了解多变量关系的意义。

如果在一个图形上显示多个直方图（histogram）或创建堆叠的直方图，则直方图有时也可以提供更多的见解。

本章将探讨所有这些功能。

具体而言，本章包含以下秘笈。

- 使用直方图检查连续变量的分布。
- 使用箱形图识别连续变量的离群值。
- 使用分组的箱形图发现特定组中的意外值。
- 使用小提琴图检查分布形状和离群值。
- 使用散点图查看双变量关系。
- 使用折线图检查连续变量的趋势。
- 根据相关性矩阵生成热图。

5.1　技术要求

本章的代码和 Notebook 可在 GitHub 上获得，其网址如下。

https://github.com.com/PacktPublishing/Python-Data-Cleaning-Cookbook

5.2 使用直方图检查连续变量的分布

统计人员使用得最频繁和最得心应手的可视化工具莫过于直方图，它旨在了解单个变量的分布方式。直方图将在 x 轴上绘制一个连续变量（变量的分隔由研究人员确定），在 y 轴上绘制频率。

直方图能够清晰、有意义地显示分布的形状，包括中心趋势、偏度（对称性）、峰度（相对肥尾）和扩散。这对于统计测试很重要，因为许多测试都对变量的分布进行了假设。此外，我们对预期数据值的期望应以对分布形状的理解为指导。例如，0.90 百分位数的值来自正态分布而不是均匀分布时，其含义将有很大不同。

在给学生讲授统计学入门课程时，我们要求学生去做的基础任务之一就是从一个小样本中手动构建直方图。在本章后面的秘笈中，还将介绍箱形图的绘制。直方图和箱形图一起为后续分析打下了坚实的基础。

在作者的数据科学分析工作中，一般来说，数据在经过最初的导入和清洗之后，接下来要做的就是对所有感兴趣的连续变量进行构造直方图和箱形图。

此秘笈将介绍创建直方图，后两个秘笈将介绍创建箱形图。

5.2.1 准备工作

此秘笈将使用 Matplotlib 库生成直方图。在 Matplotlib 中可以快速直接地完成某些任务，直方图就是这些任务之一。

在本章中，我们将切换使用 matplotlib 和 seaborn（它其实也是基于 matplotlib 构建的），切换的依据是使用哪一种工具能更轻松地获得所需图形。

此秘笈还将使用 statsmodels 库。如果尚未安装，则可以通过 pip 安装 matplotlib 和 statsmodels。具体命令如下。

```
pip install matplotlib
pip install statsmodels
```

在本秘笈中，我们将使用有关地面温度和新冠疫情病例的数据。land temperature（地面温度）DataFrame 对每个气象站都有一行。新冠疫情 DataFrame 对每个国家/地区都有一行，并反映了截至 2020 年 7 月 18 日的病例和死亡总数。

注意：[1]

尽管大多数站点位于美国，但 land temperature DataFrame 在 2019 年的平均温度读数（℃）来自全球超过 12000 个气象站。原始数据集取自 Global Historical Climatology Network Integrated Database（全球历史气候学网络集成数据库），由美国国家海洋与大气管理局提供给公众使用。其网址如下。

https://www.ncdc.noaa.gov/data-access/land-basedstation-data/land-based-datasets/global-historicalclimatology-network-monthly-version-4

Our World in Data 网站提供了可供公众使用的 COVID-19 新冠疫情数据。其网址如下。

https://ourworldindata.org/coronavirus-source-data

此秘笈中使用的数据是 2020 年 6 月 1 日下载的。截至该日期，中华人民共和国香港特别行政区包含了一些缺失数据，但此问题已在后续文件中得到解决。

5.2.2　实战操作

本示例仔细研究了 2019 年各个气象站的土地温度分布以及每个国家/地区每百万人口中新冠疫情的病例总数。我们先从一些描述性统计开始，然后绘制分位数图、直方图和堆积的直方图。

（1）导入 pandas、matplotlib 和 statsmodels 库。

此外，还需要加载地面温度和新冠疫情病例数据。

```
>>> import pandas as pd
>>> import matplotlib.pyplot as plt
>>> import statsmodels.api as sm
>>> landtemps = pd.read_csv("data/landtemps2019avgs.csv")
>>> covidtotals = pd.read_csv("data/covidtotals.csv",
parse_dates=["lastdate"])
>>> covidtotals.set_index("iso_code", inplace=True)
```

（2）显示一些气象站的温度行。

latabs 列是没有南北标识的纬度值；因此，在北纬 30° 左右的埃及开罗和在南纬 30° 左右的巴西阿雷格里港具有相同的值。

```
>>> landtemps[['station','country','latabs','elevation','avgtemp']].\
...   sample(10, random_state=1)
```

[1] 这里与英文原文的内容保持一致，保留了其中文翻译。

```
                    station        country  latabs  elevation  avgtemp
10526        NEW_FORK_LAKE  United States      43      2,542        2
1416             NEIR_AGDM         Canada      51      1,145        2
2230                CURICO          Chile      35        225       16
6002    LIFTON_PUMPING_STN  United States      42      1,809        4
2106              HUAILAI          China      40        538       11
2090           MUDANJIANG          China      45        242        6
7781  CHEYENNE_6SW_MESONET  United States      36        694       15
10502          SHARKSTOOTH  United States      38      3,268        4
11049           CHALLIS_AP  United States      45      1,534        7
2820               METHONI         Greece      37         52       18
```

（3）显示一些描述性统计数据。

此外，还可以查看偏度（skew）和峰度（kurtosis）。

```
>>> landtemps.describe()
       latabs  elevation  avgtemp
count  12,095     12,095   12,095
mean       40        589       11
std        13        762        9
min         0       -350      -61
25%        35         78        5
50%        41        271       10
75%        47        818       17
max        90      9,999       34

>>> landtemps.avgtemp.skew()
-0.2678382583481769
>>> landtemps.avgtemp.kurtosis()
2.1698313707061074
```

（4）绘制平均温度的直方图。

另外，还可以在总体均值上画一条线。

```
>>> plt.hist(landtemps.avgtemp)
>>> plt.axvline(landtemps.avgtemp.mean(), color='red',
linestyle='dashed', linewidth=1)
>>> plt.title("Histogram of Average Temperatures(Celsius)")
>>> plt.xlabel("Average Temperature")
>>> plt.ylabel("Frequency")
>>> plt.show()
```

绘制的直方图如图 5.1 所示。

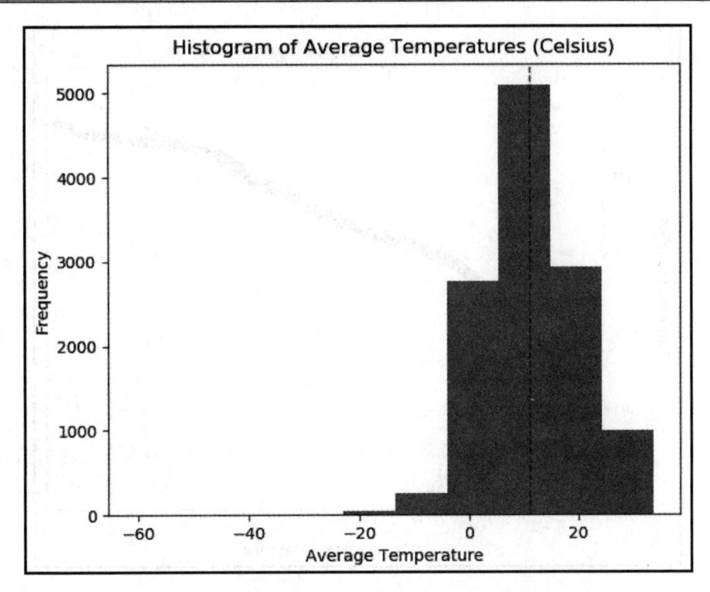

图 5.1　2019 年各气象站的平均温度直方图

（5）运行 qqplot 绘制分位数图以检查分布偏离正态分布的位置。

可以看到，温度的大部分分布都在红线上（红色直线是正态分布图，如果是完全正态分布，则所有点都将落在红线上，但本示例中尾部出现了急剧下降）。

```
>>> sm.qqplot(landtemps[['avgtemp']].sort_values(['avgtemp']),
line='s')
>>> plt.title("QQ Plot of Average Temperatures")
>>> plt.show()
```

输出的分位数图如图 5.2 所示。

（6）显示每百万人口新冠疫情病例总数的偏度和峰度。

本示例数据来自 COVID-19 DataFrame，每个国家/地区都有一行。

```
>>> covidtotals.total_cases_pm.skew()
4.284484653881833
>>> covidtotals.total_cases_pm.kurtosis()
26.137524276840452
```

（7）对新冠疫情病例数据绘制堆叠的直方图。

可以从 4 个区域（大洋洲/澳大利亚、东亚、南部非洲、西欧）中选择数据（请注意，如果选择的分类超过 4 个，则堆叠的直方图很容易显示混乱）。

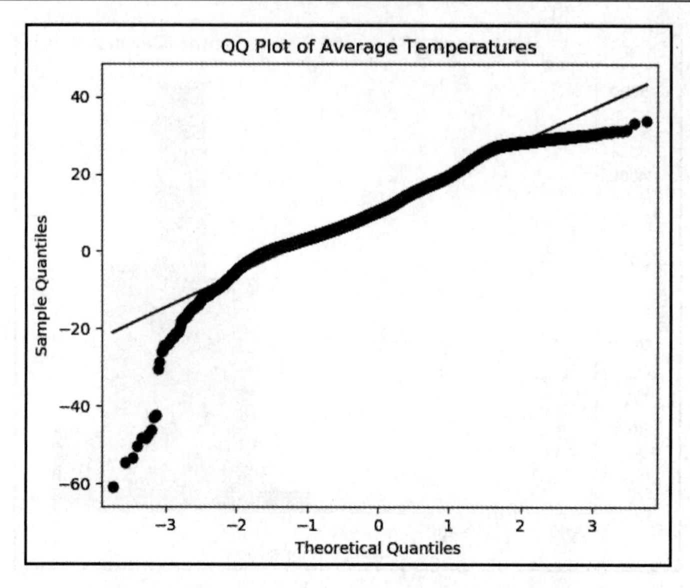

图 5.2　气象站平均温度分布与正态分布相比的图

定义一个 getcases 函数，该函数将为某个区域的国家/地区返回一个 total_cases_pm（每百万人口病例总数）列的 Series。将这些 Series 传递给 hist 方法即可创建堆叠的直方图。其语句如下。

```
[getcases(k) for k in showregions]
```

可以看到，大部分此类分布（这 4 个区域 65 个国家/地区中的近 40 个国家/地区）的每百万人口病例数低于 2000。

```
>>> showregions = ['Oceania / Aus','East Asia','Southern Africa', 'Western
Europe']
>>>
>>> def getcases(regiondesc):
...    return covidtotals.loc[covidtotals.region==regiondesc,
...      'total_cases_pm']
...
>>> plt.hist([getcases(k) for k in showregions],\
...    color=['blue','mediumslateblue','plum','mediumvioletred'],\
...    label=showregions,\
...    stacked=True)
>>>
>>> plt.title("Stacked Histogram of Cases Per Million for
Selected Regions")
>>> plt.xlabel("Cases Per Million")
```

```
>>> plt.ylabel("Frequency")
>>> plt.xticks(np.arange(0, 22500, step=2500))
>>> plt.legend()
>>> plt.show()
```

输出的堆叠直方图如图 5.3 所示。

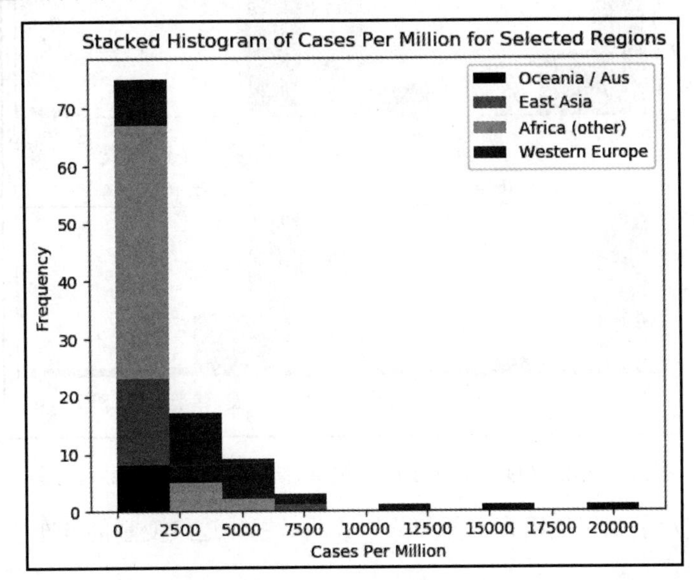

图 5.3　选定区域按每百万人口病例数统计的国家/地区数堆叠直方图

（8）在一个图上显示多个直方图。

这允许不同的 x 和 y 轴值。我们需要遍历每个轴，并为每个子图从 showregions 中选择一个不同的区域。

```
>>> fig, axes = plt.subplots(2, 2)
>>> fig.subtitle("Histograms of Covid Cases Per Million by Selected Regions")
>>> axes = axes.ravel()
>>> for j, ax in enumerate(axes):
...   ax.hist(covidtotals.loc[covidtotals.region==showregions[j]].\
...     total_cases_pm, bins=5)
...   ax.set_title(showregions[j], fontsize=10)
...   for tick in ax.get_xticklabels():
...     tick.set_rotation(45)
...
>>> plt.tight_layout()
>>> fig.subplots_adjust(top=0.88)
>>> plt.show()
```

绘制的直方图如图 5.4 所示。

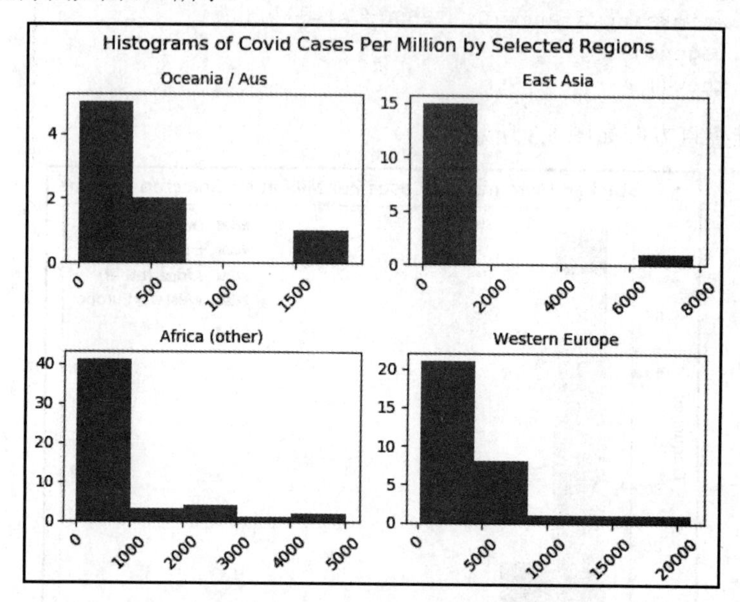

图 5.4　选定区域按每百万人口病例数统计的国家/地区数直方图

上述步骤演示了如何使用直方图和分位数图可视化连续变量的分布情况。

5.2.3　原理解释

通过步骤（4）可以看到，绘制直方图是非常容易的，只要将一个 Series 传递给 Matplotlib 的 pyplot 模块的 hist 方法即可。本示例为 Matplotlib 使用了 plt 的别名。也可以传递任何 ndarray 甚至是数据 Series 的列表。

我们还可以很方便地访问图形及其轴的属性。例如，可以设置每个轴的标签，以及刻度线（tick mark）和刻度线标签（tick label），还可以指定图例（legend）的内容和外观。在进行可视化绘图时，会经常利用到这些功能。

在步骤（7）中，将多个 Series 传递给 hist 方法，以生成堆叠的直方图。每个 Series 是该区域内国家/地区的 total_cases_pm（每百万人口的病例数）值。为了获得每个区域的 Series，可为 showregions 中的每个项目调用 getcases 函数。我们为每个 Series 选择了颜色，而不是让颜色自动生成。此外，还使用了 showregions 列表为图例选择标签。

在步骤（8）中，我们首先指出要在两行两列中包含 4 个子图，这就是通过以下语句得到的结果，它可以同时返回图形和 4 个轴。

```
plt.subplots(2, 2)
```

我们还使用了以下语句遍历轴。

```
for j, ax in enumerate(axes)
```

在每个循环中，我们从 showregions 中为直方图选择一个不同的区域。在每个轴内，我们遍历刻度标签并更改了其旋转角度（45°）。我们还调整了子图的布局，以便为图形标题留出足够的空间。可以看到，在本示例中，我们需要使用 subtitle 来添加标题。如果使用 title 的话，则会将标题添加到子图中。

5.2.4　扩展知识

正如直方图以及偏斜和峰度测度所显示的那样，地面温度数据并不是呈现完全的正态分布。它偏向左侧（偏度为–0.26），实际上尾部也比正态分布偏瘦（其峰度为 2.17，相比之下，正态分布为 3）。尽管存在一些极值，但相对于数据集的整体大小而言，这些值并不多。虽然不是完美的钟形，但地面温度 DataFrame 比新冠疫情病例数据更容易处理。

total_cases_pm（每百万人口的病例数）变量的偏度和峰度表明，它与正态分布有一定距离。在步骤（6）中可以看到，其偏度为 4，峰度为 26。与正态分布相比，其偏度的正值很高，尾巴也太肥（或者说太厚）。

当我们按区域查看数字时，这也反映在直方图中。在大多数区域，有许多国家/地区的每百万人口的病例数非常低，只有几个国家/地区的病例数很高。在 5.4 节“使用分组的箱形图发现特定组中的意外值”中将看到，几乎每个区域都有离群值。

如果你是 Matplotlib 和 Seaborn 的初学者，那么在学习完本章内容之后，你会发现这些库的用法非常灵活，但也容易搞混，甚至很难选择一种策略并坚持下去，因为你可能需要以特定的方式设置图形和坐标轴以获得所需的可视化效果。因此，在完成本章秘笈的操作时，请牢记以下两件事，这会对你有很大帮助。

首先，一般来说你需要创建一个图形和一个或多个子图。

其次，无论如何，主要的绘图函数的工作方式是类似的，因此 plt.hist 和 ax.hist 往往都可以正常工作。

5.3　使用箱形图识别连续变量的离群值

在第 4 章“识别缺失值和离群值”中，已经提到过可以使用箱形图进行图形表示（详见 4.3 节“用一个变量识别离群值”）。不仅如此，在该节的步骤（6）中，还介绍过四分位距（IQR）的概念，它指的是上四分位数（第三个四分位数，Q3）和下四分位数（第一个四分位数，Q1）之间的距离。通过它可以确定离群值。简而言之，任何大于(1.5 * IQR)+Q3 或小于 Q1–(1.5 * IQR)的值都将被视为离群值。这正是箱形图中显示的内容。

5.3.1　准备工作

此秘笈将使用按国家/地区统计的有关新冠疫情病例和死亡数的累积数据，以及美国国家青年纵向调查（NLS）数据。

你将需要在计算机上安装 Matplotlib 库以运行本示例代码。

5.3.2　实战操作

本示例将使用箱形图显示学业评估测试（scholastic assessment test，SAT）分数、工作周数以及新冠疫情病例和死亡的形状和分布情况。

（1）加载 pandas 和 matplotlib 库。

另外，还需要加载 NLS 和 Covid 数据。

```
>>> import pandas as pd
>>> import matplotlib.pyplot as plt
>>> nls97 = pd.read_csv("data/nls97.csv")
>>> nls97.set_index("personid", inplace=True)
>>> covidtotals = pd.read_csv("data/covidtotals.csv",
parse_dates=["lastdate"])
>>> covidtotals.set_index("iso_code", inplace=True)
```

（2）绘制 SAT 词汇考试成绩的箱形图。

首先可以使用 describe 生成一些描述性信息。

boxplot 方法可以生成一个代表四分位距的矩形，即 Q1 和 Q3 之间的值。其胡须（whisker）则是从该矩形到 IQR 的 1.5 倍。高于或低于胡须值（我们将其标记为离群值的阈值）的任何值都被视为离群值。可以使用 annotate（注解）来指向第一个和第三个四分位数点、中位数和离群值阈值。

```
>>> nls97.satverbal.describe()
count      1,406
mean         500
std          112
min           14
25%          430
50%          500
75%          570
```

```
max            800
Name: satverbal, dtype: float64
>>> plt.boxplot(nls97.satverbal.dropna(), labels=['SAT Verbal'])
>>> plt.annotate('outlier threshold', xy=(1.05,780), xytext=(1.15,780),
size=7, arrowprops=dict(facecolor='black', headwidth=2, width=0.5,
shrink=0.02))
>>> plt.annotate('3rd quartile', xy=(1.08,570), xytext=(1.15,570),
size=7, arrowprops=dict(facecolor='black', headwidth=2, width=0.5,
shrink=0.02))
>>> plt.annotate('median', xy=(1.08,500), xytext=(1.15,500), size=7,
arrowprops=dict(facecolor='black', headwidth=2, width=0.5, shrink=0.02))
>>> plt.annotate('1st quartile', xy=(1.08,430), xytext=(1.15,430),
size=7, arrowprops=dict(facecolor='black', headwidth=2, width=0.5,
shrink=0.02))
>>> plt.annotate('outlier threshold', xy=(1.05,220), xytext=(1.15,220),
size=7, arrowprops=dict(facecolor='black', headwidth=2, width=0.5,
shrink=0.02))
>>> #plt.annotate('outlier threshold', xy=(1.95,15), xytext=(1.55,15),
size=7, arrowprops=dict(facecolor='black', headwidth=2, width=0.5,
shrink=0.02))
>>> plt.show()
```

其输出的箱形图如图 5.5 所示。

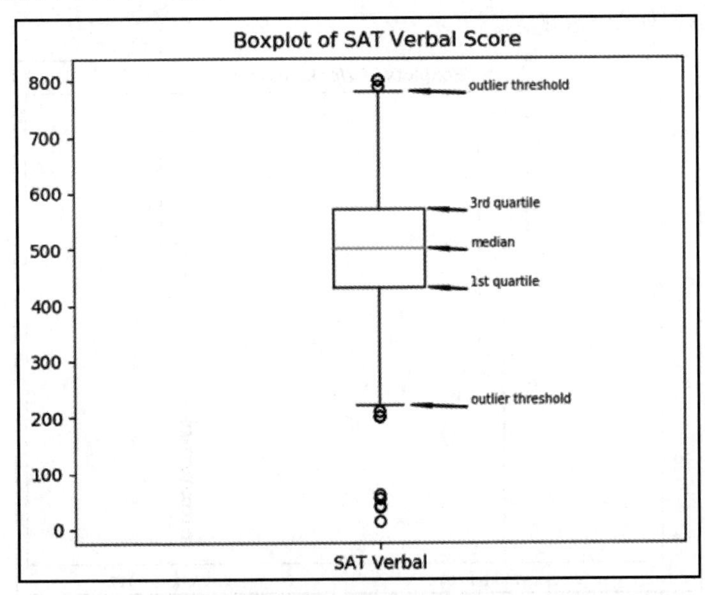

图 5.5　SAT 词汇考试分数的箱形图，带有 IQR 和离群值的标签

（3）显示有关工作周数的一些描述性信息。

```
>>> weeksworked = nls97.loc[:, ['highestdegree', 'weeksworked16',
'weeksworked17']]
>>>
>>> weeksworked.describe()
       weeksworked16  weeksworked17
count          7,068          6,670
mean              39             39
std               21             19
min                0              0
25%               23             37
50%               53             49
75%               53             52
max               53             52
```

（4）绘制工作周数的箱形图。

```
>>> plt.boxplot([weeksworked.weeksworked16.dropna(),
...   weeksworked.weeksworked17.dropna()],
...   labels=['Weeks Worked 2016','Weeks Worked 2017'])
>>> plt.title("Boxplots of Weeks Worked")
>>> plt.tight_layout()
>>> plt.show()
```

输出的箱形图如图 5.6 所示。

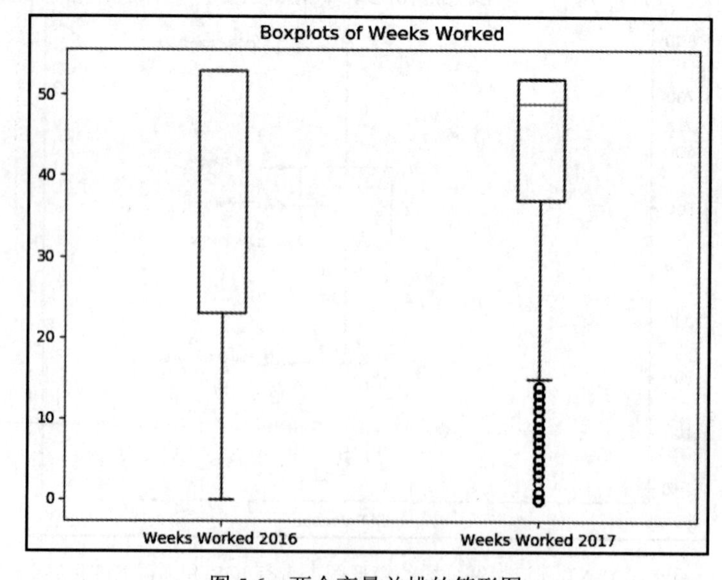

图 5.6　两个变量并排的箱形图

（5）显示一些有关新冠疫情数据的描述性信息。

为列创建标签列表（totvarslabels），以在后面的步骤中使用。

```
>>> totvars = ['total_cases','total_deaths','total_cases_pm',
'total_deaths_pm']
>>> totvarslabels = ['cases','deaths','cases per million',
'deaths per million']
>>> covidtotalsonly = covidtotals[totvars]
>>> covidtotalsonly.describe()
       total_cases  total_deaths  total_cases_pm  total_deaths_pm
count          209           209             209              209
mean        60,757         2,703           2,297               74
std        272,440        11,895           4,040              156
min              3             0               1                0
25%            342             9             203                3
50%          2,820            53             869               15
75%         25,611           386           2,785               58
max      3,247,684       134,814          35,795            1,238
```

（6）绘制每百万人口病例数和死亡数的箱形图。

```
>>> fig, ax = plt.subplots()
>>> plt.title("Boxplots of Covid Cases and Deaths Per Million")
>>> ax.boxplot([covidtotalsonly.total_cases_pm,covidtotalsonly.
total_deaths_pm],\
...   labels=['cases per million','deaths per million'])
>>> plt.tight_layout()
>>> plt.show()
```

输出的箱形图如图 5.7 所示。

（7）将箱形图显示为单独的子图。

当变量值有很大的不同时，很难在一个图形上查看多个箱形图（图 5.7 中的新冠疫情每百万人口病例数和死亡数就是这种情况，相比于每百万人口的病例数，由于每百万人口的死亡数字较小，因此它们全部堆叠在一起，根本看不出是什么情况）。幸运的是，Matplotlib 允许在每个图形上创建多个子图，每个子图可以使用不同的 x 和 y 轴。

```
>>> fig, axes = plt.subplots(2, 2)
>>> fig.suptitle("Boxplots of Covid Cases and Deaths")
>>> axes = axes.ravel()
>>> for j, ax in enumerate(axes):
...   ax.boxplot(covidtotalsonly.iloc[:, j], labels=[totvarslabels[j]])
...
>>> plt.tight_layout()
```

```
>>> fig.subplots_adjust(top=0.94)
>>> plt.show()
```

其输出的箱形图如图 5.8 所示。

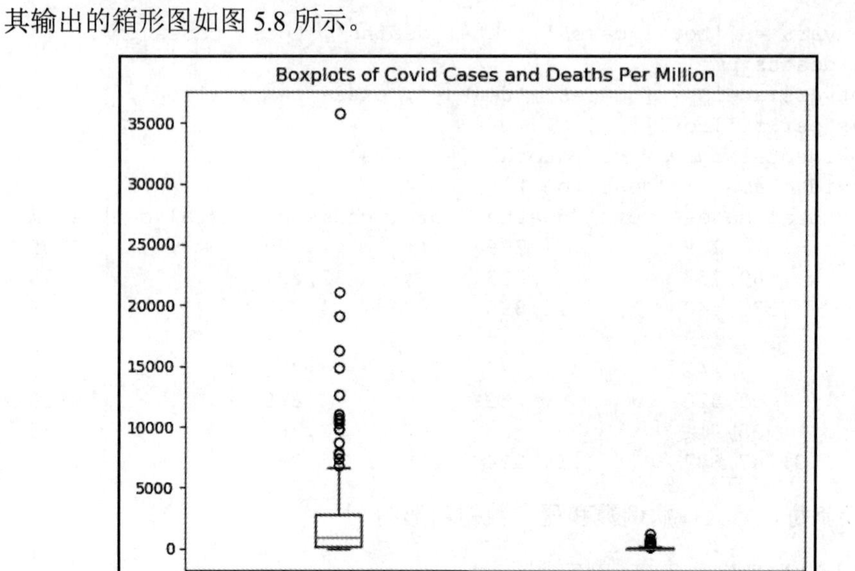

图 5.7　两个变量并排的箱形图

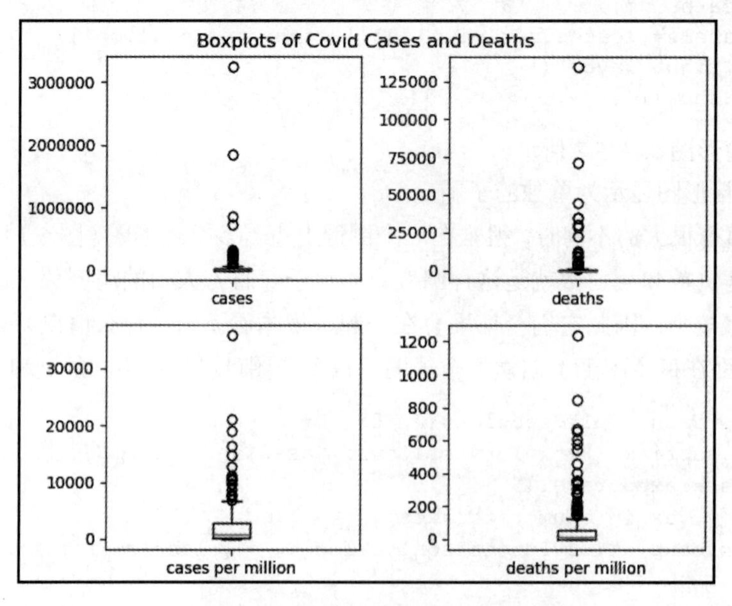

图 5.8　具有不同 y 轴的箱形图

箱形图是查看变量分布方式的相对简单但极为有用的方法。它使你可以轻松地在一个图形中可视化分布情况、集中趋势和离群值。

5.3.3　原理解释

如步骤（2）所示，使用 Matplotlib 创建箱形图相当容易，只需将一个 Series 传递给 pyplot 方法即可（我们使用了 plt 别名）。可以调用 pyplot 的 show 方法来显示该图。此步骤还演示了如何使用注解向图形中添加文本和符号。

在步骤（4）中，通过传递多个 Series 给 pyplot，我们显示了多个箱形图。

当比例尺迥然不同时，可能很难在一个图中显示多个箱形图。步骤（7）显示了一种解决方法。我们可以在一个图上创建多个子图。首先，我们指出需要 4 个子图，分别位于两行两列中。这就是通过 plt.subplots(2,2)得到的结果，该函数可以同时返回图形和 4 个轴。然后可以遍历轴，在每个轴上调用 boxplot。

但是，由于某些极值的存在，仍然很难看清楚每百万人口的病例数和死亡人数的 IQR。在下一个秘笈中，我们删除了一些极值，以便能更好地可视化剩余的数据。

5.3.4　扩展知识

步骤（2）中的 SAT 词汇考试成绩的箱形图演示了相对正态的分布。中位数接近 IQR 的中心。考虑到前面获得的描述性信息表明平均值和中位数具有相同的值，因此这并不奇怪。但是，与上端相比，下端的离群值空间要大得多。的确，SAT 词汇考试分数太低似乎难以置信，应予以检查。

在步骤（4）中，绘制了 2016 年和 2017 年工作周数的箱形图，显示了变量的分布与 SAT 分数差异很大。中位数接近 IQR 的顶部，并且比均值大得多，这表明出现了负偏斜。另外，可以看到的是，由于中位数值位于最大值附近，因此在分布的上边缘没有胡须或离群值。

5.3.5　参考资料

本示例中的某些箱形图表明，我们正在检查的数据不是正态分布的。在 4.3 节“用一个变量识别离群值”中，涵盖了一些正态分布测试。它还显示了如何仔细观察离群值阈值之外的值：箱形图中的圆圈。

5.4 使用分组的箱形图发现特定组中的意外值

在前面的秘笈中可以看到，箱形图是检查连续变量分布的好工具。当我们想要查看这些变量在数据集的各个部分是否有不同的分布时，它们也很有用。例如，按不同年龄分组的工资、按婚姻状况分组的孩子数、不同哺乳动物种群的大小等。分组箱形图是一种方便且直观的方法，可以按数据分类查看变量分布的差异。

5.4.1 准备工作

此秘笈将使用按国家/地区统计的有关新冠疫情病例和死亡数的累积数据，以及 NLS 数据。

此外，你还需要在计算机上安装 Matplotlib 和 Seaborn 才能运行此秘笈中的代码。

5.4.2 实战操作

本示例将按获得的最高学位生成工作周数的描述性统计数据。然后，使用分组的箱形图按最高学位可视化工作周数的分布，按区域可视化新冠疫情病例的分布。

（1）导入 pandas、matplotlib 和 seaborn 库。

```
>>> import pandas as pd
>>> import matplotlib.pyplot as plt
>>> import seaborn as sns
>>> nls97 = pd.read_csv("data/nls97.csv")
>>> nls97.set_index("personid", inplace=True)
>>> covidtotals = pd.read_csv("data/covidtotals.csv",
parse_dates=["lastdate"])
>>> covidtotals.set_index("iso_code", inplace=True)
```

（2）查看每个学位级别的工作周数的中位数、第一个四分位数和第三个四分位数。首先，定义一个函数将这些值作为一个 Series 返回，然后使用 apply 为每个组调用它。

```
>>> def gettots(x):
...   out = {}
...   out['min'] = x.min()
...   out['qr1'] = x.quantile(0.25)
...   out['med'] = x.median()
```

```
...     out['qr3'] = x.quantile(0.75)
...     out['max'] = x.max()
...     out['count'] = x.count()
...     return pd.Series(out)
...
>>> nls97.groupby(['highestdegree'])['weeksworked17'].\
...     apply(gettots).unstack()
                  min  qr1  med  qr3  max  count
highestdegree
0.None              0    0   40   52   52    510
1.GED               0    8   47   52   52    848
2.High School       0   31   49   52   52  2,665
3.Associates        0   42   49   52   52    593
4.Bachelors         0   45   50   52   52  1,342
5.Masters           0   46   50   52   52    538
6.PhD               0   46   50   52   52     51
7.Professional      0   47   50   52   52     97
```

（3）绘制按获得的最高学历分组的工作周数的箱形图。

将 Seaborn 用于这些箱形图绘制。

首先，创建一个子图并将其命名为 myplt。这使得以后访问子图属性更加容易。使用 boxplot 的 order 参数按获得的最高学位进行排序。可以看到，没有获得学位的个人在下边缘没有离群值或胡须。这是因为这些个人的 IQR 涵盖了值的整个范围；也就是说，0.25 百分位数（下边缘）的值为 0，0.75 百分位数（上边缘）的值为 52。

```
>>> myplt = sns.boxplot('highestdegree','weeksworked17',data=nls97,
...     order=sorted(nls97.highestdegree.dropna().unique()))
>>> myplt.set_title("Boxplots of Weeks Worked by Highest Degree")
>>> myplt.set_xlabel('Highest Degree Attained')
>>> myplt.set_ylabel('Weeks Worked 2017')
>>> myplt.set_xticklabels(myplt.get_xticklabels(),rotation=60,
horizontalalignment='right')
>>> plt.tight_layout()
>>> plt.show()
```

其输出的箱形图如图 5.9 所示。

（4）查看按区域分组的每百万人口病例总数的最小值、最大值、中位数以及第一个和第三个四分位数。

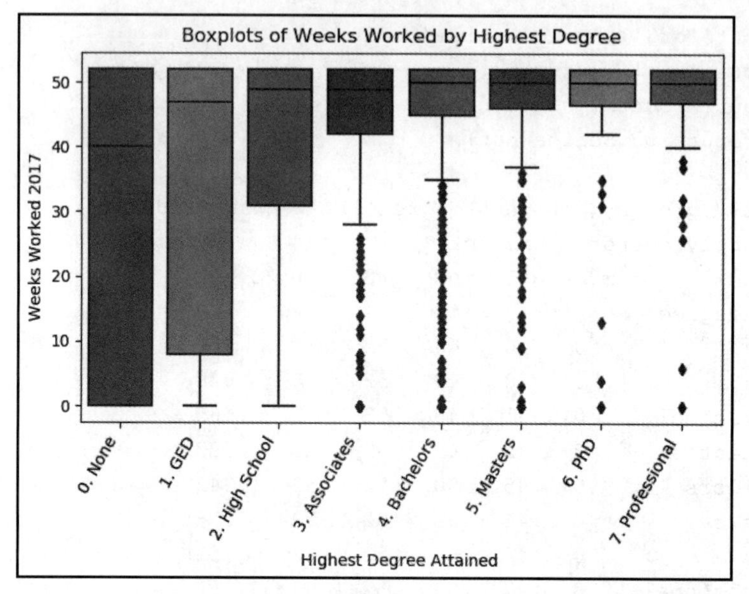

图 5.9　按最高学位分组的工作周数箱形图，包括 IQR 和离群值

使用步骤（2）中定义的 gettots 函数。

```
>>> covidtotals.groupby(['region'])['total_cases_pm'].\
...    apply(gettots).unstack()
                      min    qr1     med     qr3     max  count
region
Caribbean              95    252     339   1,726   4,435     22
Central Africa         15     71     368   1,538   3,317     11
Central America        93    925   1,448   2,191  10,274      7
Central Asia          374    919   1,974   2,907  10,594      6
East Africa             9     65     190     269   5,015     13
East Asia               3     16      65     269   7,826     16
Eastern Europe        347    883   1,190   2,317   6,854     22
North Africa          105    202     421     427     793      5
North America       2,290  2,567   2,844   6,328   9,812      3
Oceania / Aus           1     61     234     424   1,849      8
South America         284    395   2,857   4,044  16,323     13
South Asia            106    574     885   1,127  19,082      9
Southern Africa        36     86     118     263   4,454      9
West Africa            26    114     203     780   2,862     17
West Asia              23    273   2,191   5,777  35,795     16
Western Europe        200  2,193   3,769   5,357  21,038     32
```

（5）绘制按区域分组的每百万人口病例总数的箱形图。

由于存在较多的区域，因此可以考虑翻转轴。

另外，可以叠加绘制一个群图（swarm plot，也称为分簇散点图），以了解某些区域的国家/地区数量。群图可以为每个区域中的每个国家/地区显示一个点。

可以看到，由于极值的关系，一些 IQR 很难看清楚。

```
>>> sns.boxplot('total_cases_pm', 'region', data=covidtotals)
>>> sns.swarmplot(y="region", x="total_cases_pm", data=covidtotals,
size=2, color=".3", linewidth=0)
>>> plt.title("Boxplots of Total Cases Per Million by Region")
>>> plt.xlabel("Cases Per Million")
>>> plt.ylabel("Region")
>>> plt.tight_layout()
>>> plt.show()
```

输出的箱形图如图 5.10 所示。

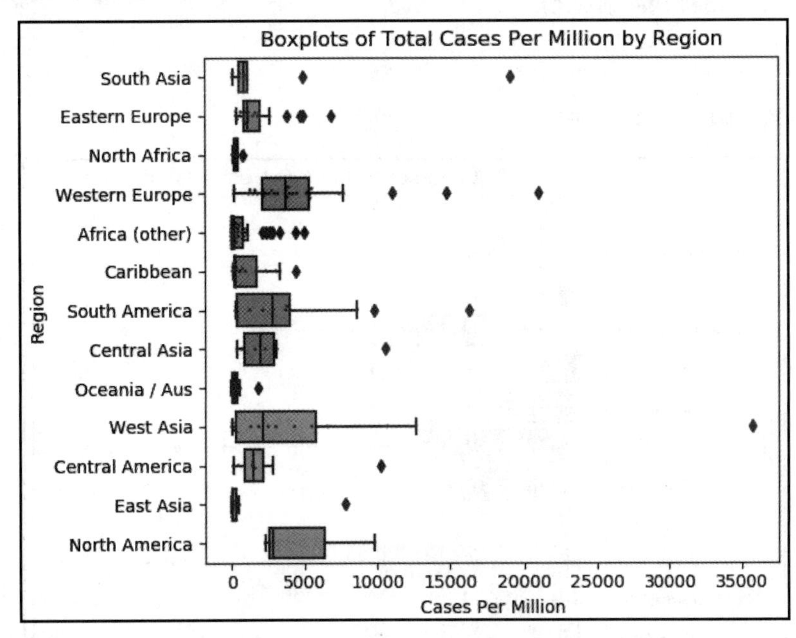

图 5.10　按区域分组的每百万人口病例总数的箱形图和群图，包括 IQR 和离群值

（6）显示每百万人口病例数的最极端值。

```
>>> covidtotals.loc[covidtotals.total_cases_pm>=14000,\
...    ['location','total_cases_pm']]
```

```
             location  total_cases_pm
iso_code
BHR           Bahrain          19,082
CHL             Chile          16,323
QAT             Qatar          35,795
SMR         SanMarino          21,038
VAT           Vatican          14,833
```

（7）在没有极值的情况下，重新绘制箱形图。

```
>>> sns.boxplot('total_cases_pm', 'region',
data=covidtotals.loc[covidtotals.total_cases_pm<14000])
>>> sns.swarmplot(y="region", x="total_cases_pm",
data=covidtotals.loc[covidtotals.total_cases_pm<14000],
size=3, color=".3", linewidth=0)
>>> plt.title("Total Cases Without Extreme Values")
>>> plt.xlabel("Cases Per Million")
>>> plt.ylabel("Region")
>>> plt.tight_layout()
>>> plt.show()
```

输出的箱形图如图 5.11 所示。

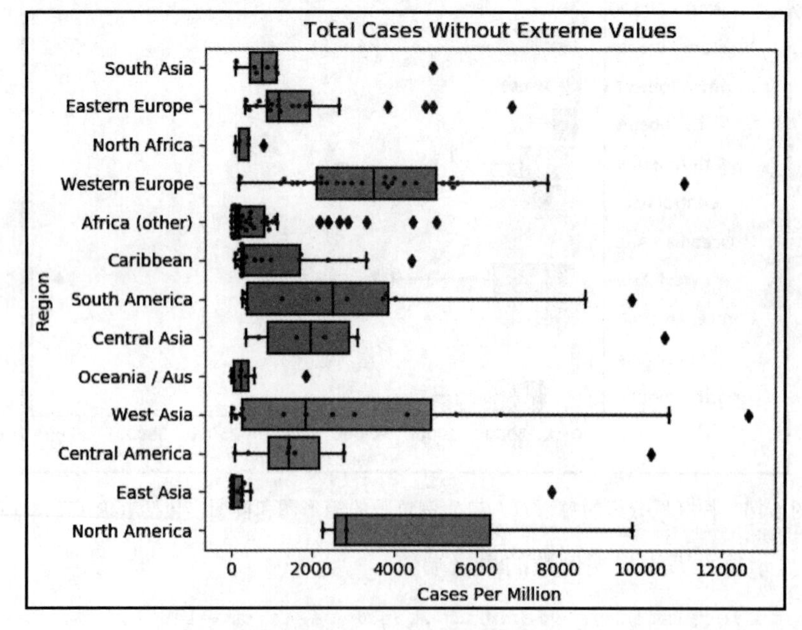

图 5.11　按区域分组的每百万人口没有极值的病例总数的箱形图和群图

这些分组的箱形图揭示了按每百万人口调整的病例分布情况在不同地区之间的差异。

5.4.3　原理解释

在此秘笈中，我们使用了 Seaborn 创建图形。当然，使用 Matplotlib 也是可以的。Seaborn 实际上是建立在 Matplotlib 之上的，在某些方面对它进行了扩展，并使某些操作变得更容易。与 Matplotlib 相比，Seaborn 的默认设置有时会产生更美观的图形。

在创建包含多个箱形图的图形之前，最好先获取一些描述性信息。在步骤（2）中，我们获取了每个学位级别的工作周数的中位数、第一个四分位数和第三个四分位数。我们首先创建了一个名为 gettots 的函数，该函数可返回包含这些值的 Series。我们使用了以下语句将 gettots 函数应用于 DataFrame 中的每个组。

```
nls97.groupby(['highestdegree'])['weeksworked17'].
apply(gettots).unstack()
```

groupby 方法可创建带有分组信息的 DataFrame，该 DataFrame 将被传递给 apply 函数。然后，gettots 计算每个组的摘要值。unstack 调整返回行的形状，从每组多行（每个摘要统计一组）到每组一行，每个摘要统计包含多列。

在步骤（3）中，为每个学位水平生成了一个箱形图。当使用 Seaborn 的 boxplot 方法时，通常并不需要命名创建的子图对象，但是在此步骤中，我们将其命名为 myplt，以便稍后可以轻松更改属性（如刻度标签）。在本示例中，使用了 set_xticklabels 旋转 x 轴上的标签，以使标签不会彼此重叠。

在步骤（5）中翻转了箱形图的轴，这是因为分组级别（区域）多于连续变量（每百万人口病例数）的刻度。我们通过将 total_cases_pm 设置为第一个参数而不是第二个参数的值来实现了该操作。我们还叠加绘制了一个群图（分簇散点图），以便对每个区域中的观测值（国家/地区）数量有所了解。

极值有时可能使查看箱形图变得困难，这是因为箱形图同时显示离群值和 IQR，但是在存在极值的情况下，离群值可能是第三个四分位数（Q3）或第一个四分位数（Q1）值的几倍，此时 IQR 矩形会非常小，以至于看不到它。在步骤（7）中，我们删除了所有 total_cases_pm 大于或等于 14000 的值，这样可以改善每个 IQR 的显示。

5.4.4　扩展知识

在步骤（3）中，按获得的学位分组的工作周数的箱型图显示出受教育程度差异带来的工作周数的巨大差异，这在单变量分析中并不明显。受教育程度越低，工作周数的差异就越大。高中学历以下的人在 2017 年的工作周数中存在很大的差异，反观获得大学学历的人群，其工作周数的差异就很小。

当然，这与我们对工作周数的离群值的理解有很大关系。例如，一个拥有大学学位且工作了 20 周的人是一个离群值，但如果他们的文凭在高中以下，那么就不会被视为离群值。

新冠疫情每百万人口病例数箱形图还促使我们更加灵活地考虑离群值。例如，东亚每百万人口病例数的离群值如果放在整个数据集中就不应该被视为离群值（也就是说，东亚表现最差的国家/地区放在全世界范围内考虑的话应该视为正常或较好）。此外，这些值均低于北美的第三个四分位数值，但它们在东亚无疑是离群值。

在查看箱形图时，还应该注意的一件事是中位数在 IQR 中的位置。当中位数根本不接近中心时，即可知道我们使用的不是正态分布的变量。这也使我们对偏斜的方向有了很好的了解。如果它位于 IQR 的底部附近，则意味着中位数更接近于第一个四分位数（Q1）而不是第三个四分位数（Q3），则存在正偏斜。比较 Caribbean（加勒比海）地区和 Western Europe（西欧）地区的箱形图可以看到，加勒比海地区存在大量的低值和少量的高值，这使得其中位数更接近第一个四分位数（Q1）。

5.4.5 参考资料

在第 7 章“聚合时修复混乱数据”中，将使用 groupby 执行更多操作。
在第 9 章“规整和重塑数据”中，将更详细地讨论 stack 和 unstack。

5.5 使用小提琴图检查分布形状和离群值

小提琴图可以将直方图和箱形图结合在一起。它将显示 IQR、中位数和胡须，以及在全部值的范围内的观察值的频率。如果没有看到实际的小提琴图，很难想象这是怎么做到的。本节将根据先前秘笈中用于箱形图的相同数据生成一些小提琴图，以使你更容易理解它们的工作方式。

5.5.1 准备工作

此秘笈将使用按国家/地区统计的有关新冠疫情病例和死亡数的累积数据，以及 NLS 数据。

此外，你还需要在计算机上安装 Matplotlib 和 Seaborn 才能运行此秘笈中的代码。

5.5.2　实战操作

本示例将绘制小提琴图以在同一图形上查看分布的形状，然后按分组绘制小提琴图。

（1）加载 pandas、numpy、matplotlib 和 seaborn，以及新冠疫情病例和 NLS 数据。

```
>>> import pandas as pd
>>> import numpy as np
>>> import matplotlib.pyplot as plt
>>> import seaborn as sns
>>> nls97 = pd.read_csv("data/nls97.csv")
>>> nls97.set_index("personid", inplace=True)
>>> covidtotals = pd.read_csv("data/covidtotals.csv",
parse_dates=["lastdate"])
>>> covidtotals.set_index("iso_code", inplace=True)
```

（2）绘制 SAT 词汇考试分数的小提琴图。

```
>>> sns.violinplot(nls97.satverbal, color="wheat", orient="v")
>>> plt.title("Violin Plot of SAT Verbal Score")
>>> plt.ylabel("SAT Verbal")
>>> plt.text(0.08, 780, "outlier threshold",
horizontalalignment='center', size='x-small')
>>> plt.text(0.065, nls97.satverbal.quantile(0.75), "3rd
quartile", horizontalalignment='center', size='x-small')
>>> plt.text(0.05, nls97.satverbal.median(), "Median",
horizontalalignment='center', size='x-small')
>>> plt.text(0.065, nls97.satverbal.quantile(0.25), "1st
quartile", horizontalalignment='center', size='x-small')
>>> plt.text(0.08, 210, "outlier threshold",
horizontalalignment='center', size='x-small')
>>> plt.text(-0.4, 500, "frequency",
horizontalalignment='center', size='x-small')
>>> plt.show()
```

其输出的小提琴图如图 5.12 所示。

（3）获得工作周数的一些描述性信息。

```
>>> nls97.loc[:, ['weeksworked16','weeksworked17']].describe()
           weeksworked16  weeksworked17
count              7,068          6,670
mean                  39             39
std                   21             19
```

```
min                 0          0
25%                23         37
50%                53         49
75%                53         52
max                53         52
```

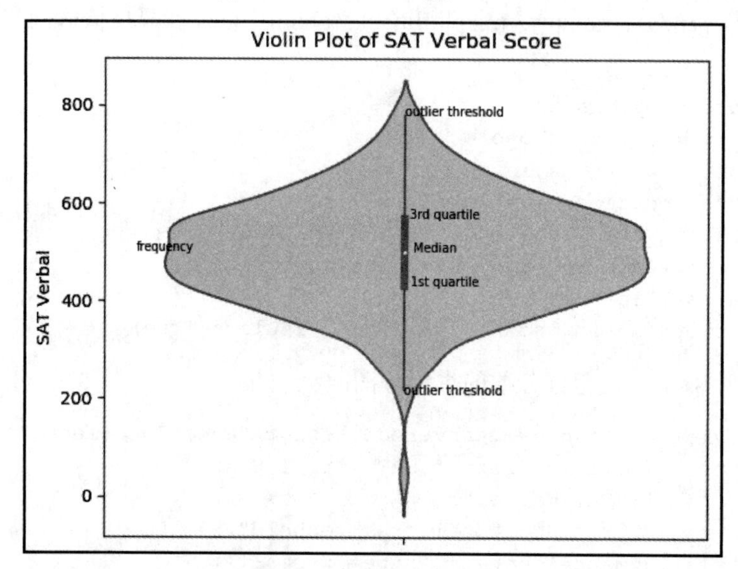

图 5.12　SAT 词汇考试分数的小提琴图，包含 IQR 和离群值阈值的标签

（4）显示在 2016 年和 2017 年的工作周数。

使用面向对象的方法可以更轻松地访问某些轴的属性。可以看到，weeksworked 的分布是双峰分布，凸起在分布的顶部和底部附近。另外还可以看到，2016 年和 2017 年的 IQR 有很大的不同。

```
>>> myplt = sns.violinplot(data=nls97.loc[:, ['weeksworke d16',
'weeksworked17']])
>>> myplt.set_title("Violin Plots of Weeks Worked")
>>> myplt.set_xticklabels(["Weeks Worked 2016","Weeks Worked 2017"])
>>> plt.show()
```

其小提琴图输出结果如图 5.13 所示。

（5）按性别和婚姻状况分组，绘制工资收入的小提琴图。

首先，创建一个折叠的婚姻状况列（maritalstatuscollapsed）。指定 x 轴为性别，指定 y 轴为薪水，并指定 hue 参数为一个新的已折叠的婚姻状况列。hue 参数用于分组，它将被添加到 x 轴已使用的任何分组中。还可以指定 scale = "count"，以指示生成小提琴图的大小将根据每个分类中的观察值数量而定。

```
>>> nls97["maritalstatuscollapsed"] = nls97.maritalstatus.\
...     replace(['Married','Never-married','Divorced','Sepa rated',
'Widowed'],\
...     ['Married','Never Married','Not Married','Not Married','Not
Married'])
>>> sns.violinplot(nls97.gender, nls97.wageincome,
hue=nls97.maritalstatuscollapsed, scale="count")
>>> plt.title("Violin Plots of Wage Income by Gender and Marital Status")
>>> plt.xlabel('Gender')
>>> plt.ylabel('Wage Income 2017')
>>> plt.legend(title="", loc="upper center", framealpha=0, fontsize=8)
>>> plt.tight_layout()
>>> plt.show()
```

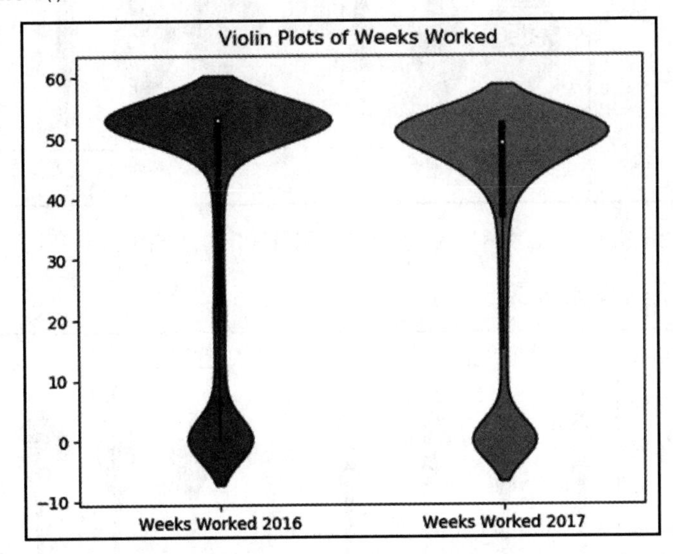

图 5.13　工作周数小提琴图，并排显示了两个变量的分布范围和形状

其输出的小提琴图如图 5.14 所示。

（6）按获得的最高学历绘制工作周数的小提琴图。

```
>>> myplt = sns.violinplot('highestdegree','weeksworked17', data=nls97,
rotation=40)
>>> myplt.set_xticklabels(myplt.get_xticklabels(), rotation=60,
horizontalalignment='right')
>>> myplt.set_title("Violin Plots of Weeks Worked by Highest Degree")
>>> myplt.set_xlabel('Highest Degree Attained')
>>> myplt.set_ylabel('Weeks Worked 2017')
```

```
>>> plt.tight_layout()
>>> plt.show()
```

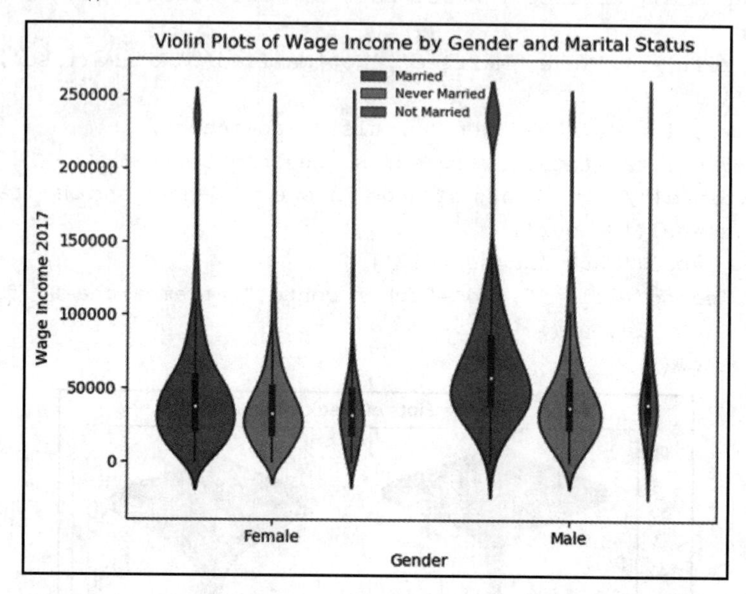

图 5.14　小提琴图显示了按两个不同组划分的分布的范围和形状

其输出的小提琴图如图 5.15 所示。

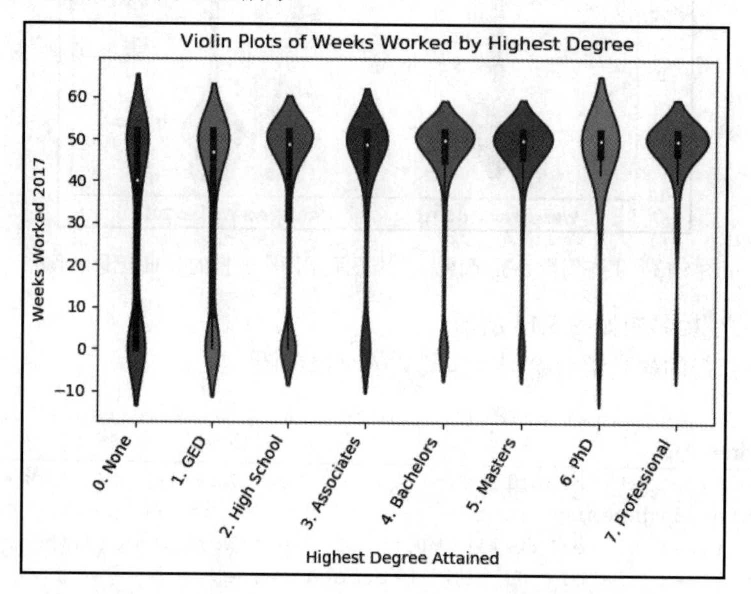

图 5.15　小提琴图显示了按组划分的分布的范围和形状

上述步骤显示有很多小提琴图都可以告诉我们 DataFrame 中连续变量的分布方式，以及这些变量的分布如何随分组而发生变化。

5.5.3　原理解释

与箱形图类似，小提琴图也将显示中位数、第一个四分位数（Q1）和第三个四分位数（Q3）以及胡须。它还可以显示变量值的相对频率。当垂直显示小提琴图时，相对频率是给定点的宽度。

在步骤（2）中生成的小提琴图以及相关的注解提供了很好的说明。从该小提琴图中可以看出，SAT 词汇考试分数的分布与正态分布没有显著差异（下边缘的极值除外）。最大隆起（最大宽度）就在中位数上，从该位置出现了相当对称的下降。中位数与第一个四分位数（Q1）和第三个四分位数（Q3）相对等距。

可以通过将一个或多个数据 Series 传递给 violinplot 方法在 Seaborn 中创建小提琴图。还可以传递整个 DataFrame（包含一列或多列数据）。在步骤（4）中传递的就是包含多列的 DataFrame，因为我们要绘制多个连续变量的图形。

有时我们还需要对图例进行一些试验，以使其既能提供足够的信息又不会喧宾夺主，造成视觉上的混乱。在步骤（5）中，使用了以下命令删除图例标题（因为从值上来看，图例已经足够清晰），然后将图例放置在图中的最佳位置，并使其外框透明（framealpha = 0）。

```
plt.legend(title="", loc="upper center", framealpha=0, fontsize=8)
```

我们可以通过多种方式将数据 Series 传递给 violinplot。如果你未使用"x ="或"y ="表示轴，或使用了"hue ="分组，则 Seaborn 将根据顺序进行计算。例如，在步骤（5）中，我们执行了以下操作。

```
sns.violinplot(nls97.gender, nls97.wageincome,hue=nls97.
maritalstatuscollapsed, scale="count")
```

如果执行以下操作，则将获得相同的结果。

```
sns.violinplot(x=nls97.gender, y=nls97.wageincome, hue=nls97.
maritalstatuscollapsed, scale="count")
```

也可以按以下方式获得相同的结果。

```
sns.violinplot(y=nls97.wageincome, x=nls97.gender, hue=nls97.
maritalstatuscollapsed, scale="count")
```

尽管我们在本秘笈中强调了这种灵活性，但是这些将数据发送到 Matplotlib 和 Seaborn 中的技术同样适用于本章中讨论的所有绘图方法（尽管并非所有方法都具有 hue 参数）。

5.5.4　扩展知识

一旦掌握了小提琴图的应用，那么你就对它们能够在一个图形上提供的如此大量的信息感到满意。我们了解了分布的形状、中心趋势和扩散情况。此外，我们还可以轻松为数据的不同子集显示该信息。

在步骤（3）和步骤（4）中可以看到，2016 年工作周数的分布与 2017 年工作周数的差异足够大，其 IQR 完全不同，2016 年为 30（23～53），2017 年为 15（37～52）。

在检查步骤（5）中生成的小提琴图时，可以看到有关工资收入分配的一个不寻常的事实。在已婚男性和某些已婚女性的分布中，在收入分布的顶部有很多收入。对于工资收入分布来说，这是非常不寻常的。事实证明，工资收入的上限似乎为 235884 美元。在包括工资收入在内的未来分析中，我们应该考虑到这一点。

收入分布在性别和婚姻状况上具有相似的形状，凸起略低于中位数，并延伸出正尾。IQR 的长度相对相似。但是，已婚男性的收入分布明显高于其他分组群体（如果轴的方向是横向，则是在右面）。

正如我们在先前的秘笈中使用箱形图对相同数据所发现的那样，按获得的学位分组绘制工作周数的小提琴图时，可以看到完全不同的分布。

但是，在这里更清楚的是受教育水平较低者在分布上的双峰性质。对于没有大学学位的个人来说，在工作周数的低值上会出现一堆值（也就是说，有很多人失业或没有固定工作）。

在此秘笈中，我们仅使用了 Seaborn 绘制小提琴图，其实使用 Matplotlib 也是可以的。但是，Matplotlib 中小提琴图的默认图形看起来与 Seaborn 的图形有很大的不同。

5.5.5　参考资料

将本秘笈中的小提琴图与本章之前秘笈中的直方图、箱形图和分组箱形图进行比较可能会有助于对它们的理解。

5.6　使用散点图查看双变量关系

如果说，数据分析师依赖的图形第一名是直方图，那么第二名就是散点图（个人观点）。我们都习惯查看可以从两个维度说明的关系。散点图可以捕获重要的现实世界现象（换言之，就是变量之间的关系），并且对于大多数人而言非常直观。这使得散点图成为可视化工具包的宝贵补充。

5.6.1 准备工作

此秘笈需要使用 Matplotlib 和 Seaborn。

此外，本示例将使用 landtemps 数据集，该数据集提供了 2019 年全球 12095 个气象站的平均温度。

5.6.2 实战操作

本示例将介绍更多的散点图技能，并可视化更复杂的关系。

通过在一张图表上显示多个散点图，创建 3D 散点图，并显示多条回归线，以显示平均温度、纬度和海拔之间的关系。

（1）加载 pandas、numpy、matplotlib、Axes3D 模块和 seaborn。

```
>>> import pandas as pd
>>> import numpy as np
>>> import matplotlib.pyplot as plt
>>> from mpl_toolkits.mplot3d import Axes3D
>>> import seaborn as sns
>>> landtemps = pd.read_csv("data/landtemps2019avgs.csv")
```

（2）根据平均温度绘制纬度（latabs）散点图。

```
>>> plt.scatter(x="latabs", y="avgtemp", data=landtemps)
>>> plt.xlabel("Latitude (N or S)")
>>> plt.ylabel("Average Temperature (Celsius)")
>>> plt.yticks(np.arange(-60, 40, step=20))
>>> plt.title("Latitude and Average Temperature in 2019")
>>> plt.show()
```

其输出的散点图如图 5.16 所示。

（3）用红色显示高海拔点。

创建低和高海拔的 DataFrame。可以看到，在每个纬度上，高海拔点在图形上通常都会较低（即更凉一些）。

```
>>> low, high = landtemps.loc[landtemps.elevation<=1000],
landtemps.loc[landtemps.elevation>1000]
>>> plt.scatter(x="latabs", y="avgtemp", c="blue", data=low)
>>> plt.scatter(x="latabs", y="avgtemp", c="red", data=high)
>>> plt.legend(('low elevation', 'high elevation'))
>>> plt.xlabel("Latitude (N or S)")
```

```
>>> plt.ylabel("Average Temperature (Celsius)")
>>> plt.title("Latitude and Average Temperature in 2019")
>>> plt.show()
```

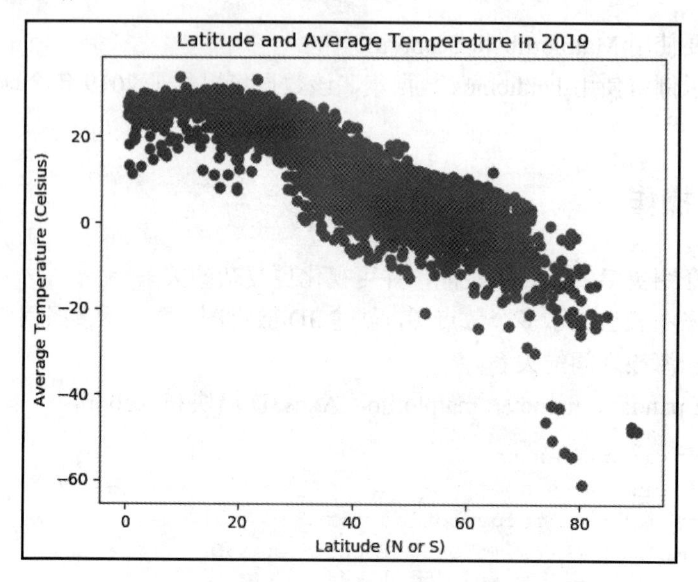

图 5.16　根据平均温度绘制的纬度散点图

其输出的散点图如图 5.17 所示。

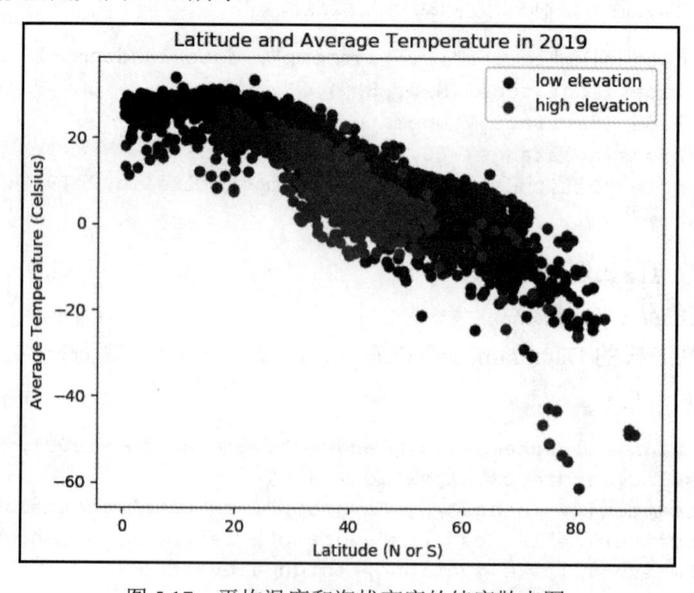

图 5.17　平均温度和海拔高度的纬度散点图

（4）查看温度、纬度和海拔的三维图。

看起来，随着高海拔气象站纬度的增加，温度下降的幅度更大了。

```
>>> fig = plt.figure()
>>> plt.suptitle("Latitude, Temperature, and Elevation in 2019")
>>> ax.set_title('Three D')
>>> ax = plt.axes(projection='3d')
>>> ax.set_xlabel("Elevation")
>>> ax.set_ylabel("Latitude")
>>> ax.set_zlabel("Avg Temp")
>>> ax.scatter3D(low.elevation, low.latabs, low.avgtemp,
label="low elevation", c="blue")
>>> ax.scatter3D(high.elevation, high.latabs, high.avgtemp,
label="high elevation", c="red")
>>> ax.legend()
>>> plt.show()
```

其输出的散点图如图 5.18 所示。

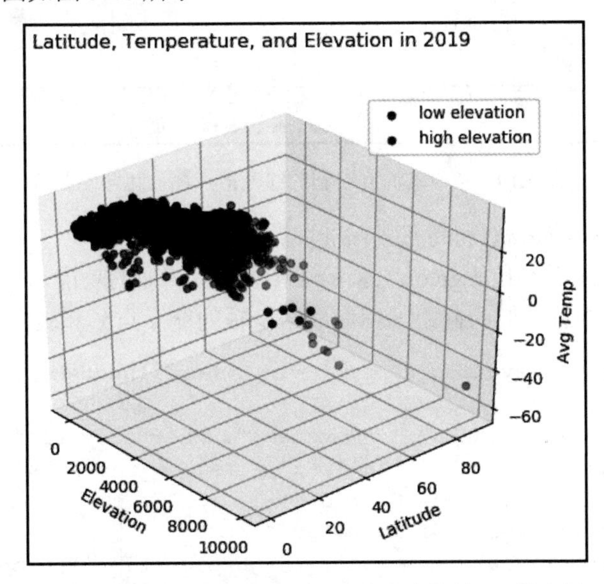

图 5.18　基于平均温度绘制的纬度和海拔的 3D 散点图

（5）在温度数据上显示纬度回归线。

使用 regplot 获得回归线。

```
>>> sns.regplot(x="latabs", y="avgtemp", color="blue", data=landtemps)
>>> plt.title("Latitude and Average Temperature in 2019")
```

```
>>> plt.xlabel("Latitude (N or S)")
>>> plt.ylabel("Average Temperature")
>>> plt.show()
```

其输出的散点图如图 5.19 所示。

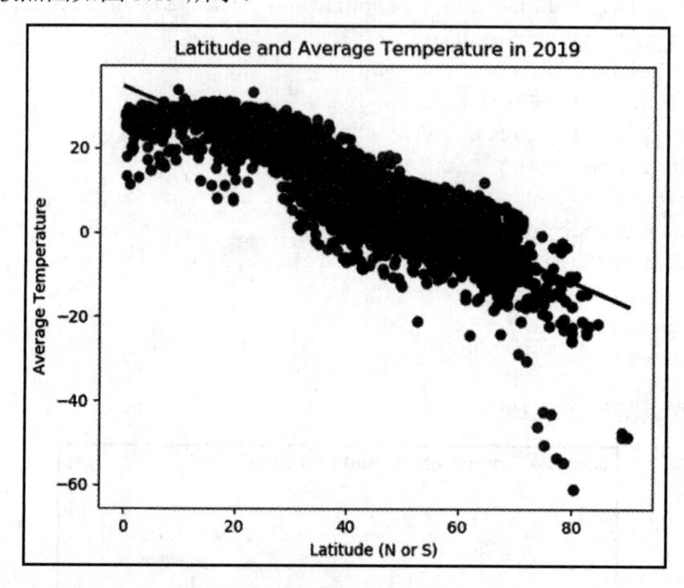

图 5.19　按平均温度绘制的纬度散点图，包含回归线

（6）分别显示低海拔站和高海拔站的回归线。

这次使用 lmplot 而不是 regplot。这两种方法具有相似的功能。

高海拔站似乎具有较低的截距（回归线与 y 轴的交叉点）和较陡的负斜率。

```
>>> landtemps['elevation_group'] = np.where(landtemps.elevation<=1000,
'low','high')
>>> sns.lmplot(x="latabs", y="avgtemp", hue="elevation_group",
palette=dict(low="blue", high="red"), legend_out=False, data=landtemps)
>>> plt.xlabel("Latitude (N or S)")
>>> plt.ylabel("Average Temperature")
>>> plt.legend(('low elevation', 'high elevation'), loc='lower left')
>>> plt.yticks(np.arange(-60, 40, step=20))
>>> plt.title("Latitude and Average Temperature in 2019")
>>> plt.tight_layout()
>>> plt.show()
```

其输出的散点图如图 5.20 所示。

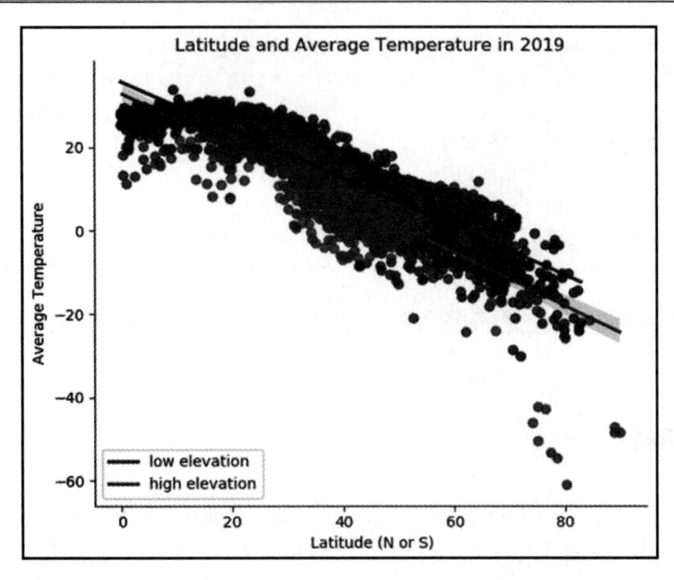

图 5.20　按温度绘制的纬度散点图，带有相应的海拔回归线

（7）显示一些在高海拔和低海拔回归线上方的气象站。

```
>>> high.loc[(high.latabs>38) & (high.avgtemp>=18),\
... ['station','country','latabs','elevation','avgtemp']]
            station         country   latabs  elevation   avgtemp
3985        LAJES_AB       Portugal       39      1,016        18
5870   WILD_HORSE_6N  United States       39      1,439        23
>>> low.loc[(low.latabs>47) & (low.avgtemp>=14),
... ['station','country','latabs','elevation','avgtemp']]
                   station         country  latabs  elevation  avgtemp
1062        SAANICHTON_CDA          Canada      49         61       18
1160       CLOVERDALE_EAST          Canada      49         50       15
6917   WINNIBIGOSHISH_DAM  United States      47        401       18
7220              WINIFRED  United States      48        988       16
```

（8）显示一些在高海拔和低海拔回归线下方的气象站。

```
>>> high.loc[(high.latabs<5) & (high.avgtemp<18),\
... ['station','country','latabs','elevation','avgtemp']]
              station   country  latabs  elevation  avgtemp
2273  BOGOTA_ELDORADO  Colombia       5      2,548       15
2296         SAN_LUIS  Colombia       1      2,976       11
2327         IZOBAMBA   Ecuador       0      3,058       13
2331            CANAR   Ecuador       3      3,083       13
2332  LOJA_LA_ARGELIA   Ecuador       4      2,160       17
```

```
>>> low.loc[(low.latabs<50) & (low.avgtemp<-9),
... ['station','country','latabs','elevation','avgtemp']]
                  station        country  latabs  elevation  avgtemp
1204   FT_STEELE_DANDY_CRK        Canada      50        856      -12
1563                BALDUR        Canada      49        450      -11
1852        POINTE_CLAVEAU        Canada      48          4      -11
1881      CHUTE_DES_PASSES        Canada      50        398      -13
6627         PRESQUE_ISLE   UnitedStates      47        183      -10
```

散点图是查看两个变量之间关系的非常好的方式。上述步骤还说明了如何显示数据的不同子集的关系。

5.6.3 原理解释

只要提供对应于 x 和 y 的列名称以及一个 DataFrame 即可绘制散点图。其他的都不是必需的。对于散点图来说，可以获得与直方图和箱形图相同的图形及其轴的属性的访问权限，包括标题、轴标签、刻度线和标签等。请注意，要访问诸如轴（而不是图形）上的标签之类的属性时，将使用 set_xlabels 或 set_ylabels，而不是 xlabels 或 ylabels。

3D 绘图要复杂一些。首先，我们需要导入 Axes3D 模块。然后，像在步骤（4）中一样，将轴的投影设置为 3d，其语句如下。

```
plt.axes(projection ='3d')
```

然后可以对每个子图使用 scatter3D 方法。

由于散点图旨在说明回归变量（x 变量）和因变量之间的关系，因此在散点图中查看最小二乘回归线（least-squares regression line）非常有帮助。Seaborn 为此提供了两种方法，即 regplot 和 lmplot。作者通常使用的是 regplot，因为它消耗的资源较少。但是有时候，我们也需要 lmplot 的功能。在步骤（6）中就使用 lmplot 及其 hue 属性为每个海拔级别生成了单独的回归线。

在步骤（7）和步骤（8）中，我们查看了一些气象站的离群值。这些气象站观测到的温度远高于或远低于其分组的回归线。例如，使用以下语句可查看到葡萄牙的 LAJES_AB 气象站和美国的 WILD_HORSE_6N 气象站。

```
(high.latabs > 38)&(high.avgtemp >= 18)
```

这些气象站测得的平均温度高于在该纬度和海拔级别的预期温度。

类似地，加拿大有 4 个气象站，美国有一个气象站，它们的海拔低，并且平均温度低于预期值，这可以通过以下语句查看到。

```
(low.latabs < 50) & (low.avgtemp <-9)
```

5.6.4　扩展知识

我们可以看到纬度和平均温度之间的预期关系，温度会随着纬度的增加而下降，但是海拔也是另一个重要因素。因此，能够一次可视化这 3 个变量可以帮助我们更轻松地识别离群值。当然，还有其他与温度有关的因素，如温暖的洋流。

遗憾的是，在此数据集中并无该数据。

散点图非常适合可视化两个连续变量之间的关系。通过一些调整，Matplotlib 和 Seaborn 的散点图工具还可以提供 3 个变量之间的某种关联的意义。例如，添加第三个维度，创造性地使用颜色（当第三个维度是分类数据时）或更改点的大小（4.6 节“使用线性回归来确定具有重大影响的数据点”即提供了这样一个示例）。

5.6.5　参考资料

本章主要介绍的是通过可视化方法识别意外的值。但是，这些可视化图形也适用于在第 4 章“识别缺失值和离群值”中进行的多变量分析。尤其是线性回归分析和仔细查看残差将有助于识别离群值。

5.7　使用折线图检查连续变量的趋势

要可视化规则的时间间隔内连续变量的值，常见的方式是使用折线图（line plot），当然，有时条形图（bar plot）也可用于时间间隔较少的情况。在此秘笈中，我们将使用折线图显示变量趋势，并按分组检查趋势的突然偏差和随时间变化的值的差异。

5.7.1　准备工作

在此秘笈中，我们将使用新冠疫情的每日病例数据。在以前的秘笈中，使用的是按国家/地区划分的病例数总计数据。除了在其他秘笈中使用过的相同的人口统计变量之外，新冠疫情的每日数据还为我们提供了每个国家/地区每天的新病例数和新死亡人数。

需要安装 Matplotlib 才能运行此秘笈中的代码。

5.7.2　实战操作

本示例将使用折线图来可视化新冠疫情每日病例数和死亡数的趋势。我们将按区域创建折线图，并通过堆积图更好地了解一个国家/地区对整个区域的病例数的推升作用。

（1）导入 pandas、numpy、matplotlib、matplotlib.dates 和 DateFormatter。

```
>>> import pandas as pd
>>> import numpy as np
>>> import matplotlib.pyplot as plt
>>> import matplotlib.dates as mdates
>>> from matplotlib.dates import DateFormatter
>>> coviddaily = pd.read_csv("data/coviddaily720.csv",
parse_dates=["casedate"])
```

（2）查看新冠疫情每日数据的若干行。

```
>>> coviddaily.sample(2, random_state=1).T
                          2478              9526
iso_code                   BRB               FRA
casedate            2020-06-11        2020-02-16
location              Barbados            France
continent        North America            Europe
new_cases                    4                 0
new_deaths                   0                 0
population             287,371        65,273,512
pop_density                664               123
median_age                  40                42
gdp_per_capita          16,978            38,606
hosp_beds                    6                 6
region               Caribbean    Western Europe
```

（3）按天计算新病例和死亡人数。

选择 2020-02-01—2020-07-12 的日期，然后使用 groupby 汇总每天所有国家/地区的病例和死亡情况。

```
>>> coviddailytotals = coviddaily.loc[coviddaily.
casedate.between('2020-02-01','2020-07-12')].\
...    groupby(['casedate'])[['new_cases','new_deaths']].\
...    sum().\
...    reset_index()
>>>
>>> coviddailytotals.sample(7, random_state=1)
       casedate  new_cases  new_deaths
44   2020-03-16     12,386         757
47   2020-03-19     20,130         961
94   2020-05-05     77,474       3,998
```

```
78    2020-04-19     80,127         6,005
160   2020-07-10    228,608         5,441
11    2020-02-12      2,033            97
117   2020-05-28    102,619         5,168
```

（4）绘制每天新病例和新死亡人数的折线图。

在不同的子图上显示新病例数和新死亡人数。

```
>>> fig = plt.figure()
>>> plt.suptitle("New Covid Cases and Deaths By Day Worldwide in 2020")
>>> ax1 = plt.subplot(2,1,1)
>>> ax1.plot(coviddailytotals.casedate, coviddailytotals.new_cases)
>>> ax1.xaxis.set_major_formatter(DateFormatter("%b"))
>>> ax1.set_xlabel("New Cases")
>>> ax2 = plt.subplot(2,1,2)
>>> ax2.plot(coviddailytotals.casedate, coviddailytotals.new_deaths)
>>> ax2.xaxis.set_major_formatter(DateFormatter("%b"))
>>> ax2.set_xlabel("New Deaths")
>>> plt.tight_layout()
>>> fig.subplots_adjust(top=0.88)
>>> plt.show()
```

其输出的折线图如图5.21所示。

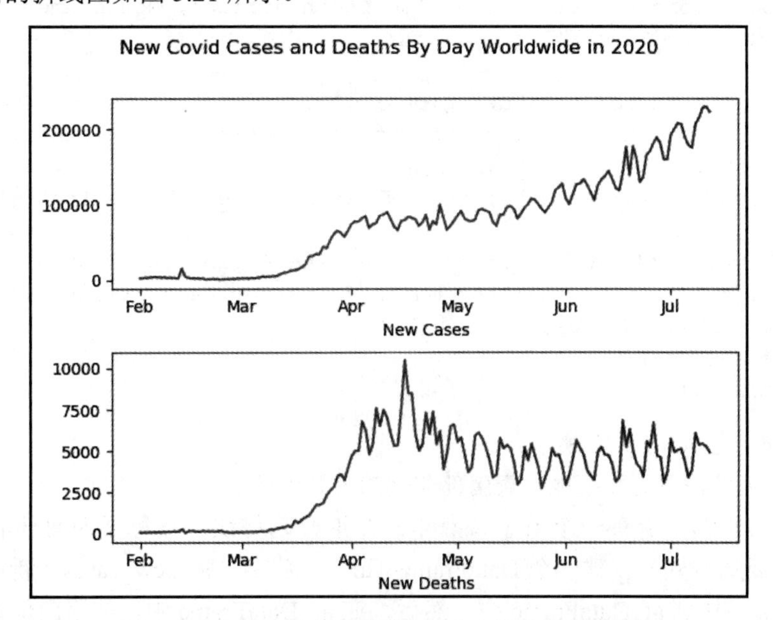

图5.21　全球新冠疫情病例和死亡人数的每日趋势线

（5）按日期和区域计算新病例和死亡人数。

```
>>> regiontotals = coviddaily.loc[coviddaily.casedate.
between('2020-02-01','2020-07-12')].\
...    groupby(['casedate','region'])[['new_cases','new_deaths']].\
...    sum().\
...    reset_index()
>>>
>>> regiontotals.sample(7, random_state=1)
       casedate           region  new_cases  new_deaths
1518  2020-05-16    North Africa        634          28
2410  2020-07-11    Central Asia      3,873          26
870   2020-04-05  Western Europe     30,090       4,079
1894  2020-06-08  Western Europe      3,712         180
790   2020-03-31  Western Europe     30,180       2,970
2270  2020-07-02    North Africa      2,006          89
306   2020-02-26   Oceania / Aus          0           0
```

（6）按选定区域显示新病例的折线图。

循环遍历 showregions 中的区域。对每个区域按天绘制 new_cases 总数的折线图。使用 gca 方法获取 x 轴并设置日期格式。

```
>>> showregions = ['East Asia','Southern Africa','North America',
...    'Western Europe']
>>>
>>> for j in range(len(showregions)):
...   rt = regiontotals.loc[regiontotals.region==showregions[j],
...     ['casedate','new_cases']]
...   plt.plot(rt.casedate, rt.new_cases, label=showregions[j])
...
>>> plt.title("New Covid Cases By Day and Region in 2020")
>>> plt.gca().get_xaxis().set_major_formatter(DateFormatter("%b"))
>>> plt.ylabel("New Cases")
>>> plt.legend()
>>> plt.show()
```

其输出折线图如图 5.22 所示。

（7）使用堆积图更仔细地检查南部非洲的上升趋势。

查看南部非洲是否有一个国家（南非）在推升趋势线。按每天为南部非洲地区的 new_cases（新病例数）创建一个 DataFrame（af）。将南非的 new_cases（新病例数）作为一个 Series 添加到 af DataFrame 中。然后，在 af DataFrame 中，使用南部非洲的病例数减去南非的病例数，创建一个新的 Series（afcasesnosa）。

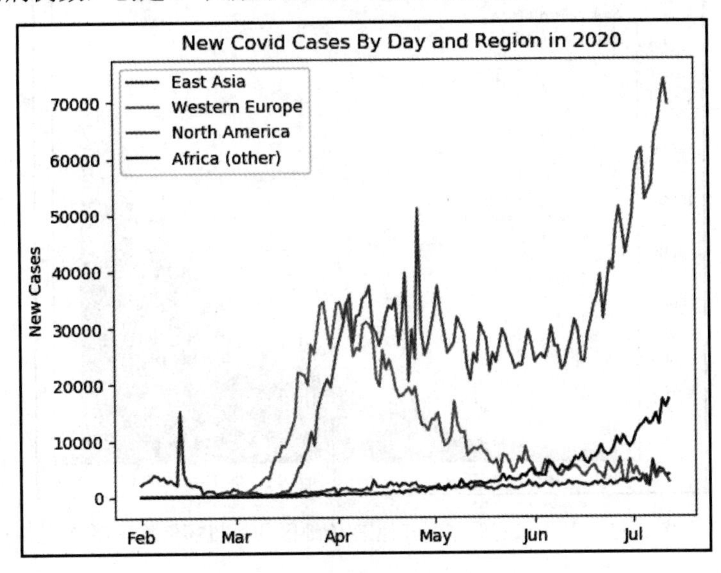

图 5.22 按区域划分的新冠疫情病例的每日趋势线

我们仅选择 4 月或更晚的数据，因为这是新病例数开始增加的时候。

```
>>> af = regiontotals.loc[regiontotals.region=='Southern Africa',
...     ['casedate','new_cases']].rename(columns={'new_cases':'afcases'})
>>> sa = coviddaily.loc[coviddaily.location=='South Africa',
...     ['casedate','new_cases']].rename(columns={'new_cases':'sacases'})
>>> af = pd.merge(af, sa, left_on=['casedate'], right_on=['casedate'],
how="left")
>>> af.sacases.fillna(0, inplace=True)
>>> af['afcasesnosa'] = af.afcases-af.sacases
>>> afabb = af.loc[af.casedate.between('2020-04-01','2020-07-12')]
>>> fig = plt.figure()
>>> ax = plt.subplot()
>>> ax.stackplot(afabb.casedate, afabb.sacases, afabb.afcasesnosa,
labels=['South Africa','Other Southern Africa'])
>>> ax.xaxis.set_major_formatter(DateFormatter("%m-%d"))
>>> plt.title("New Covid Cases in Southern Africa")
>>> plt.tight_layout()
>>> plt.legend(loc="upper left")
>>> plt.show()
```

其输出的堆积图如图 5.23 所示。

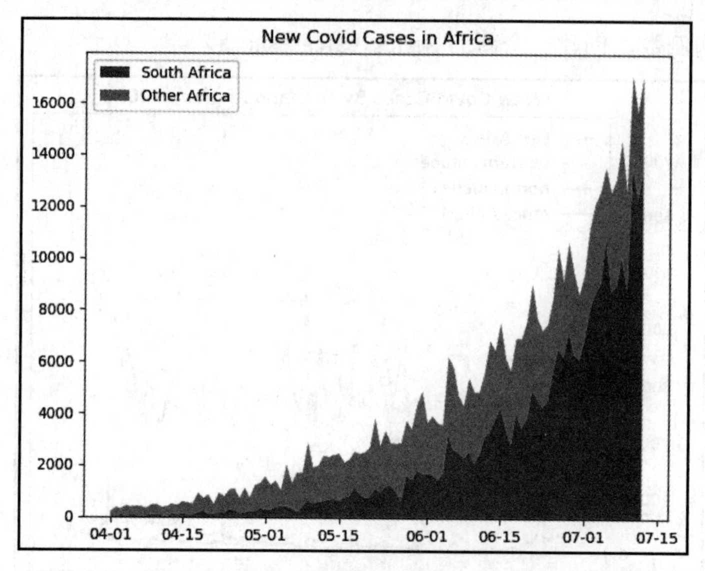

图 5.23　南非和南部非洲其他国家/地区的每日病例堆积趋势

上述步骤显示了如何使用折线图检查随着时间的推移而出现的变量趋势，以及如何在一个图形上显示不同组的趋势。

5.7.3　原理解释

在绘制折线图之前，我们需要对新冠疫情的每日数据进行一些处理。在步骤（3）中，使用了 groupby 来汇总所有国家/地区每天的新病例和死亡人数。而在步骤（5）中，则使用了 groupby 来汇总每个区域每天的新病例和死亡人数。

在步骤（4）中，使用了以下语句设置我们的第一个子图。

```
plt.subplot(2,1,1)
```

这将为我们提供一个包含两行一列的图形。第三个参数 1 表示此子图将是第一个或最上层的子图。我们可以传递一个日期和 y 轴值的数据 Series。到目前为止，这完全就是我们曾经对 hist、scatterplot、boxplot 和 violinplot 方法所做的工作。这 4 个方法对应绘制的就是直方图、散点图、箱形图和小提琴图。

由于在此处使用了日期，因此可以利用 Matplotlib 的实用程序进行日期格式设置，并指示仅显示月份，其语句如下。

```
xaxis.set_major_formatter(DateFormatter("%b"))
```

由于我们使用的是子图，因此使用了 set_xlabel 而不是 xlabel 来指示我们想要设置的 x 轴的标签。

在步骤（6）中显示了 4 个选定区域的折线图。为此，我们为要绘制的每个区域调用了 plot 方法。其实也可以为所有区域绘制此图，只不过那样的话图形会显得有一些乱，所以我们仅选择了 4 个区域的数据绘图。

在步骤（7）中，有必要执行一些额外的操作，以将南非的病例数从南部非洲的病例数中凸显出来。在完成此操作之后，即可对南部非洲的病例数（减去南非的病例数）和南非的病例数进行叠加处理。绘图结果表明，南部非洲地区病例数的增加几乎完全是由南非一国的增加而造成的。

5.7.4　扩展知识

步骤（6）中绘制的图形显示了一些潜在的数据问题。东亚 2 月中旬和北美 4 月下旬出现了异常高峰。检查这些异常很重要，它可以帮助我们搞清楚是否存在数据收集错误。

在图 5.22 中显示出来的区域趋势差异让人很难忽视。当然，这有很多原因。不同的线条反映了我们所知道的关于国家/地区和区域的不同传播率的现实。但是，分析人员有必要探索趋势线的方向或斜率的任何重大变化，以确认数据是准确的。例如，我们希望能够解释 4 月初在西欧以及 6 月初在北美和南部非洲发生的情况。一个问题是，趋势是否反映了整个区域的变化（如西欧 4 月初的下降），还是仅反映了该区域一两个大国（例如北美的美国和南部非洲的南非）的变化。

5.7.5　参考资料

在第 7 章“聚合时修复混乱数据”中，将更详细地介绍 groupby。

在第 8 章“组合 DataFrame”中，将详细讨论数据的合并。

5.8　根据相关性矩阵生成热图

两个变量之间的相关性是对它们一起移动的程度的度量。相关性为 1 表示两个变量完全正相关，即随着一个变量的大小增加，另一个变量也会增加；相关性为−1 表示它们完全负相关，即随着一个变量的大小增加，另一个变量反而会减小。相关性为 1 或−1 的情况是比较少见的，但是高于 0.5 或低于−0.5 的相关性也是有意义的。有若干种分析方法（如 Pearson、Spearman 和 Kendall）可以告诉我们这种关系是否在统计上有意义。由于本章的主题是可视化，因此我们将专注于一些重要的相关性。

5.8.1　准备工作

需要安装 Matplotlib 和 Seaborn 才能运行此秘笈中的代码。二者都可以使用 pip 安装，具体安装命令如下。

```
pip install matplotlib
pip install seaborn
```

5.8.2　实战操作

本示例将首先显示新冠疫情数据的相关矩阵（correlation matrix）的一部分，以及一些关键关系的散点图；然后将显示相关矩阵的热图，以可视化所有变量之间的相关性。

（1）导入 pandas、numpy、matplotlib 和 seaborn，并加载新冠疫情总计数据。

```
>>> import pandas as pd
>>> import numpy as np
>>> import matplotlib.pyplot as plt
>>> import seaborn as sns
>>> covidtotals = pd.read_csv("data/covidtotals.csv",
parse_dates=["lastdate"])
```

（2）生成相关矩阵。

查看矩阵的一部分。

```
>>> corr = covidtotals.corr()
>>> corr[['total_cases','total_deaths','total_cases_pm','total_deaths_pm']]
                 total_cases total_deaths total_cases_pm total_deaths_pm
total_cases             1.00         0.93           0.23            0.26
total_deaths            0.93         1.00           0.20            0.41
total_cases_pm          0.23         0.20           1.00            0.49
total_deaths_pm         0.26         0.41           0.49            1.00
population              0.34         0.28          -0.04           -0.00
pop_density            -0.03        -0.03           0.08            0.02
median_age              0.12         0.17           0.22            0.38
gdp_per_capita          0.13         0.16           0.58            0.37
hosp_beds              -0.01        -0.01           0.02            0.09
```

（3）显示每百万人口病例数与中位数年龄和人均 GDP 相关性的散点图。

使用 sharey = True 表示我们希望子图共享 *y* 轴值。

```
>>> fig, axes = plt.subplots(1,2, sharey=True)
>>> sns.regplot(covidtotals.median_age, covidtotals.total_cases_pm,
ax=axes[0])
>>> sns.regplot(covidtotals.gdp_per_capita, covidtotals.total_cases_pm,
ax=axes[1])
>>> axes[0].set_xlabel("Median Age")
>>> axes[0].set_ylabel("Cases Per Million")
>>> axes[1].set_xlabel("GDP Per Capita")
>>> axes[1].set_ylabel("")
>>> plt.suptitle("Scatter Plots of Age and GDP with Cases Per Million")
>>> plt.tight_layout()
>>> fig.subplots_adjust(top=0.92)
>>> plt.show()
```

其输出的散点图如图 5.24 所示。

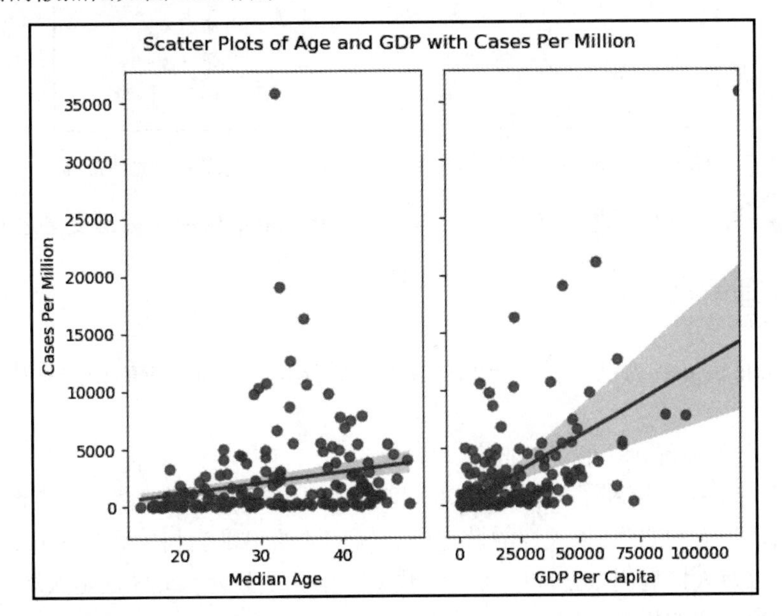

图 5.24　根据每百万人口病例数与中位数年龄和人均 GDP 的相关性绘制的散点图

（4）生成相关矩阵的热图。

```
>>> sns.heatmap(corr, xticklabels=corr.columns,
yticklabels=corr.columns, cmap="coolwarm")
>>> plt.title('Heat Map of Correlation Matrix')
>>> plt.tight_layout()
>>> plt.show()
```

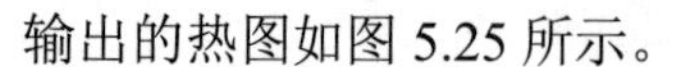

输出的热图如图 5.25 所示。

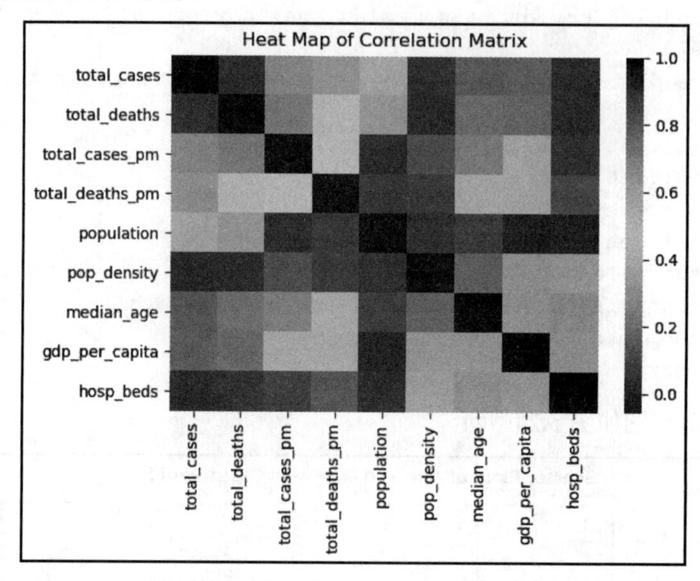

图 5.25　新冠疫情数据的热图，红色和浅红色之间的相关性最强

热图是一种很好的可视化方式，它可以显示 DataFrame 中所有关键变量之间的相关性。

5.8.3　原理解释

DataFrame 的 corr 方法可以生成所有数值变量与其他数值变量的相关系数（correlation coefficient）。

在步骤（2）中显示了相关矩阵的一部分。

在步骤（3）中，绘制了每百万人口病例数与中位数年龄相关性的散点图，以及每百万人口病例数与人均 GDP 相关性的散点图。图 5.24 给出了当相关系数为 0.22（这是中位数年龄和每百万人口病例数之间的相关系数）和相关系数为 0.58（这是人均 GDP 和每百万人口病例数之间的相关系数）时的外观。

中位数年龄和每百万人口病例数之间的关系不大，人均 GDP 和每百万人口病例数之间则存在更多的关系。

步骤（4）中的热图为步骤（2）创建的相关矩阵提供了可视化效果。所有红色方块均为 1.0 的相关性（这是变量与自身的相关性）。total_cases 和 total_deaths 之间具有很强的相关性（0.93），以稍浅的红色显示。另外还有一些浅褐色的方块（例如，表示每百万人口病例数与人均 GDP 之间相关性的方块），它们的相关系数为 0.55～0.65。

此外还可以看到，人均 GDP 和中位数年龄、每千人病床位和中位数年龄，它们之间均呈正相关（以浅褐色显示）。

5.8.4　扩展知识

在进行探索性分析或统计建模时，始终检视相关矩阵或热图会很有帮助。当我们能够牢记这些双变量关系时，即可更好地理解数据。

5.8.5　参考资料

在 4.4 节“识别双变量关系中的离群值和意外值”中，详细介绍了检查两个变量之间关系的工具。

第 6 章　使用 Series 操作清洗和探索数据

在本书前几章的秘笈中，我们的基本操作是导入一些原始数据，然后生成有关重要变量的描述性统计信息，这使我们对这些变量的值的分布情况有所了解，并可帮助我们识别离群值和意外值。然后，我们检查了变量之间的关系以查找模式，以及数据与这些模式的偏差，包括逻辑上的不一致等。简而言之，到目前为止，我们的主要目标是弄清楚数据的面貌。

本章中的秘笈将演示在确定了要执行的操作之后，如何使用 Pandas 方法更新 Series 值（如前文所述，Series 是 Pandas 的两个主要数据结构之一，它是一个一维数组对象；另一个数据结构是 DataFrame，是一个表格型的数据结构）。理想情况下，在处理变量值之前，我们需要花一些时间仔细检查数据；在更新变量的值之前，或在基于它们创建新变量之前，应该先测量中心趋势、分布形状和分布的指标、相关性以及可视化等。我们还应该对离群值和缺失值有一个很好的认识，了解它们对汇总统计数据的影响方式，并制订估算新值或进行其他调整的初步计划。

在完成上述操作之后，即可开始执行一些数据清洗任务。这些任务通常涉及直接使用 Pandas Series 对象，而不论是要更改现有 Series 的值还是创建新的 Series。这通常涉及有条件地更改值（即仅更改满足特定条件的值），或基于 Series 的现有值或另一个 Series 的值分配多个可能的值。

无论是针对要更改的 Series 还是标准 Series，我们如何分配这些值的方式都随 Series 的数据类型而有很大不同。查询和清洗字符串数据与包含日期或数字数据的那些任务几乎没有相似之处。对于字符串而言，我们经常需要评估某个字符串片段是否具有某个值，是否去除一些无意义的字符串，或者将该值转换为数字或日期值。而对于日期来说，我们可能需要查找无效日期或超出范围的日期，甚至计算日期间隔。

幸运的是，Pandas Series 具有大量用于处理字符串、数字和日期值的工具。本章将详细讨论许多最有用的工具。

本章包括以下秘笈。

- 从 Pandas Series 中获取值。
- 显示 Pandas Series 的摘要统计信息。
- 更改 Series 值。
- 有条件地更改 Series 值。
- 评估和清洗字符串 Series 数据。

- ❑ 处理日期。
- ❑ 识别和清洗缺失的数据。
- ❑ 使用 k 最近邻算法填充缺失值。

6.1　技 术 要 求

本章的代码和 Notebook 可在 GitHub 上获得，其网址如下。

https://github.com.com/PacktPublishing/Python-Data-Cleaning-Cookbook

6.2　从 Pandas Series 中获取值

Pandas Series 是采用 NumPy 数据类型的一维数组状结构。每个 Series 也都有一个索引。即数据标签数组。如果在创建 Series 时未指定索引，则它将使用默认索引 0～*N*−1（*N* 是 Series 中的值的个数）。

有多种方法可以创建一个 Pandas Series，包括从列表、字典、NumPy 数组或标量中创建。在数据清洗工作中，我们经常会使用属性访问（dataframename.columnname）或括号表示法（dataframename ['columnname']）访问包含 DataFrame 列的 Series。不能使用属性访问来设置 Series 的值，但是括号表示法将适用于所有 Series 操作。

在本秘笈中，我们将探讨从 Pandas Series 中获取值的若干种方法。这些技术与我们用来从 Pandas DataFrame 中获取行的方法非常相似。在 3.4 节“选择行”中，详细介绍了从 Pandas DataFrame 中选择行的方法。

6.2.1　准备工作

此秘笈将使用来自美国国家青年纵向调查（NLS）的数据，主要使用的是有关每个受访者的整体高中平均绩点（grade point average，GPA）的数据。绩点的计算，是将学生修过的每一门课程（包括重修的课程）的课程绩点乘以该门课程的学分，累加后再除以总学分。平均学分绩点可以作为学生学习能力与质量的综合评价指标之一。

注意：[①]

NLS 是由美国劳工统计局进行的。这项调查始于 1997 年的一组人群，这些人群出生

[①] 这里与英文原文的内容保持一致，保留了其中文翻译。

于 1980—1985 年，每年进行一次随访，直到 2017 年。该调查数据可公开使用，其网址如下。

https://www.nlsinfo.org/investigator/pages/search

6.2.2 实战操作

在此秘笈中，必须使用[ ]操作符以及 loc 和 iloc 访问器选择 Series 值。

（1）导入 pandas 和所需的 NLS 数据。

```
>>> import pandas as pd
>>> nls97 = pd.read_csv("data/nls97b.csv")
>>> nls97.set_index("personid", inplace=True)
```

（2）从平均绩点（GPA）列创建一个 Series。

使用 head 显示前几个值和相关的索引标签。head 默认显示的值的数量为 5。该 Series 的索引与 DataFrame 的索引相同，即 personid。

```
>>> gpaoverall = nls97.gpaoverall
>>> type(gpaoverall)
<class 'pandas.core.series.Series'>
>>> gpaoverall.head()
personid
100061   3.06
100139    nan
100284    nan
100292   3.45
100583   2.91
Name: gpaoverall, dtype: float64
>>> gpaoverall.index
Int64Index([100061, 100139, 100284, 100292, 100583, 100833, 100931, 101089,
            101122, 101132,
            ...
            998997, 999031, 999053, 999087, 999103,999291, 999406, 999543,
            999698, 999963],
           dtype='int64', name='personid', length=8984)
```

（3）使用方括号操作符选择 GPA 值。

使用切片可创建一个 Series，包含从第一个值到第五个值的每个值。

可以看到，我们得到的值与步骤（2）中使用 head 方法获得的值相同。在 gpaoverall [:5] 切片中，冒号左侧不包含值意味着它必须从头开始。gpaoverall [0:5] 将给出相同的结果。类似地，gpaoverall[-5:]将显示从倒数第五个位置到最后一个位置的值，产生的结果将与

gpaoverall.tail()相同。

```
>>> gpaoverall[:5]
personid
100061    3.06
100139     nan
100284     nan
100292    3.45
100583    2.91
Name: gpaoverall, dtype: float64
>>> gpaoverall.tail()
personid
999291    3.11
999406    2.17
999543     nan
999698     nan
999963    3.78
Name: gpaoverall, dtype: float64
>>> gpaoverall[-5:]
personid
999291    3.11
999406    2.17
999543     nan
999698     nan
999963    3.78
Name: gpaoverall, dtype: float64
```

（4）使用 loc 访问器选择值。

可以将索引标签（personid 的值）传递给 loc 访问器以返回一个标量。如果传递的是一个索引标签的列表，则无论列表中有一个还是多个索引标签，返回的都是一个 Series。

我们甚至还可以传递一个使用冒号分隔的范围。例如，在以下示例中，就使用了 gpaoverall.loc [100061:100833]。

```
>>> gpaoverall.loc[100061]
3.06
>>> gpaoverall.loc[[100061]]
personid
100061      3.06
Name: gpaoverall, dtype: float64
>>> gpaoverall.loc[[100061,100139,100284]]
personid
100061      3.06
```

```
100139        nan
100284        nan
Name: gpaoverall, dtype: float64
>>> gpaoverall.loc[100061:100833]
personid
100061       3.06
100139        nan
100284        nan
100292       3.45
100583       2.91
100833       2.46
Name: gpaoverall, dtype: float64
```

（5）使用 iloc 访问器选择值。

iloc 与 loc 的不同之处在于，它使用行号列表而不是标签。

iloc 的工作方式类似于[ ]操作符切片。在此步骤中，我们将传递一个仅包含单个项目的列表，该项目的值为 0。然后，我们再传递一个包含 5 个项目的列表[0,1,2,3,4]，以返回一个包含前 5 个值的 Series。如果将[:5]传递给 iloc 访问器，则会得到相同的结果。

```
>>> gpaoverall.iloc[[0]]
personid
100061       3.06
Name: gpaoverall, dtype: float64
>>> gpaoverall.iloc[[0,1,2,3,4]]
personid
100061       3.06
100139        nan
100284        nan
100292       3.45
100583       2.91
Name: gpaoverall, dtype: float64
>>> gpaoverall.iloc[:5]
personid
100061       3.06
100139        nan
100284        nan
100292       3.45
100583       2.91
Name: gpaoverall, dtype: float64
>>> gpaoverall.iloc[-5:]
personid
999291       3.11
```

```
999406       2.17
999543        nan
999698        nan
999963       3.78
Name: gpaoverall, dtype: float64
```

上述访问 Pandas Series 值的每一种方法（[ ]操作符、loc 访问器和 iloc 访问器）都有很多用例，尤其是 loc 访问器。

6.2.3 原理解释

在步骤（3）中，我们使用了[ ]操作符来执行类似于 Python 的标准切片以创建 Series。该操作符使我们可以使用列表或切片符号指示的值范围基于位置轻松地选择数据。此表示法采用 [start:end:step] 的形式，如果未提供任何值，则将 step 假定为 1。当使用负数作为 start 值时，它表示从原始 Series 的末尾开始的行数。

在步骤（4）中使用的 loc 访问器可通过索引标签选择数据。由于 personid 是该 Series 的索引，因此我们可以将包含一个或多个 personid 值的列表传递给 loc 访问器，以获取包含这些标签和关联的 GPA 值的 Series。

还可以将一个标签范围传递给访问器，这将返回一个包含 GPA 值的 Series，其索引标签范围将包括冒号左侧的索引标签，并且也包含右侧的索引标签。因此，在上述示例中，gpaoverall.loc[100061:100833] 返回的 Series 包含了 personid 为 100061～100833 的 GPA 值，这两个值本身也包含在其中。

如步骤（5）所示，iloc 访问器采用的是行位置而不是索引标签，可以给它传递一个整数列表或使用切片符号传递一个范围。

6.3 显示 Pandas Series 的摘要统计信息

有大量的 Pandas Series 方法可用于生成摘要统计信息。

我们可以分别使用 mean、median、max 和 min 方法轻松获得一个 Series 的均值、中位数、最大值或最小值。

describe 方法可以返回上述所有统计信息以及其他一些统计信息。

还可以使用 quantile 获得任何百分位数的 Series 值。

上述方法可用于 Series 的所有值，或仅用于选定的值。本秘笈将对此进行演示。

6.3.1　准备工作

此秘笈将继续使用 NLS 的 GPA 列。

6.3.2　实战操作

现在来仔细看 DataFrame 和选定行的总体 GPA 分布。请按照下列步骤操作。

（1）导入 pandas 和 numpy 并加载 NLS 数据。

```
>>> import pandas as pd
>>> import numpy as np
>>> nls97 = pd.read_csv("data/nls97b.csv")
>>> nls97.set_index("personid", inplace=True)
```

（2）收集一些描述性统计数据。

```
>>> gpaoverall = nls97.gpaoverall
>>> gpaoverall.mean()
2.8184077281812145
>>> gpaoverall.describe()
count    6,004.00
mean         2.82
std          0.62
min          0.10
25%          2.43
50%          2.86
75%          3.26
max          4.17
Name: gpaoverall, dtype: float64
>>> gpaoverall.quantile(np.arange(0.1,1.1,0.1))
0.10   2.02
0.20   2.31
0.30   2.52
0.40   2.70
0.50   2.86
0.60   3.01
0.70   3.17
0.80   3.36
0.90   3.60
1.00   4.17
Name: gpaoverall, dtype: float64
```

（3）显示该 Series 子集的描述性信息。

```
>>> gpaoverall.loc[gpaoverall.between(3,3.5)].head(5)
personid
100061    3.06
100292    3.45
101526    3.37
101527    3.26
102125    3.14
Name: gpaoverall, dtype: float64
>>> gpaoverall.loc[gpaoverall.between(3,3.5)].sum()
1679
>>> gpaoverall.loc[(gpaoverall<2) | (gpaoverall>4)].
sample(5, random_state=2)
personid
932782    1.90
561335    1.82
850001    4.10
292455    1.97
644271    1.97
Name: gpaoverall, dtype: float64
>>> gpaoverall.loc[gpaoverall>gpaoverall.quantile(0.99)].\
...    agg(['count','min','max'])
count    60.00
min       3.98
max       4.17
Name: gpaoverall, dtype: float64
```

（4）对所有值进行条件测试。

检查是否有任何 GPA 值在 4 以上，并且所有值均大于或等于 0。此外，还要计算有多少缺失值。

```
>>> (gpaoverall>4).any()         # 是否有人的 GPA 值大于 4
True
>>> (gpaoverall>=0).all()        # 是否所有人的 GPA 值均大于或等于 0
False
>>> (gpaoverall>=0).sum()        # 有多少人的 GPA 值大于或等于 0
6004
>>> (gpaoverall==0).sum()        # 有多少人的 GPA 值等于 0
0
>>> gpaoverall.isnull().sum()    # 有多少人的 GPA 值包含缺失值
2980
```

（5）根据不同列中的值显示该 Series 子集的描述性信息。

显示 2016 年工资收入在 75%百分位以上的个人的高中平均 GPA，以及工资收入在 25%百分位以下的个人的高中平均 GPA。

```
>>> nls97.loc[nls97.wageincome > nls97.wageincome.quantile(0.75),
'gpaoverall'].mean()
3.0804171011470256
>>> nls97.loc[nls97.wageincome < nls97.wageincome.quantile(0.25),
'gpaoverall'].mean()
2.720143415906124
```

（6）显示包含分类数据的 Series 的描述性信息和频率。

```
>>> nls97.maritalstatus.describe()
count         6672
unique           5
top        Married
freq          3066
Name: maritalstatus, dtype: object
>>> nls97.maritalstatus.value_counts()
Married          3066
Never-married    2766
Divorced          663
Separated         154
Widowed            23
Name: maritalstatus, dtype: int64
```

一旦有了一个 Series，我们就可以使用各种各样的 Pandas 工具来计算该 Series 全部或部分的描述性统计数据。

6.3.3　原理解释

Series 的 describe 方法非常有用，因为它可以使我们对连续变量的集中趋势和分布获得很好的认识。查看每个十分位（decile）的值通常也很有帮助。在步骤（2）中，通过将 0.1～1.1 的值列表传递给该 Series 的 quantile 方法获得了此值。

我们可以对 Series 的子集使用这些方法。在步骤（3）中，我们获得了 3～3.5 的 GPA 值的计数。我们还可以根据值与摘要统计的关系来选择值，例如以下语句可以选择大于 0.99 百分位值的 GPA 值。

```
gpaoverall > gpaoverall.quantile(0.99)
```

然后，可以使用方法链将结果 Series 传递给 agg 方法，该方法链将返回多个汇总统计信息，其语句如下。

```
agg(['count','min','max'])
```

有时，我们需要做的只是测试某个 Series 中某些条件是否对于所有值均成立。在这种情况下，any 和 all 方法都很有用。当 Series 中至少有一个值满足条件时，any 返回 True。例如，当 Series 中有任何一个人的 GPA 值大于 4 时，以下语句返回 True。

```
(gpaoverall > 4).any()
```

当我们使用 sum 链接测试条件时，即可得到所有 True 值的计数，因为 Pandas 在执行数字运算时会将 True 值解释为 1。其示例如下。

```
(gpaoverall >= 0).sum()
```

(gpaoverall > 4)是创建与 gpaoverall 具有相同索引的布尔 Series 的简写。当 gpaoverall 大于 4 时，其值为 True；否则为 False。

```
>>> (gpaoverall>4)
personid
100061    False
100139    False
100284    False
100292    False
100583    False
           ...
999291    False
999406    False
999543    False
999698    False
999963    False
Name: gpaoverall, Length: 8984, dtype: bool
```

我们经常需要为已被另一个 Series 过滤的 Series 生成摘要统计信息。在步骤（5）中，我们计算了两个部分个体的高中 GPA 的平均值：一部分是工资收入高于第三个四分位数（即 0.75）；另一个部分是工资收入低于第一个四分位数（即 0.25）。可以看到，工资收入高于 0.75 百分位数者，其 GPA 平均值为 3.08；而工资收入低于 0.25 百分位数者，其 GPA 平均值为 2.72。可见高中 GPA 成绩和个人收入有较强的正相关。

describe 方法对于连续变量（如 gpaoverall）非常有用，但是在与分类变量（如 maritalstatus）一起使用时，它也能提供很有用的信息。如步骤（6）所示，它可以返回非缺失值的计数、不同值的数量、最频繁出现的分类以及该分类的频率。

当然，在处理分类数据时，更经常使用 value_counts 方法。它可以提供 Series 中每个分类的频率。

6.3.4　扩展知识

使用 Series 对于 Pandas 数据清洗任务至关重要，因此数据分析人员很快就会发现，此秘笈中使用的工具是其日常数据清洗工作流程的一部分。一般来说，在经过了初始的数据导入阶段之后，很快就会用到 describe、mean、sum、isull、all 和 any 等 Series 方法。

6.3.5　参考资料

本章仅介绍如何生成统计数据并使用 Series 进行条件测试。第 3 章“衡量数据好坏”对此有更详细的介绍。

本章简要介绍了有关汇总数据的操作。在第 7 章“聚合时修复混乱数据”中更全面地介绍了该操作。

6.4　更改 Series 值

在数据清洗过程中，经常需要更改数据 Series 中的值或创建一个新的 Series。可以更改 Series 中的所有值，也可以仅更改数据子集中的值。我们一直在使用的从 Series 中获取值的大多数技术都可以用于更新 Series 值，尽管需要进行一些小的修改。

6.4.1　准备工作

此秘笈将使用 NLS 中的高中 GPA 列。

6.4.2　实战操作

我们可以更改 Pandas Series 中所有行以及选定行的值。可以对其他 Series 执行算术运算并使用汇总统计信息，然后使用标量更新 Series。

（1）导入 pandas 并加载 NLS 数据。

```
>>> import pandas as pd
>>> nls97 = pd.read_csv("data/nls97b.csv")
>>> nls97.set_index("personid", inplace=True)
```

（2）基于标量编辑所有值。

将 gpaoverall 乘以 100。

```
>>> nls97.gpaoverall.head()
personid
100061    3.06
100139     nan
100284     nan
100292    3.45
100583    2.91
Name: gpaoverall, dtype: float64
>>> gpaoverall100 = nls97['gpaoverall'] * 100
>>> gpaoverall100.head()
personid
100061    306.00
100139       nan
100284       nan
100292    345.00
100583    291.00
Name: gpaoverall, dtype: float64
```

（3）使用索引标签设置值。

使用 loc 访问器来指定要通过索引标签更改的值。

```
>>> nls97.loc[[100061], 'gpaoverall'] = 3
>>> nls97.loc[[100139,100284,100292],'gpaoverall'] = 0
>>> nls97.gpaoverall.head()
personid
100061   3.00
100139   0.00
100284   0.00
100292   0.00
100583   2.91
Name: gpaoverall, dtype: float64
```

（4）使用一个操作符在多个 Series 上设置值。

使用+操作符计算孩子的数量，以获得住在家里的孩子与不住在家里的孩子的总和。

```
>>> nls97['childnum'] = nls97.childathome + nls97.childnotathome
>>> nls97.childnum.value_counts().sort_index()
0.00          23
1.00        1364
2.00        1729
```

```
3.00        1020
4.00         420
5.00         149
6.00          55
7.00          21
8.00           7
9.00           1
12.00          2
Name: childnum, dtype: int64
```

（5）使用索引标签设置摘要统计的值。

使用 loc 访问器选择 personid 为 100061～100292 的值。

```
>>> nls97.loc[100061:100292,'gpaoverall'] = nls97.gpaoverall.mean()
>>> nls97.gpaoverall.head()
personid
100061    2.82
100139    2.82
100284    2.82
100292    2.82
100583    2.91
Name: gpaoverall, dtype: float64
```

（6）使用位置设置值。

使用 iloc 访问器按位置选择。整数或切片表示法（start:end:step）可用于逗号左侧，以指示应更改值的行；逗号右边使用一个整数来选择列。gpaoverall 列位于第 14 列（由于列索引从 0 开始，因此第 14 列的位置为 13）。

```
>>> nls97.iloc[0, 13] = 2
>>> nls97.iloc[1:4, 13] = 1
>>> nls97.gpaoverall.head()
personid
100061    2.00
100139    1.00
100284    1.00
100292    1.00
100583    2.91
Name: gpaoverall, dtype: float64
```

（7）过滤后设置 GPA 值。

将所有 4 以上的 GPA 值更改为 4。

```
>>> nls97.gpaoverall.nlargest()
```

```
personid
   312410    4.17
   639701    4.11
   850001    4.10
   279096    4.08
   620216    4.07
   Name: gpaoverall, dtype: float64
   >>> nls97.loc[nls97.gpaoverall>4, 'gpaoverall'] = 4
   >>> nls97.gpaoverall.nlargest()
   personid
   112756   4.00
   119784   4.00
   160193   4.00
   250666   4.00
   271961   4.00
   Name: gpaoverall, dtype: float64
```

上述步骤向我们展示了如何使用标量、算术运算和汇总统计值更新 Series 值。

6.4.3 原理解释

本示例要观察的第一件事是，在步骤（2）中，Pandas 将标量的除法进行向量化，它知道我们想将标量应用于所有行。以下语句会创建一个临时 Series，其所有值都设置为 100，并且索引与 gpaoverall Series 相同。然后将 gpaoverall 乘以该 Series 的值（100）。这称为广播（broadcasting）。

```
nls97['gpaoverall'] * 100
```

在 6.2 节“从 Pandas Series 中获取值”中，提供了很多操作技巧，包括如何从 Series 中获取值，以选择要更新的特定值。在本示例中的主要区别是，我们使用了 DataFrame（nls97.loc）的 loc 和 iloc 访问器，而不是 Series（nls97.gpaoverall.loc）。这是为了避免可怕的 SettingwithCopyWarning（这是数据分析人员经常会遇到的警告），在设置 DataFrame 副本的值时，即可能出现该警告。例如，nls97.gpaoverall.loc [[100061]] = 3 会触发该警告，而 nls97.loc [[100061], 'gpaoverall'] = 3 则不会触发该警告。

在步骤（4）中，可以看到 Pandas 如何处理两个或多个 Series 的数字运算。其加法、减法、乘法和除法之类的操作与标准 Python 中标量上执行的操作非常相似，只执行了矢量化。这可以通过 Pandas 的索引对齐来实现。请记住，DataFrame 中的 Series 将具有相同的索引。如果你熟悉 NumPy，那么相信你会对它的工作原理有很好的了解。

6.4.4 扩展知识

请注意，nls97.loc[[100061], 'gpaoverall']返回的是一个 Series，而 nls97.loc[[100061], ['gpaoverall']]返回的则是一个 DataFrame。了解这种差别是很有用的。

```
>>> type(nls97.loc[[100061], 'gpaoverall'])
<class 'pandas.core.series.Series'>
>>> type(nls97.loc[[100061], ['gpaoverall']])
<class 'pandas.core.frame.DataFrame'>
```

如果 loc 访问器的第二个参数是一个字符串，那么它将返回一个 Series；如果是一个列表，那么即使该列表仅包含一项，它也会返回一个 DataFrame。

对于本秘笈中讨论的任何操作，最好注意 Pandas 处理缺失值的方式。例如，在步骤（3）中，如果 childathome 或 childnotathome 包含缺失值，则该操作将返回 missing。6.8 节“识别和清洗缺失的数据”将讨论如何处理这种情况。

6.4.5 参考资料

第 3 章“衡量数据好坏”详细介绍了 loc 和 iloc 访问器的用法，尤其是在 3.3 节“选择和组织列”以及 3.4 节“选择行”中。

6.5 有条件地更改 Series 值

更改 Series 值通常比以前的秘笈操作更为复杂。我们经常需要根据该行数据的一个或多个其他 Series 的值来设置 Series 值。当需要基于其他行的值（如个人的先前值或子集的平均值）来设置 Series 值时，这将变得更加复杂。

本秘笈和下一个秘笈将讨论这些问题。

6.5.1 准备工作

此秘笈将使用地面温度数据和 NLS 数据。

注意：[①]

尽管大多数站点位于美国，但 land temperature（地面温度）DataFrame 在 2019 年的

① 这里与英文原文的内容保持一致，保留了其中文翻译。

平均温度读数（℃）来自全球超过 12000 个站点。原始数据集取自 Global Historical Climatology Network Integrated Database（全球历史气候学网络集成数据库），由美国国家海洋与大气管理局提供给公众使用。其网址如下。

https://www.ncdc.noaa.gov/data-access/land-basedstation-data/land-based-datasets/global-historical-climatology-network-monthly-version-4

6.5.2 实战操作

本示例将使用 NumPy 的 where 和 select 方法根据该 Series 的值、其他 Series 的值和摘要统计信息来分配 Series 的值。然后，我们将使用 lambda 和 apply 函数来构造更加复杂的分配条件。

（1）导入 pandas 和 numpy，然后加载 NLS 和地面温度数据。

```
>>> import pandas as pd
>>> import numpy as np
>>> nls97 = pd.read_csv("data/nls97b.csv")
>>> nls97.set_index("personid", inplace=True)
>>> landtemps = pd.read_csv("data/landtemps2019avgs.csv")
```

（2）使用 NumPy 的 where 函数创建包含两个值的分类 Series。

首先，可以来快速检查 elevation 值的分布。

```
>>> landtemps.elevation.quantile(np.arange(0.2,1.1,0.2))
0.20        48.00
0.40       190.50
0.60       393.20
0.80     1,066.80
1.00     9,999.00
Name: elevation, dtype: float64
>>> landtemps['elevation_group'] = np.where(landtemps.
elevation>landtemps.elevation.quantile(0.8),'High','Low')
>>> landtemps.elevation_group = landtemps.elevation_group.
astype('category')
>>> landtemps.groupby(['elevation_group'])['elevation'].\
agg(['count','min','max'])
                 count       min       max
elevation_group
High              2409  1,067.00  9,999.00
Low               9686   -350.00  1,066.80
```

（3）使用 NumPy 的 where 方法创建包含 3 个值的分类 Series。

将 0.80 百分位数以上的值设置为 High，将中位数到 0.80 百分位数的值设置为

Medium，其余值设置为 Low。

```
>>> landtemps.elevation.median()
271.3
>>> landtemps['elevation_group'] = np.where(landtemps.elevation>
...   landtemps.elevation.quantile(0.8),'High',np.
where(landtemps.elevation>
...   landtemps.elevation.median(),'Medium','Low'))
>>> landtemps.elevation_group=landtemps.elevation_group.astype('category')
>>> landtemps.groupby(['elevation_group'])['elevation'].
agg(['count','min','max'])
                 count        min        max
elevation_group
High              2409  1,067.00  9,999.00
Low               6056   -350.00    271.30
Medium            3630    271.40  1,066.80
```

（4）使用 NumPy 的 select 方法评估条件列表。

首先，设置一个测试条件列表和另一个结果列表。我们希望将 GPA 小于 2 并且没有学位的个人归为一类，没有学位但具有较高 GPA 的个人归为第二类，具有学位但 GPA 较低的个人归为第三类，余下的人归入第四类。

```
>>> test = [(nls97.gpaoverall<2) & (nls97.highestdegree=='0. None'),
nls97.highestdegree=='0.None', nls97.gpaoverall<2]
>>> result = ['1. Low GPA and No Diploma','2. No Diploma','3. Low GPA']
>>> nls97['hsachieve'] = np.select(test, result, '4. Did Okay')
>>> nls97[['hsachieve','gpaoverall','highestdegree']].head()
              hsachieve  gpaoverall   highestdegree
personid
100061      4. Did Okay        3.06  2. High School
100139      4. Did Okay         nan  2. High School
100284    2. No Diploma         nan         0. None
100292      4. Did Okay        3.45    4. Bachelors
100583      4. Did Okay        2.91  2. High School
>>> nls97.hsachieve.value_counts().sort_index()
1. Low GPA and No Diploma       95
2. No Diploma                  858
3. Low GPA                     459
4. Did Okay                   7572
Name: hsachieve, dtype: int64
```

（5）使用 lambda 在一个语句中测试若干列。

colenr（其名称来源于 college enrollment）列中包含了每个人每年 2 月和 10 月的大学

入学记录。我们要测试是否有任何 colenr（大学入学记录）列的值为“3. 4-year college”。

使用 filter 创建 colenr 列的 DataFrame。然后，使用 apply 调用一个 lambda 函数，该函数测试每个 colenr 列的第一个字符（我们可以只检查第一个字符，看看它是否包含值 3）。然后将其传递给 any 以评估是否有任何列（一列或多列）的第一个字符为 3。

出于节省页面篇幅的考虑，我们仅显示了 2000—2004 年的大学入学值，但我们检查了 1997—2017 年的 colenr 列的所有值。这可以在以下代码中看到。

```
>>> nls97.loc[[100292,100583,100139],
'colenrfeb00':'colenroct04'].T
personid                100292               100583             100139
colenrfeb00    1. Not enrolled     1. Not enrolled  1. Not enrolled
colenroct00  3. 4-year college     1. Not enrolled  1. Not enrolled
colenrfeb01  3. 4-year college     1. Not enrolled  1. Not enrolled
colenroct01  3. 4-year college   3. 4-year college  1. Not enrolled
colenrfeb02  3. 4-year college   3. 4-year college  1. Not enrolled
colenroct02  3. 4-year college     1. Not enrolled  1. Not enrolled
colenrfeb03  3. 4-year college     1. Not enrolled  1. Not enrolled
colenroct03  3. 4-year college     1. Not enrolled  1. Not enrolled
colenrfeb04  3. 4-year college     1. Not enrolled  1. Not enrolled
colenroct04    1. Not enrolled     1. Not enrolled  1. Not enrolled
>>> nls97['baenrollment'] = nls97.filter(like="colenr").\
...   apply(lambda x: x.str[0:1]=='3').\
...   any(axis=1)
>>>
>>> nls97.loc[[100292,100583,100139], ['baenrollment']].T
personid      100292  100583  100139
baenrollment    True    True   False
>>> nls97.baenrollment.value_counts()
False    5085
True     3899
Name: baenrollment, dtype: int64
```

（6）创建一个函数，基于多个 Series 的值分配值。

getsleepdeprivedreason 函数创建了一个变量，该变量按调查对象每晚睡眠可能少于 6 个小时的原因进行了分类。我们考查了 NLS 关于受访者的就业状况、与受访者同住的儿童数量、工资收入和最高学历等变量。

```
>>> def getsleepdeprivedreason(row):
...  sleepdeprivedreason = "Unknown"
...  if (row.nightlyhrssleep>=6):
...    sleepdeprivedreason = "Not Sleep Deprived"
```

```
...    elif (row.nightlyhrssleep>0):
...      if (row.weeksworked16+row.weeksworked17 < 80):
...        if (row.childathome>2):
...          sleepdeprivedreason = "Child Rearing"
...        else:
...          sleepdeprivedreason = "Other Reasons"
...      else:
...        if (row.wageincome>=62000 or row.highestgradecompleted>=16):
...          sleepdeprivedreason = "Work Pressure"
...        else:
...          sleepdeprivedreason = "Income Pressure"
...    else:
...      sleepdeprivedreason = "Unknown"
...    return sleepdeprivedreason
...
```

（7）使用 apply 对所有行运行该函数。

```
>>> nls97['sleepdeprivedreason'] = nls97.
apply(getsleepdeprivedreason, axis=1)
>>> nls97.sleepdeprivedreason = nls97.
sleepdeprivedreason.astype('category')
>>> nls97.sleepdeprivedreason.value_counts()
NotSleep Deprived     5595
Unknown               2286
Income Pressure        462
Work Pressure          281
Other Reasons          272
Child Rearing           88
Name: sleepdeprivedreason, dtype: int64
```

上述步骤演示了可用于有条件地设置 Series 值的若干种技术。

6.5.3　原理解释

如果你在 SQL 或 Microsoft Excel 中使用过 if-then-else 语句，则应该熟悉 NumPy 的 where。它遵循 where 的形式（测试条件，if 子句为 True 时返回的值，if 子句为 False 时返回的值）。在步骤（2）中，我们测试了每一行的海拔值是否大于 0.80 百分位数的值。其语句如下。

```
landtemps['elevation_group'] = np.where(landtemps.
elevation>landtemps.elevation.quantile(0.8),'High','Low')
```

可以看到，如果测试条件为 True，则返回 High；否则，返回 Low。这其实就是基本的 if-then-else 构造。

有时，我们还需要在测试中嵌套一个测试。在步骤（3）中即执行了此操作，以创建高、中和低 3 个海拔分组。我们使用了另一个 where 语句代替 False 部分（第二个逗号之后）的简单语句。这会将其从 else 子句更改为 else if 子句。它采用的形式如下。

```
where(测试条件, if 子句为 True 时返回的值, where(测试条件, if 子句为 True 时返回的值, if 子句为 False 时返回的值))
```

虽然可以添加更多的嵌套 where 语句，但是我们不建议这样做。当需要评估更复杂的测试时，可以考虑使用 NumPy 的 select 方法。

在步骤（4）中，我们传递了一个测试列表以及该测试的结果列表给 select。对于所有测试都不为 True 的任何情况，还提供了一个默认值“4. Did Okay”。当有多个测试为 True 时，将使用第一个测试为 True 的返回结果。

一旦逻辑变得更加复杂，就可以考虑使用 apply。通过指定 axis = 1，可以使用 DataFrame apply 方法将 DataFrame 的每一行发送给函数。在步骤（5）中，使用 apply 调用了一个 lambda 函数，该函数测试每个 colenr 列值的第一个字符是否为 3。但是首先需要使用 DataFrame filter 方法选择所有 colenr 列。在第 3 章“衡量数据好坏”中探讨了如何从 DataFrame 中选择列。

在步骤（6）和步骤（7）中，创建了一个 Series，该 Series 可根据工作周数、与被调查者同住的孩子数、工资收入和最高学历来对睡眠不足的原因进行分类。

- 如果受访者在 2016 年和 2017 年的大部分时间没有工作，并且与他们一起住的孩子超过两个，则将 sleepdeprivedreason（睡眠不足的原因）设置为 Child Rearing（育儿）。
- 如果受访者在 2016 年和 2017 年的大部分时间没有工作，并且有两个或更少的孩子与他们一起生活，则将 sleepdeprivedreason 设置为 Other Reasons（其他原因）。
- 如果受访者在 2016 年和 2017 年的大部分时间都有工作，则将 sleepdeprivedreason 设置为 Work Pressure（工作压力）。
- 如果受访者有较高的薪水或已完成 4 年大学，则将 sleepdeprivedreason 设置为 Income Pressure（收入压力）。

当然，这些分类是人为设置的，但是它们确实说明了如何使用函数基于其他 Series 之间的复杂关系来创建 Series。

你可能已经注意到，我们将创建的新 Series 的数据类型更改为 category。新 Series 最初的数据类型为 object。通过将类型更改为 category，可以减少内存的使用。

在步骤（2）中使用了另一种非常有用的方法。在该步骤中，使用以下语句创建了一个 DataFrame groupby 对象。

```
landtemps.groupby(['elevation_group'])
```

该对象被传递给聚合（agg）函数。这为每个 elevation_group 提供了一个计数、最小值和最大值，从而使我们能够确认组的分类是否和预期一致。

6.5.4 扩展知识

数据清洗项目在很多情况下都会涉及 NumPy where 或 select 语句，或者需要使用 lambda 或 apply 语句。在某个阶段，我们需要基于一个或多个其他 Series 的值来创建或更新 Series。因此，数据分析人员最好能够熟悉这些技术。

只要有内置的 Pandas 函数可以满足我们的需求，那么就应该尽量使用该函数而不是使用 apply。apply 的最大优点是它非常通用且灵活，但这也是它比优化的函数更占用资源的原因。当然，如果要基于现有 Series 之间的复杂关系创建一个 Series，那么它可能是一个很好的工具。

执行步骤（6）和步骤（7）中操作的另一种方式是向 apply 中添加一个 lambda 函数，这将产生相同的结果。示例如下。

```
>>> def getsleepdeprivedreason(childathome, nightlyhrssleep,
wageincome, weeksworked16, weeksworked17, highestgradecompleted):
...   sleepdeprivedreason = "Unknown"
...   if (nightlyhrssleep>=6):
...     sleepdeprivedreason = "Not Sleep Deprived"
...   elif (nightlyhrssleep>0):
...     if (weeksworked16+weeksworked17 < 80):
...       if (childathome>2):
...         sleepdeprivedreason = "Child Rearing"
...       else:
...         sleepdeprivedreason = "Other Reasons"
...     else:
...       if (wageincome>=62000 or highestgradecompleted>=16):
...         sleepdeprivedreason = "Work Pressure"
...       else:
...         sleepdeprivedreason = "Income Pressure"
...   else:
...     sleepdeprivedreason = "Unknown"
...   return sleepdeprivedreason
...
```

```
>>> nls97['sleepdeprivedreason'] = nls97.apply(lambda x:
getsleepdeprivedreason(x.childathome, x.nightlyhrssleep, x.wageincome,
x.weeksworked16, x.weeksworked17, x.highestgradecompleted), axis=1)
```

6.5.5 参考资料

在第 3 章“衡量数据好坏”中，研究了可用于从 DataFrame 中选择列的各种技术，包括 filter 过滤器。

在第 7 章“聚合时修复混乱数据”中，将详细讨论 DataFrame groupby 对象。

6.6 评估和清洗字符串 Series 数据

Python 和 Pandas 中有许多字符串清除方法，这是一件好事。由于存储在字符串中的数据种类繁多，因此在执行字符串评估和操作时必须使用各种各样的工具。例如，我们可能需要按位置选择字符串的片段、检查字符串是否包含某个模式、拆分字符串、测试字符串的长度、连接两个或多个字符串、更改字符串的大小写等。此秘笈将探索常用于字符串评估和清洗的一些方法。

6.6.1 准备工作

此秘笈将使用 NLS 数据。

需要说明的是，对于此秘笈来说，NLS 数据实际上有点太干净了，为了说明使用带尾部空格的字符串，我们故意在 maritalstatus（婚姻状况）列值中添加了一些尾部空格。

6.6.2 实战操作

本示例将执行一些常见的字符串评估和清洗任务。我们将使用 contains、endswith 和 findall 分别执行搜索模式、尾随空格和更复杂的模式搜索等操作。

我们还将创建一个用于处理字符串值的函数，再将值分配给一个新的 Series，然后使用 replace 进行更简单的处理。

（1）导入 pandas 和 numpy，然后加载 NLS 数据。

```
>>> import pandas as pd
>>> import numpy as np
>>> nls97 = pd.read_csv("data/nls97c.csv")
>>> nls97.set_index("personid", inplace=True)
```

（2）测试字符串中是否存在模式。

使用 contains 检查对 govprovidejobs（政府是否应提供工作）问题的响应是否包括“Definitely not”（绝对不应该）和“Probably not”（可能不应该）值。

在 where 调用中，首先处理缺失值，以确保它们不会出现在第一个 else 子句（第二个逗号之后的部分）中。

```
>>> nls97.govprovidejobs.value_counts()
2. Probably         617
3. Probably not     462
1. Definitely       454
4. Definitely not   300
Name: govprovidejobs, dtype: int64
>>> nls97['govprovidejobsdefprob'] = np.where(nls97.
govprovidejobs.isnull(),
... np.nan,np.where(nls97.govprovidejobs.str.contains("not"),"No","Yes"))
>>> pd.crosstab(nls97.govprovidejobs, nls97.govprovidejobsdefprob)
govprovidejobsdefprob   No  Yes
govprovidejobs
1. Definitely            0  454
2. Probably              0  617
3. Probablynot         462    0
4. Definitelynot       300    0
```

（3）处理字符串中的前导或尾随空格。

创建一个已婚者的 Series。首先，检查 maritalstatus（婚姻状况）的值。请注意，这里有两个值均表示已婚。一个是“Married ”，其末尾有多余的空格；另一个是“Married”，其末尾没有尾随空格。

可以分别使用 startswith 和 endwith 测试前导或尾随空格。在测试是否已婚之前，应使用 strip 删除尾随空格（lstrip 可删除前导空格，而 rstrip 可删除尾随空格，因此 rstrip 在此示例中也可以使用）。

```
>>> nls97.maritalstatus.value_counts()
Married           3064
Never-married     2766
Divorced           663
Separated          154
Widowed             23
Married              2
Name: maritalstatus, dtype: int64
>>> nls97.maritalstatus.str.startswith(' ').any()
False
```

```
>>> nls97.maritalstatus.str.endswith(' ').any()
True
>>> nls97['evermarried'] = np.where(nls97.maritalstatus.isnull(),
np.nan,np.where(nls97.maritalstatus.str.strip()=="Never-married",
"No","Yes"))
>>> pd.crosstab(nls97.maritalstatus, nls97.evermarried)
evermarried       No   Yes
maritalstatus
Divorced           0   663
Married            0  3064
Married            0     2
Never-married   2766     0
Separated          0   154
Widowed            0    23
```

（4）使用 isin 将字符串值与值列表进行比较。

```
>>> nls97['receivedba'] = np.where(nls97.highestdegree.isnull(),
np.nan,np.where(nls97.highestdegree.str[0:1].isin(['4','5','6','7']),
"Yes","No"))
>>> pd.crosstab(nls97.highestdegree, nls97.receivedba)
receivedba          No   Yes
highestdegree
0. None            953     0
1. GED            1146     0
2. HighSchool     3667     0
3. Associates      737     0
4. Bachelors         0  1673
5. Masters           0   603
6. PhD               0    54
7. Professional      0   120
```

（5）使用 findall 从文本字符串中提取数值。

使用 findall 在 weeklyhrstv（每周看电视的小时数）字符串中创建所有数字的列表。传递给 findall 的"\d+"正则表达式表示我们只想要数字。

```
>>> pd.concat([nls97.weeklyhrstv.head(),\
... nls97.weeklyhrstv.str.findall("\d+").head()],axis=1)
                   weeklyhrstv   weeklyhrstv
personid
100061     11 to 20  hoursaweek       [11,20]
100139      3 to 10  hoursaweek        [3,10]
100284     11 to 20  hoursaweek       [11,20]
```

```
100292                    NaN          NaN
100583    3 to 10  hoursaweek       [3,10]
```

（6）使用 findall 创建的列表从 weeklyhrstv 文本创建一个数字 Series。

首先，定义一个函数，该函数检索 findall 为 Weeklyhrstv 的每个值创建的列表中的最后一个元素。getnum 函数还会调整该数字，以使其更接近两个数字的中点（这是因为前面的调查中，每周看电视的小时数使用了两个数字）。

然后，我们使用 apply 调用此函数，将由 findall 为每个值创建的列表传递给该函数。crosstab 显示新的 weeklyhrstvnum 列可以完成我们想要的操作。

```
>>> def getnum(numlist):
...   highval = 0
...   if (type(numlist) is list):
...     lastval = int(numlist[-1])
...     if (numlist[0]=='40'):
...       highval = 45
...     elif (lastval==2):
...       highval = 1
...     else:
...       highval = lastval - 5
...   else:
...     highval = np.nan
...   return highval
...
>>> nls97['weeklyhrstvnum'] = nls97.weeklyhrstv.str.\
...   findall("\d+").apply(getnum)
>>>
>>> pd.crosstab(nls97.weeklyhrstv, nls97.weeklyhrstvnum)
weeklyhrstvnum               1.00  5.00  15.00  25.00  35.00  45.00
weeklyhrstv
11 to 20 hours a week           0     0   1145      0      0      0
21 to 30 hours a week           0     0      0    299      0      0
3 to 10 hours a week            0  3625      0      0      0      0
31 to 40 hours a week           0     0      0      0    116      0
Less than 2  hours perweek   1350     0      0      0      0      0
More than 40 hoursaweek         0     0      0      0      0    176
```

（7）用替代值替换 Series 中的值。

weeklyhrscomputer（每周使用计算机的小时数）Series 在使用其当前值时不能很好地排序。可以通过用表示顺序的字母替换其值来解决此问题。

我们可以先创建一个包含旧值的列表，然后创建一个包含所需新值的列表。再使用 Series replace 方法将旧值替换为新值。每当 replace 从旧值列表中找到一个值时，它将用新列表中相同列表位置的值替换它。

```
>>> comphrsold = ['None','Less than 1 hour a week',
...    '1 to 3 hours a week','4 to 6 hours a week',
...    '7 to 9 hours a week','10 hours or more a week']
>>>
>>> comphrsnew = ['A. None','B. Less than 1 hour a week',
...    'C. 1 to 3 hours a week','D. 4 to 6 hours a week',
...    'E. 7 to 9 hours a week','F. 10 hours or more a
week']
>>>
>>> nls97.weeklyhrscomputer.value_counts().sort_index()
1 to 3 hours a week          733
10 hours or more a week     3669
4 to 6 hours a week          726
7 to 9 hours a week          368
Less than 1 hour a week      296
None                         918
Name: weeklyhrscomputer, dtype: int64
>>> nls97.weeklyhrscomputer.replace(comphrsold,comphrsnew,inplace=True)
>>> nls97.weeklyhrscomputer.value_counts().sort_index()
A. None                      918
B. Less than 1 hour a week   296
C. 1 to 3 hours a week       733
D. 4 to 6 hours a week       726
E. 7 to 9 hours a week       368
F. 10 hours or more a week 3669
Name: weeklyhrscomputer, dtype: int64
```

上述步骤演示了可以在 Pandas 中执行的一些常见的字符串评估和操作任务。

6.6.3 原理解释

我们经常需要检查一个字符串以查看是否存在模式。可以使用字符串 contains 方法来执行此操作。如果我们确切知道期望的模式在哪里，则可以使用标准的切片符号[start:stop:step]选择从 start 到 stop-1 的文本（step 的默认值为 1）。例如，在步骤（4）中，使用了以下语句选择 highestdegree 中的第一个字符。

```
nls97.highestdegree.str[0:1]
```

然后，使用 isin 测试第一个字符串是否出现在值列表中（isin 适用于字符和数字数据）。

有时我们还需要从满足条件的字符串中提取多个值。findall 在这种情况下很有用，因为它可以返回满足条件的所有值的列表。当我们寻找比字母意义更通用的东西时，可以使用正则表达式进行配对。在步骤（5）和步骤（6）中，就提供了寻找任何数字的示例。

6.6.4　扩展知识

在基于另一个 Series 的值创建 Series 时，如果需要处理缺失值时，则务必要慎重，因为缺失值可能会在 where 调用中满足 else 条件，而这可能并不符合我们的本意。

在步骤（2）～步骤（4）中，我们确保正确处理了缺失值，原因是在 where 调用的开头即对缺失值进行了检查。

在进行字符串比较时，还需要注意大小写。例如，“Probably”和“probably”并不相等。解决此问题的一种方法是，在大小写可能混用的情况下进行比较时，使用 upper 或 lower 方法。例如，以下语句将返回 True。

```
upper("Probably") == upper("PROBABLY")
```

6.7　处 理 日 期

处理日期不是一件很简单的事。数据分析人员需要成功解析日期值、识别无效或超出范围的日期、在缺少日期时估算日期并计算时间间隔。

这些步骤中的每一个步骤都可能有一些让人意想不到的障碍，但是一旦我们解析了日期值并在 Pandas 中获得了日期时间值，就已经完成了一半。此秘笈将从解析日期值开始，然后尝试其他挑战。

6.7.1　准备工作

此秘笈将使用 NLS 和新冠疫情（COVID）病例每日数据。新冠疫情每日数据在每个国家/地区的每个报告日包含一行。

需要说明的是，NLS 数据本身已经很干净了，为了说明缺失日期值的处理功能，我们将出生月份的值之一设置为缺失。

注意：[①]

Our World in Data 网站在以下网址中提供了可公开使用的 COVID-19 新冠疫情数据。

https://ourworldindata.org/coronavirus-source-data

此秘笈中使用的数据是在 2020 年 7 月 18 日下载的。

[①] 这里与英文原文的内容保持一致，保留了其中文翻译。

6.7.2 实战操作

本秘笈可通过以下步骤将数字数据转换为日期时间数据：首先确认数据具有有效的日期值，然后使用 fillna 替换缺失的日期。

在转换为日期时间数据之后，再计算一些日期间隔。例如，NLS 数据的受访者年龄以及自第一个 COVID 病例以来的天数。

（1）导入 pandas、numpy 和 datetime 模块，然后加载 NLS 和 COVID 病例每日数据。

```
>>> import pandas as pd
>>> import numpy as np
>>> from datetime import datetime
>>> covidcases = pd.read_csv("data/covidcases720.csv")
>>> nls97 = pd.read_csv("data/nls97c.csv")
>>> nls97.set_index("personid", inplace=True)
```

（2）显示出生月份和年份值。

可以看到，birthmonth（出生月份）包含了一个缺失值。除此之外，用于创建 birthdate Series 的数据看起来非常干净。

```
>>> nls97[['birthmonth','birthyear']].isnull().sum()
birthmonth    1
birthyear     0
dtype: int64
>>> nls97.birthmonth.value_counts().sort_index()
1     815
2     693
3     760
4     659
5     689
6     720
7     762
8     782
9     839
10    765
11    763
12    736
Name: birthmonth, dtype: int64
>>> nls97.birthyear.value_counts().sort_index()
1980    1691
1981    1874
```

```
1982    1841
1983    1807
1984    1771
Name: birthyear, dtype: int64
```

（3）使用 Series 的 fillna 方法为出生月份的缺失值设置一个值。

将 birthmonth 的平均值（四舍五入到最接近的整数）传递给 fillna。这会将 birthmonth 的缺失值替换为出生月份的平均值。可以看到，现在 6 月份出生的人数多了一个（由 720 变成了 721），其他月份的计数不变。

```
>>> nls97.birthmonth.fillna(int(nls97.birthmonth.mean()),inplace=True)
>>> nls97.birthmonth.value_counts().sort_index()
1     815
2     693
3     760
4     659
5     689
6     721
7     762
8     782
9     839
10    765
11    763
12    736
```

（4）使用 month 和日期整数以创建日期时间列。

可以将字典传递给 Pandas to_datetime 函数。字典需要包含年、月和日的键。可以看到，birthmonth、birthyear 和 birthdate 都没有缺失值。

```
>>> nls97['birthdate'] = pd.to_datetime(dict(year=nls97.birthyear,
month=nls97.birthmonth, day=15))
>>> nls97[['birthmonth','birthyear','birthdate']].head()
          birthmonth  birthyear   birthdate
personid
100061             5       1980  1980-05-15
100139             9       1983  1983-09-15
100284            11       1984  1984-11-15
100292             4       1982  1982-04-15
100583             6       1980  1980-06-15
>>> nls97[['birthmonth','birthyear','birthdate']].isnull().sum()
birthmonth    0
birthyear     0
```

```
birthdate     0
dtype: int64
```

（5）使用 datetime 列计算年龄值。

首先，定义一个函数，按给定开始日期和结束日期计算年龄值。

```
>>> def calcage(startdate, enddate):
...   age = enddate.year - startdate.year
...   if (enddate.month<startdate.month or (enddate.
month==startdate.month and enddate.day<startdate.day)):
...     age = age -1
...   return age
...
>>> rundate = pd.to_datetime('2020-07-20')
>>> nls97["age"] = nls97.apply(lambda x: calcage(x.birthdate,
rundate), axis=1)
>>> nls97.loc[100061:100583, ['age','birthdate']]
          age   birthdate
personid
100061     40  1980-05-15
100139     36  1983-09-15
100284     35  1984-11-15
100292     38  1982-04-15
100583     40  1980-06-15
```

（6）将字符串列转换为日期时间列。

casedate 列是一个 object 数据类型，而不是 datetime 数据类型。

```
>>> covidcases.iloc[:, 0:6].dtypes
iso_code        object
continent       object
location        object
casedate        object
total_cases    float64
new_cases      float64
dtype: object
>>> covidcases.iloc[:, 0:6].sample(2, random_state=1).T
                   13482          2445
iso_code             IMN           BRB
continent         Europe  North America
location     Isle of Man      Barbados
casedate      2020-06-20    2020-04-28
total_cases          336            80
```

```
new_cases                0              1
>>> covidcases['casedate'] = pd.to_datetime(covidcases.casedate,
format='%Y-%m-%d')
>>> covidcases.iloc[:, 0:6].dtypes
iso_code                 object
continent                object
location                 object
casedate         datetime64[ns]
total_cases             float64
new_cases               float64
dtype: object
```

（7）在 datetime 列上显示描述性统计信息。

```
>>> covidcases.casedate.describe()
count                  29529
unique                   195
top      2020-05-23 00:00:00
freq                     209
first    2019-12-31 00:00:00
last     2020-07-12 00:00:00
Name: casedate, dtype: object
```

（8）创建一个 timedelta 对象以捕获日期间隔。

对于每一天，计算每个国家/地区自报告第一例病例以来的天数。

首先，创建一个 DataFrame，显示每个国家/地区新病例的第一天，然后将其与完整的 COVID 病例数据合并。最后，对于每一天，计算从 firstcasedate 到 casedate 的天数。请注意，有一个国家/地区在第一个病例发生前 62 天即开始报告数据。

```
>>> firstcase = covidcases.loc[covidcases.new_cases>0,
['location','casedate']].\
...   sort_values(['location','casedate']).\
...   drop_duplicates(['location'], keep='first').\
...   rename(columns={'casedate':'firstcasedate'})
>>>
>>> covidcases = pd.merge(covidcases, firstcase, left_on=['location'],
right_on=['location'], how="left")
>>> covidcases['dayssincefirstcase'] = covidcases.casedate -
covidcases.firstcasedate
>>> covidcases.dayssincefirstcase.describe()
count                     29529
mean     56 days 00:15:12.892410
```

```
std       47 days 00:35:41.813685
min            -62 days +00:00:00
25%              21 days 00:00:00
50%              57 days 00:00:00
75%              92 days 00:00:00
max             194 days 00:00:00
Name: dayssincefirstcase, dtype: object
```

上述操作演示了如何解析日期值和创建日期时间 Series，以及如何计算时间间隔。

6.7.3　原理解释

在 Pandas 中处理日期时的首要任务是将其正确转换为 Pandas 日期时间 Series。在步骤（3）、步骤（4）和步骤（6）中解决了几个最常见的问题，包括缺失值的处理、整数部分的日期转换和字符串的日期转换。

NLS 数据中的 birthmonth 和 birthyear 是整数。我们确认这些值是某年某月日期中的有效值。例如，如果月份值为 0 或 20，则转换为 Pandas 日期时间将失败。

birthmonth 和 birthyear 的缺失值会导致缺失 birthdate。对于 birthdate 的缺失值，可以使用 fillna，并将其分配给 birthmonth 的平均值。

在步骤（5）中，我们使用了新的 birthdate 列计算了每个人截至 2020 年 7 月 20 日的年龄。calcage 函数针对出生日期晚于 7 月 20 日的个人进行了调整。

数据分析人员通常会收到包含日期值作为字符串的数据文件。当发生这种情况时，to_datetime 函数是数据分析人员的关键盟友。找出字符串日期数据的格式通常很聪明，而无须我们显式指定格式。当然，在步骤（6）中，我们告诉了 to_datetime 对数据使用“%Y-%m-%d”格式。

步骤（7）告诉我们，有 195 个独特的日期报告了 COVID 病例，最频繁的一天是 2020 年 5 月 23 日。报告的第一个日期是 2019 年 12 月 31 日，最后一个是 2020 年 7 月 12 日。这与我们的预期是一致的。

步骤（8）中的前两个语句涉及的技术（排序和删除重复项）将在第 7 章“聚合时修复混乱数据”和第 8 章“组合 DataFrame”中详细探讨。这里你需要了解的只是操作目标：创建一个 DataFrame，每个 location（国家/地区）每一行，并记录第一个报告的 COVID 案例的日期。为此，我们可以仅从完整数据中选择 new_cases 大于 0 的行，然后按 location 和 casedate 对其进行排序，并为每个 location 保留第一行。最后，在将新的 firstcase DataFrame 与 COVID 每日病例数据合并之前，将 casedate 的名称更改为 firstcasedate。

由于 casedate 和 firstcasedate 均为 datetime 数据类型列，因此从前者减去后者将得到

timedelta 值。这为我们提供了一个 Series，该 Series 是每个报告日在 new_cases 的第一天之前或之后的天数。因此，如果一个国家/地区在第一个新病例发生前 3 周开始报告 COVID 病例，则该天的 dayssincefirstcase 天数将为−21 天。如果要根据一个国家/地区明显存在该病毒的时间来跟踪趋势，那么这将很有用。

6.7.4　参考资料

在步骤（8）中，也可以不使用 sort_values 和 drop_duplicates，而使用 groupby 获得类似的结果。在接下来的第 7 章"聚合时修复混乱数据"中，将对 groupby 展开详细讨论。

在第 8 章"组合 DataFrame"中，将专门讨论 DataFrame 合并的主题。

在接下来的两个秘笈中，将探索更多的处理缺失数据的策略。

6.8　识别和清洗缺失的数据

本书前面已经讨论过一些识别和清除缺失值的策略，特别是第 1 章"将表格数据导入 Pandas 中"，则包含了多个相关秘笈。在本秘笈中将进一步介绍这些技能。

我们将探索处理缺失数据的更多策略，包括使用 DataFrame 均值和分组均值，以及使用附近的值进行前向填充。在下一个秘笈中，还将使用 k 最近邻算法来估算值。

6.8.1　准备工作

此秘笈将继续使用 NLS 数据。

6.8.2　实战操作

在此秘笈中，我们将检查有关人口统计和学校记录的关键列是否存在缺失值。然后，我们将使用多种策略来为缺失的数据推算值。这些策略包括为列分配总体均值、分配组均值以及分配最接近的前一个非缺失值的值等。

（1）导入 pandas 并加载 NLS 数据。

```
>>> import pandas as pd
>>> nls97 = pd.read_csv("data/nls97c.csv")
>>> nls97.set_index("personid", inplace=True)
```

（2）从 NLS 数据中提取和设置有关学校记录和人口统计的 DataFrame。

```
>>> schoolrecordlist = ['satverbal','satmath','gpaoverall','gpaenglish',
...    'gpamath','gpascience','highestdegree','highestgradecompleted']
>>> demolist = ['maritalstatus','childathome','childnotathome',
...    'wageincome','weeklyhrscomputer','weeklyhrstv','nightlyhrssleep']
>>> schoolrecord = nls97[schoolrecordlist]
>>> demo = nls97[demolist]
>>> schoolrecord.shape
(8984, 8)
>>> demo.shape
(8984, 7)
```

（3）检查数据中是否有缺失值。

检查 schoolrecord DataFrame 中每一列的缺失值数量。isnull 将返回一个布尔 Series，当某一列包含缺失值时，其值为 True；否则为 False。与 sum 方法链接时，将返回 True 值的计数。通过设置 axis = 1，还可以检查每行缺失值的数量。可以看到，有 11 个人在所有 8 列中都有缺失值，而有 946 个人在 8 列中有 7 个缺失值。在查看了其中一些个体的数据后，看起来他们基本上都只有 highestdegree 值，而其他列则没有有效值。

```
>>> schoolrecord.isnull().sum(axis=0)
satverbal                7578
satmath                  7577
gpaoverall               2980
gpaenglish               3186
gpamath                  3218
gpascience               3300
highestdegree              31
highestgradecompleted    2321
dtype: int64
>>> misscnt = schoolrecord.isnull().sum(axis=1)
>>> misscnt.value_counts().sort_index()
0    1087
1     312
2    3210
3    1102
4     176
5     101
6    2039
7     946
8      11
dtype: int64
>>> schoolrecord.loc[misscnt>=7].head(4).T
personid              101705   102061   102648    104627
```

```
satverbal                 NaN       NaN      NaN      NaN
satmath                   NaN       NaN      NaN      NaN
gpaoverall                NaN       NaN      NaN      NaN
gpaenglish                NaN       NaN      NaN      NaN
gpamath                   NaN       NaN      NaN      NaN
gpascience                NaN       NaN      NaN      NaN
highestdegree          1. GED   0. None   1. GED  0. None
highestgradecompleted     NaN       NaN      NaN      NaN
```

（4）删除几乎所有数据都缺失的行。

在本示例中，可以使用 dropna DataFrame 方法并将 thresh 参数设置为 2，这将删除包含非缺失值少于 2 个的行（即具有 7 个或 8 个缺失值的行）。

```
>>> schoolrecord = schoolrecord.dropna(thresh=2)
>>> schoolrecord.shape
(8027, 8)
>>> schoolrecord.isnull().sum(axis=1).value_counts().sort_index()
0    1087
1     312
2    3210
3    1102
4     176
5     101
6    2039
dtype: int64
```

（5）对于 GPA 缺失值，可分配一个平均值。

```
>>> int(schoolrecord.gpaoverall.mean())
2
>>> schoolrecord.gpaoverall.isnull().sum()
2023
>>> schoolrecord.gpaoverall.fillna(int(schoolrecord.gpaoverall.mean()),
inplace=True)
>>> schoolrecord.gpaoverall.isnull().sum()
0
```

（6）使用前向填充（forward fill）替换缺失值。

在 fillna 中使用 ffill 选项，可将缺失值替换为数据中位于其之前的最接近的非缺失值。

```
>>> demo.wageincome.head().T
personid
100061      12,500
100139     120,000
```

```
100284       58,000
100292          nan
100583       30,000
Name: wageincome, dtype: float64
>>> demo.wageincome.isnull().sum()
3893
>>> nls97.wageincome.fillna(method='ffill', inplace=True)
>>> demo = nls97[demolist]
>>> demo.wageincome.head().T
personid
100061        12,500
100139       120,000
100284        58,000
100292        58,000
100583        30,000
Name: wageincome, dtype: float64
>>> demo.wageincome.isnull().sum()
0
```

（7）用分组均值填充缺失值。

创建一个 DataFrame，其中包含获得的最高学位的受访者在 2017 年的平均工作周数。将其与 NLS 数据合并，然后使用 fillna 替换工作周数的缺失值，替换的值就是该个体所获得的最高学位分组的平均值。例如，100292 受访者，他在 2017 年的工作周数是一个缺失值（nan），但是他获得的最高学位是学士（4. Bachelors），于是就使用学士组的平均值（44）填充其 2017 年的工作周数。

```
>>> nls97[['highestdegree','weeksworked17']].head()
           highestdegree  weeksworked17
personid
100061    2. High School             48
100139    2. High School             52
100284           0. None              0
100292      4. Bachelors            nan
100583    2. High School             52
>>>
>>> workbydegree=nls97.groupby(['highestdegree'])['weeksworked17'].mean().\
...    reset_index().rename(columns={'weeksworked17':'meanweeksworked17'})
>>>
>>> nls97 = nls97.reset_index().\
...    merge(workbydegree, left_on=['highestdegree'],
right_on=['highestdegree'], how='left').set_index('personid')
>>>
```

```
>>> nls97.weeksworked17.fillna(nls97.meanweeksworked17,inplace=True)
>>> nls97[['highestdegree','weeksworked17','meanweeksworked17']].head()
          highestdegree  weeksworked17  meanweeksworked17
personid
100061    2. High School             48                 38
100139    2. High School             52                 38
100284           0. None              0                 29
100292      4. Bachelors             44                 44
100583    2. High School             52                 38
```

上述步骤演示了多种可用于替换 Series 缺失值的不同方法。

6.8.3 原理解释

通过在使用 isull 时切换轴，我们可以按列或按行检查缺失值。在按行的情况下，几乎所有缺失数据的行都是很好的删除对象。在按列的情况下，当某些列的值缺失但还包含大量的良好数据时，可以考虑插补策略。

此秘笈再次使用了非常有用的 DataFrame grouby 方法。在步骤（7）中，使用了它来创建一个按组汇总统计信息的 DataFrame（在本示例中，就是按获得的最高学位分组的 2017 年的平均工作周数），可以使用这些值来改善数据清洗工作。这种合并稍微复杂，因为通常情况下，使用这种合并会丢失索引（我们不会按索引进行合并）。我们将重置索引，然后再次设置它，以便该步骤的后续语句中仍然可以使用它。

6.8.4 扩展知识

在此秘笈中，我们探索了若干种插补策略（imputation strategy），例如将缺失值设置为整体均值、将其设置为特定组的均值，以及前向填充值。当然，哪个任务适合于给定的数据清洗任务，这取决于你的数据。

对于时间 Series 数据，前向填充最有意义，并假定缺失值最有可能接近紧接前一个时间段的值。但是，当缺失值很少出现并且在整个数据中随机分布时，前向填充也很有意义。当你有理由相信彼此相邻的行的数据值彼此之间的共同点大于整体平均值时，前向填充可能是比平均值更好的选择。出于同样的原因，假设目标变量随组成员的不同而显著变化，则组均值可能比二者均更好。

6.8.5 参考资料

此秘笈使我们得出了另一种缺失值估算策略：使用机器学习技术，例如 k 最近邻

（k-Nearest Neighbor，KNN）。下一个秘笈演示了如何使用 KNN 清洗缺失的数据。

6.9 使用 k 最近邻算法填充缺失值

KNN 是一种流行的机器学习技术，因为它直观且易于运行，并且在没有大量特征（变量）和观测值的情况下会产生良好的结果。出于相同的原因，它通常用于估算缺失值。顾名思义，KNN 可以识别其特征与每个观测值最相似的 k 个观测值。当用于估算缺失值时，KNN 可使用最近的邻居来确定要使用的填充值。

6.9.1 准备工作

此秘笈将再次使用 NLS 数据，然后尝试为我们在前一个秘笈中使用的同一学校记录数据插补合理的值。

你将需要 scikit-learn 来运行此秘笈中的代码。你可以通过在终端或 Windows PowerShell 中输入以下命令来进行安装。

```
pip install sklearn
```

6.9.2 实战操作

在本秘笈中，我们将使用 scikit-learn 的 KNNImputer 模块为主要的 NLS 学习记录列填充缺失值。

（1）导入 pandas 和 scikit-learn 的 KNNImputer 模块，然后加载 NLS 数据。

```
>>> import pandas as pd
>>> from sklearn.impute import KNNImputer
>>> nls97 = pd.read_csv("data/nls97c.csv")
>>> nls97.set_index("personid", inplace=True)
```

（2）选择 NLS 学校记录数据。

```
>>> schoolrecordlist = ['satverbal','satmath','gpaoverall','gpaenglish',
...    'gpamath','gpascience','highestgradecompleted']
>>> schoolrecord = nls97[schoolrecordlist]
```

（3）初始化 KNNImputer 模型并填充值。

```
>>> impKNN = KNNImputer(n_neighbors=5)
>>> newvalues = impKNN.fit_transform(schoolrecord)
```

```
>>> schoolrecordimp = pd.DataFrame(newvalues,
columns=schoolrecordlist, index=schoolrecord.index)
```

（4）查看插补之后的值。

```
>>> schoolrecord.head().T
personid               100061   100139   100284   100292   100583
satverbal                 nan      nan      nan      nan      nan
satmath                   nan      nan      nan      nan      nan
gpaoverall                3.1      nan      nan      3.5      2.9
gpaenglish              350.0      nan      nan    345.0    283.0
gpamath                 280.0      nan      nan    370.0    285.0
gpascience              315.0      nan      nan    300.0    240.0
highestgradecompleted    13.0     12.0      7.0      nan     13.0
>>> schoolrecordimp.head().T
personid               100061   100139   100284   100292   100583
satverbal               446.0    412.0    290.8    534.0    414.0
satmath                 460.0    470.0    285.2    560.0    454.0
gpaoverall                3.1      2.3      2.5      3.5      2.9
gpaenglish              350.0    232.4    136.0    345.0    283.0
gpamath                 280.0    218.0    244.6    370.0    285.0
gpascience              315.0    247.8    258.0    300.0    240.0
highestgradecompleted    13.0     12.0      7.0      9.8     13.0
```

（5）比较摘要统计信息。

```
>>> schoolrecord[['gpaoverall','highestgradecompleted']].
agg(['mean','count'])
       gpaoverall  highestgradecompleted
mean          2.8                   14.1
count     6,004.0                6,663.0
>>> schoolrecordimp[['gpaoverall','highestgradecompleted']].
agg(['mean','count'])
       gpaoverall  highestgradecompleted
mean          2.8                   13.5
count     8,984.0                8,984.0
```

上述秘笈演示了如何使用 KNN 进行缺失值插补。

6.9.3　原理解释

此秘笈中的几乎所有工作都在步骤（3）中完成，在该步骤中初始化了 KNNImputer 模块。我们需要在此处做出的唯一决定是最接近的邻居将具有什么值。在这里我们选择了 5，这对于这个大小的 DataFrame 是一个合理的值。

然后，我们将 schoolrecord DataFrame 传递给 fit_transform 方法，该方法返回一个新 DataFrame 值的数组。该数组将保留非缺失值，但在缺失值处则使用了插补的值。

最后，使用原始 DataFrame 中的列名和索引将数组加载到新的 DataFrame 中。

在步骤（4）和步骤（5）中，可以清楚地看到新值。所有缺失值均已替换。gpaoverall 和 highestgradecompleted 的均值也几乎没有变化。

6.9.4　扩展知识

在本示例中，KNN 要做太多的工作，因为有若干行数据几乎没有可用于插补的信息。我们应该考虑从 DataFrame 中删除包含少于两个或 3 个非缺失值的行。

6.9.5　参考资料

KNN 还经常用于检测数据中的离群值。4.7 节“使用 k 最近邻算法找到离群值”秘笈对此进行了演示。

第 7 章　聚合时修复混乱数据

本书的前几章介绍了用于在整个 DataFrame 上生成摘要统计信息的技术，另外还介绍了 describe、mean 和 quantile 等方法。本章将讨论更复杂的聚合（aggregation）任务：通过分类变量进行聚合，以及使用聚合来更改 DataFrame 的结构。

在数据清洗的初始阶段之后，数据分析人员往往需要花费大量时间进行 Hadley Wickham 所谓的拆分-应用-合并（splitting-applying-combining）操作。具体来说，拆分（splitting）就是按主键将数据拆分为多个小组，这可以通过 groupby 来实现；应用（applying）就是对每个小组独立地使用函数，包括 agg、apply、transform 和 filter 等；合并（combining）就是将得到的结果组合在一起，然后得出关于整个数据集的结论。用更具体的术语来说，其实就是通过关键分类变量生成描述性统计信息。

例如，对于前面章节中的 nls97 数据集来说，可以按性别、婚姻状况和所获得的最高学位进行分组，而对于 COVID-19 新冠疫情数据，则可以按国家/地区或日期对数据进行细分。

一般来说，我们需要聚合数据以准备进行后续分析。有时，DataFrame 的行会被过度分解，超出了分析单位的需要，因此必须进行一些汇总才能开始分析。例如，对于鸟类观察项目，由于每天都有观察结果，经多年累积之后，可能会形成庞大的观察数据，我们需要通过决定仅按月甚至按年对每个物种进行观测来得出结论。另一个例子是家庭和汽车维修支出，我们可能需要按年份来汇总统计支出。

有若干种使用 NumPy 和 Pandas 聚合数据的方法，每种方法都有其各自的优势。本章将探索一些非常实用的方法。例如，使用 itertuples 进行循环迭代、定位 NumPy 数组，以及使用 DataFrame groupby 方法的多种技术等。

充分了解 Pandas 和 NumPy 中可用的所有工具对于分析人员来说很有帮助，因为几乎所有数据分析项目都需要一些聚合操作。聚合是我们在数据清洗过程中最重要的步骤之一，而这项工作的最佳工具更多地取决于数据的属性，而不是我们的个人喜好。

本章包括以下秘笈。

- 使用 itertuples 遍历数据。
- 使用 NumPy 数组按组计算汇总。
- 使用 groupby 组织数据。
- 通过 groupby 使用更复杂的聚合函数。
- 结合 groupby 使用用户定义的函数。
- 使用 groupby 更改 DataFrame 的分析单位。

7.1 技术要求

本章的代码和 Notebook 可在 GitHub 上获得，其网址如下。

https://github.com.com/PacktPublishing/Python-Data-Cleaning-Cookbook

7.2 使用 itertuples 遍历数据

在此秘笈中，我们将遍历 DataFrame 的行并为某个变量生成我们自己的总计。在本章后续秘笈中，将使用 NumPy 数组以及一些特定于 Pandas 的技术来完成相同的任务。

你可能会奇怪，为什么本章要从一种经常被警告不要使用的技术开始，但是，在很多年以前，作者曾经每天都在 SAS 中执行循环操作，而 7 年前作者也曾经在 R 中进行各种循环操作。从概念上考虑对数据行进行迭代，或按组进行排序并无坏处，即使作者很少以这种方式实现代码。作者认为坚持这种概念化思考是有好处的，即使我们可能知道一些更有效的 Pandas 方法，但是了解多样性方法有利于开阔你解决问题的思路。

作者不想给你留下这样一个印象，即 Pandas 特有的技术总是明显更有效。Pandas 用户可能会发现自己经常会使用到 apply，但这种方法其实只比循环快一点。

最后，作者应该补充一点，如果你的 DataFrame 少于 10000 行，那么使用特定于 Pandas 的技术（而不是循环）带来的效率提升可能很小。在这种情况下，分析人员应该选择最直观、最不容易出错的方法。

7.2.1 准备工作

此秘笈将使用 COVID-19 新冠疫情病例每日数据。每个国家/地区每天都有一行记录，每一行都有当天的新病例和新死亡人数。它反映了截至 2020 年 7 月 18 日的总数。

此秘笈还将使用 2019 年来自巴西 87 个气象站的土地温度数据。大多数气象站每个月都有一个温度读数。

注意：[①]

Our World in Data 网站提供的 COVID-19 新冠疫情数据可公开使用，其网址如下。

---

① 这里与英文原文的内容保持一致，保留了其中文翻译。

https://ourworldindata.org/coronavirus-source-data

land temperature（地面温度）数据集取自 Global Historical Climatology Network Integrated Database（全球历史气候学网络集成数据库），由美国国家海洋与大气管理局提供给公众使用。其网址如下。

https://www.ncdc.noaa.gov/data-access/land-based-station-data/land-based-datasets/global-historical-climatology-network-monthly-version-4

此秘笈仅使用 2019 年巴西气象站的数据。

7.2.2　实战操作

本示例将使用 DataFrame itertuples 方法循环遍历 COVID-19 每日数据行和巴西气象站的每月地面温度数据行。我们添加了逻辑，用于处理从一个时期到下一个时期的数据缺失和关键变量值的意外更改。

（1）导入 pandas 和 numpy，并加载 COVID-19 和地面温度数据。

```
>>> import pandas as pd
>>> import numpy as np
>>> coviddaily = pd.read_csv("data/coviddaily720.csv",
parse_dates=["casedate"])
>>> ltbrazil = pd.read_csv("data/ltbrazil.csv")
```

（2）按位置和日期对数据进行排序。

```
>>> coviddaily = coviddaily.sort_values(['location','casedate'])
```

（3）使用 itertuples 迭代行。

itertuples 使我们可以将所有行作为命名元组进行迭代。itertuples 就是迭代（iteration）+元组（tuple）的结合。

汇总每个国家/地区在所有日期的新病例。随着国家/地区（location）的每次更改，将累计求和（running total）追加到 rowlist 中，然后将计数设置为 0（请注意，rowlist 是一个列表，并且随着国家/地区的每次更改，我们都将字典追加到 rowlist 中。字典列表是一个临时存储数据的好地方，你可能最终希望将其转换为 DataFrame）。

```
>>> prevloc = 'ZZZ'
>>> rowlist = []
>>>
>>> for row in coviddaily.itertuples():
```

```
...     if (prevloc!=row.location):
...       if (prevloc!='ZZZ'):
...         rowlist.append({'location':prevloc,'casecnt':casecnt})
...       casecnt = 0
...       prevloc = row.location
...     casecnt += row.new_cases
...
>>> rowlist.append({'location':prevloc,'casecnt':casecnt})
>>> len(rowlist)
209
>>> rowlist[0:4]
[{'location': 'Afghanistan', 'casecnt': 34451.0},
{'location': 'Albania', 'casecnt': 3371.0}, {'location':'Algeria',
'casecnt': 18712.0}, {'location': 'Andorra','casecnt': 855.0}]
```

（4）从摘要值列表（rowlist）创建一个 DataFrame。

将我们在步骤（3）中创建的列表传递给 Pandas DataFrame 方法。

```
>>> covidtotals = pd.DataFrame(rowlist)
>>> covidtotals.head()
      location  casecnt
0  Afghanistan   34,451
1      Albania    3,371
2      Algeria   18,712
3      Andorra      855
4       Angola      483
```

（5）对地面温度数据进行排序。

另外，删除 temperature 列中包含缺失值的行。

```
>>> ltbrazil = ltbrazil.sort_values(['station','month'])
>>> ltbrazil = ltbrazil.dropna(subset=['temperature'])
```

（6）排除从一个期间到下一个期间有较大变化的行。

计算年度的平均温度，不包括大于或小于前一个月 3℃以上的温度值。

```
>>> prevstation = 'ZZZ'
>>> prevtemp = 0
>>> rowlist = []
>>>
>>> for row in ltbrazil.itertuples():
...     if (prevstation!=row.station):
...       if (prevstation!='ZZZ'):
```

```
...         rowlist.append({'station':prevstation,
'avgtemp':tempcnt/stationcnt, 'stationcnt':stationcnt})
...       tempcnt = 0
...       stationcnt = 0
...       prevstation = row.station
...     # 仅选择与上一个温度的温差在 3℃以内的行
...     if ((0 <= abs(row.temperature-prevtemp) <= 3) or (stationcnt==0)):
...       tempcnt += row.temperature
...       stationcnt += 1
...     prevtemp = row.temperature
...
>>> rowlist.append({'station':prevstation,
'avgtemp':tempcnt/stationcnt, 'stationcnt':stationcnt})
>>> rowlist[0:5]
[{'station': 'ALTAMIRA', 'avgtemp': 28.310000000000002,
'stationcnt': 5}, {'station': 'ALTA_FLORESTA_AERO',
'avgtemp': 29.433636363636367, 'stationcnt': 11},
{'station': 'ARAXA', 'avgtemp': 21.612499999999997,
'stationcnt': 4}, {'station': 'BACABAL', 'avgtemp': 29.75,
'stationcnt': 4}, {'station': 'BAGE', 'avgtemp': 20.366666666666664,
'stationcnt': 9}]
```

（7）从摘要值创建一个 DataFrame。

将我们在步骤（6）中创建的列表传递给 Pandas DataFrame 方法。

```
>>> ltbrazilavgs = pd.DataFrame(rowlist)
>>> ltbrazilavgs.head()
              station  avgtemp  stationcnt
0            ALTAMIRA    28.31           5
1  ALTA_FLORESTA_AERO    29.43          11
2               ARAXA    21.61           4
3             BACABAL    29.75           4
4                BAGE    20.37           9
```

上述操作为我们提供了一个包含 2019 年平均温度的 DataFrame 以及每个气象站的观测值数量。

7.2.3　原理解释

在步骤（2）中，按 location 和 casedate 对新冠疫情的每日数据进行排序后，一次循环迭代一行数据，并在步骤（3）中对新病例进行连续累计求和。

当循环到达新的国家/地区时，将计数重置为 0，然后继续计数。

可以看到，在循环到达下一个国家/地区之前，我们实际上不会追加新病例的摘要。这是因为在到达下一个国家/地区之前，没有办法知道是否已经到达任何国家/地区的最后一行。这不是一个问题，因为在将值重置为 0 之前，我们可将摘要追加到 rowlist 中。这也意味着，我们需要做一些特殊的事情来输出最后一个国家/地区的总数，因为在它之后已经无法到达下一个国家/地区了。循环完成后，我们将执行最后的追加操作。这是一种相当标准的方法，用于遍历数据并按组输出总计。

从数据分析人员的时间和计算机的工作量方面来考虑，可以使用本章介绍的其他 Pandas 技术，以更有效地创建在步骤（3）和步骤（4）中创建的摘要 DataFrame。但是，当需要进行更复杂的计算时，尤其是涉及跨行比较值的计算时，这将变得更加困难。

步骤（6）和步骤（7）提供了这方面的一个示例。我们要计算一年中每个站点的平均温度。大多数气象站每个月都有一个读数。但是我们关心的是，可能会有一些温度离群值（在本示例中，离群值定义为本月和上一个月的温差在 3℃以上）。我们希望将这些读数从每个气象站的平均值计算中排除。通过存储上一个月的温度值（prevtemp）并将其与当前值进行比较，即可迭代查找并排除离群值。

7.2.4　扩展知识

在步骤（3）中可以使用 iterrows 而不是 itertuples，二者的语法几乎完全相同。由于本示例不需要 iterrows 的功能，因此这里使用了 itertuples。相比而言，itertuples 对于系统资源的需求比 iterrows 更低。

使用表格数据时，最难完成的任务涉及跨行计算，如对跨行数据求和、基于不同行中的值进行计算以及生成累计求和。不管使用哪种语言，这样的计算都难以实现且占用大量资源。但是很难避免这样做，尤其是在处理面板数据（panel data）时（面板数据是经济学中关于多维数据集的一个术语）。

给定时间段内，变量的某些值可能由上一个时间段内的值确定。这通常比我们在本秘笈中完成的累计求和要复杂得多。

数十年来，数据分析人员一直试图通过遍历行，仔细检查分类变量和摘要变量中是否存在数据问题，然后相应地处理汇总来应对这些数据清洗挑战。尽管这仍然是提供最大灵活性的方法，但 Pandas 提供了许多数据聚合工具，这些工具可以更高效地运行并且更易于编码。其挑战在于匹配循环解决方案，针对无效、不完整或非典型数据进行调整的能力。本章后面将探讨这些工具。

7.3　使用 NumPy 数组按组计算汇总

使用 NumPy 数组也可以完成我们在上一个秘笈中通过 itertuples 执行的大部分操作。此外，我们还可以使用 NumPy 数组获取数据子集的摘要值。

7.3.1　准备工作

此秘笈将再次使用 COVID-19 新冠疫情病例每日数据和巴西气象站地面温度数据。

7.3.2　实战操作

可以将 DataFrame 值复制到 NumPy 数组中，然后遍历该数组，按组计算总计并检查值的意外更改。

（1）导入 pandas 和 numpy，并加载 COVID-19 新冠疫情病例每日数据和巴西气象站地面温度数据。

```
>>> import pandas as pd
>>> import numpy as np
>>> coviddaily = pd.read_csv("data/coviddaily720.csv",
parse_dates=["casedate"])
>>> ltbrazil = pd.read_csv("data/ltbrazil.csv")
```

（2）创建位置列表。

```
>>> loclist = coviddaily.location.unique().tolist()
```

（3）使用 NumPy 数组按位置计算总和。

创建 location 和 new_cases 数据的 NumPy 数组。然后，可以遍历在步骤（2）中创建的位置列表，并为每个位置（casevalues [j] [0]）选择所有新的病例值（casevalues [j] [1]）。最后，对该位置的新病例值求和。

```
>>> rowlist = []
>>> casevalues = coviddaily[['location','new_cases']].to_numpy()
>>>
>>> for locitem in loclist:
...   cases = [casevalues[j][1] for j in range(len(casevalues))\
...     if casevalues[j][0]==locitem]
...   rowlist.append(sum(cases))
```

```
...
>>> len(rowlist)
209
>>> len(loclist)
209
>>> rowlist[0:5]
[34451.0, 3371.0, 18712.0, 855.0, 483.0]
>>> casetotals = pd.DataFrame(zip(loclist,rowlist),
columns=(['location','casetotals']))
>>> casetotals.head()
      location  casetotals
0  Afghanistan   34,451.00
1      Albania    3,371.00
2      Algeria   18,712.00
3      Andorra      855.00
4       Angola      483.00
```

（4）对地面温度数据进行排序，并删除缺少温度值的行。

```
>>> ltbrazil = ltbrazil.sort_values(['station','month'])
>>> ltbrazil = ltbrazil.dropna(subset=['temperature'])
```

（5）使用 NumPy 数组计算一年的平均温度。

排除从一个期间到下一个期间有较大温差变化的行。

```
>>> prevstation = 'ZZZ'
>>> prevtemp = 0
>>> rowlist = []
>>> tempvalues = ltbrazil[['station','temperature']].to_numpy()
>>>
>>> for j in range(len(tempvalues)):
...   station = tempvalues[j][0]
...   temperature = tempvalues[j][1]
...   if (prevstation!=station):
...     if (prevstation!='ZZZ'):
...       rowlist.append({'station':prevstation,
'avgtemp':tempcnt/stationcnt, 'stationcnt':stationcnt})
...     tempcnt = 0
...     stationcnt = 0
...     prevstation = station
...   if ((0 <= abs(temperature-prevtemp) <= 3) or (stationcnt==0)):
...     tempcnt += temperature
...     stationcnt += 1
...   prevtemp = temperature
```

```
...
>>> rowlist.append({'station':prevstation,
'avgtemp':tempcnt/stationcnt, 'stationcnt':stationcnt})
>>> rowlist[0:5]
[{'station': 'ALTAMIRA', 'avgtemp': 28.310000000000002,
'stationcnt': 5}, {'station': 'ALTA_FLORESTA_AERO',
'avgtemp': 29.433636363636367, 'stationcnt': 11},
{'station': 'ARAXA', 'avgtemp': 21.612499999999997,
'stationcnt': 4}, {'station': 'BACABAL', 'avgtemp': 29.75,
'stationcnt': 4}, {'station': 'BAGE', 'avgtemp': 20.366666666666664,
'stationcnt': 9}]
```

（6）创建一个包含地面温度平均值的 DataFrame。

```
>>> ltbrazilavgs = pd.DataFrame(rowlist)
>>> ltbrazilavgs.head()
              station  avgtemp  stationcnt
0            ALTAMIRA    28.31           5
1  ALTA_FLORESTA_AERO    29.43          11
2               ARAXA    21.61           4
3             BACABAL    29.75           4
4                BAGE    20.37           9
```

上述操作为我们提供了一个包含每个气象站平均温度和观测数量的 DataFrame。可以看到，我们得到的结果与上一个秘笈最后一步得到的结果相同。

7.3.3　原理解释

当使用表格数据时，NumPy 数组可能非常有用，但需要跨行进行一些计算。这是因为访问等效行中的项与访问数组等效列中的项实际上没有什么区别。

例如，casevalues [5] [0]（可以视为数组的第 6“行”和第 1“列”）的访问方式和 casevalues [20][1]的访问方式是一样的。在 NumPy 数组中定位也比在 Pandas DataFrame 上迭代更快。

在步骤（3）中利用了这一点。我们使用列表推导式（list comprehension）获得了给定位置的所有数组行。其语句如下。

```
if casevalues[j][0] == locitem
```

由于我们还需要 DataFrame 中的 location 列表（该 DataFrame 将创建汇总值），因此可使用 zip 组合这两个列表。

在步骤（4）中开始处理地面温度数据，首先按 station（气象站）和 month（月份）对其进行排序，然后删除 temperature（温度）列包含缺失值的行。

步骤（5）中的逻辑几乎与先前秘笈中步骤（6）的逻辑相同。主要区别在于，我们需要引用数组中气象站的位置（tempvalues [j] [0]）和温度（tempvalues [j] [1]）。

7.3.4 扩展知识

当你需要遍历数据时，NumPy 数组通常比使用 itertuples 或 iterrows 遍历 Pandas DataFrame 更快。另外，如果尝试使用 itertuples 在步骤（3）中运行列表推导式，则可能要等待一段时间才能完成。一般来说，如果你想对数据的某些部分进行快速汇总，使用 NumPy 数组则是一个合理的选择。

7.3.5 参考资料

本章余下的秘笈将依赖强大的 Pandas DataFrame groupby 方法来生成分组总计。

7.4 使用 groupby 组织数据

在大多数数据分析项目中的某个阶段，我们必须按组生成摘要统计信息。尽管可以使用上一个秘笈中的方法完成此操作，但在多数情况下，Pandas DataFrame groupby 方法是更好的选择。如果某项聚合任务是 groupby 能够处理的——通常而言都是可以的，那么它可能是完成该任务的最有效方法。在本章的其余秘笈中，我们会充分利用 groupby。

此秘笈将介绍 groupby 的基础知识。

7.4.1 准备工作

此秘笈将使用 COVID-19 新冠疫情每日数据。

7.4.2 实战操作

本示例将创建一个 Pandas groupby DataFrame，并使用它按组生成摘要统计信息。

（1）导入 pandas 和 numpy，并加载新冠疫情病例的每日数据。

```
>>> import pandas as pd
>>> import numpy as np
>>> coviddaily = pd.read_csv("data/coviddaily720.csv",
parse_dates=["casedate"])
```

（2）创建一个 Pandas groupby DataFrame。

```
>>> countrytots = coviddaily.groupby(['location'])
>>> type(countrytots)
<class 'pandas.core.groupby.generic.DataFrameGroupBy'>
```

（3）为每个国家/地区的第一行和最后一行创建 DataFrame。

```
>>> countrytots.first().iloc[0:5, 0:5]
             iso_code    casedate  continent  new_cases  new_deaths
location
Afghanistan       AFG  2019-12-31       Asia          0           0
Albania           ALB  2020-03-09     Europe          2           0
Algeria           DZA  2019-12-31     Africa          0           0
Andorra           AND  2020-03-03     Europe          1           0
Angola            AGO  2020-03-22     Africa          2           0
>>> countrytots.last().iloc[0:5, 0:5]
             iso_code    casedate  continent  new_cases  new_deaths
location
Afghanistan       AFG  2020-07-12       Asia         85          16
Albania           ALB  2020-07-12     Europe         93           4
Algeria           DZA  2020-07-12     Africa        904          16
Andorra           AND  2020-07-12     Europe          0           0
Angola            AGO  2020-07-12     Africa         25           2
>>> type(countrytots.last())
<class 'pandas.core.frame.DataFrame'>
```

（4）获取一个国家的所有行。

```
>>> countrytots.get_group('Zimbabwe').iloc[0:5, 0:5]
       iso_code    casedate  continent  new_cases  new_deaths
29099       ZWE  2020-03-21     Africa          1           0
29100       ZWE  2020-03-22     Africa          1           0
29101       ZWE  2020-03-23     Africa          0           0
29102       ZWE  2020-03-24     Africa          0           1
29103       ZWE  2020-03-25     Africa          0           0
```

（5）遍历各组。

```
>>> for name, group in countrytots:
...   if (name in ['Malta','Kuwait']):
...     print(group.iloc[0:5, 0:5])
...
       iso_code    casedate  location  continent  new_cases
14707  KWT        2019-12-31    Kuwait       Asia          0
```

```
14708  KWT        2020-01-01    Kuwait       Asia         0
14709  KWT        2020-01-02    Kuwait       Asia         0
14710  KWT        2020-01-03    Kuwait       Asia         0
14711  KWT        2020-01-04    Kuwait       Asia         0
       iso_code     casedate  location  continent  new_cases
17057  MLT        2020-03-07     Malta     Europe         1
17058  MLT        2020-03-08     Malta     Europe         2
17059  MLT        2020-03-09     Malta     Europe         0
17060  MLT        2020-03-10     Malta     Europe         2
17061  MLT        2020-03-11     Malta     Europe         1
```

（6）显示每个国家/地区的行数。

```
>>> countrytots.size()
location
Afghanistan        185
Albania            126
Algeria            190
Andorra            121
Angola             113
                  ...
Vietnam            191
Western Sahara      78
Yemen               94
Zambia             116
Zimbabwe           114
Length: 209, dtype: int64
```

（7）按国家/地区显示汇总统计信息。

```
>>> countrytots.new_cases.describe().head()
             count  mean  std  min  25%  50%  75%    max
location
Afghanistan    185   186  257    0    0   37  302  1,063
Albania        126    27   25    0    9   17   36     93
Algeria        190    98  124    0    0   88  150    904
Andorra        121     7   13    0    0    1    9     79
Angola         113     4    9    0    0    1    5     62
>>> countrytots.new_cases.sum().head()
location
Afghanistan   34,451
Albania        3,371
Algeria       18,712
Andorra          855
```

```
Angola              483
Name: new_cases, dtype: float64
```

上述步骤说明了当我们要通过分类变量生成摘要统计信息时，groupby DataFrame 对象的用途非常明显。

7.4.3　原理解释

在步骤(2)中，使用 Pandas DataFrame groupby 方法创建了 Pandas DataFrame groupby 对象，并通过向其传递一列或一个列的列表来进行分组。

一旦有了 groupby DataFrame，我们就可以使用与生成整个 DataFrame 汇总统计信息相同的工具，按组生成统计信息。如 describe、mean、sum 等工具同样可以应用于 groupby DataFrame 或通过它创建的 Series。当然，汇总统计信息只能应用于每个组而不能应用于单个的 Series。

在步骤(3)中，使用了 first 和 last 创建每个组的第一个和最后一个出现的 DataFrame。

在步骤（4）中，使用了 get_group 来获取特定组的所有行。我们还可以遍历这些组并使用 size 来统计每个组的行数。

在步骤（7）中，从 DataFrame groupby 对象创建了一个 Series groupby 对象。使用结果对象的聚合方法，可以为我们提供 Series groupby 对象的汇总统计信息。关于此输出中 new_cases 的分布，有一点是很清楚的：每个国家/地区的差异很大。例如，即使对于前 5 个国家/地区，也可以看到其四分位数间距有很大的不同。

7.4.4　扩展知识

步骤（7）的输出非常有用，其中每个组的分布都很有意义，它反映了每个重要的连续变量的差异，所以值得保存输出。

Pandas groupby DataFrame 非常强大且易于使用。步骤（7）证明了按组创建汇总统计信息是很简单的操作。除非要处理的 DataFrame 很小，或者任务涉及跨行的非常复杂的计算；否则 groupby 方法就是循环的绝佳选择。

7.5　通过 groupby 使用更复杂的聚合函数

在上一个秘笈中，我们创建了一个 groupby DataFrame 对象，并使用它来按组运行摘要统计信息。在此秘笈中，将使用方法链来创建组、选择聚合变量，然后选择聚合函数，所有这些操作都在同一行代码中完成。我们还利用了 groupby 对象的灵活性，它允许我们以多种方式选择聚合列和函数。

7.5.1 准备工作

此秘笈将使用 NLS 数据。

注意：[①]

NLS 是由美国劳工统计局进行的。这项调查始于 1997 年的一组人群，这组人群出生于 1980—1985 年，每年进行一次随访，直到 2017 年。NLS 数据可公开使用，其网址如下。

https://www.nlsinfo.org

7.5.2 实战操作

本示例将利用 groupby 进行比上一个秘笈更复杂的聚合。

（1）导入 pandas 并加载 NLS 数据。

```
>>> import pandas as pd
>>> nls97 = pd.read_csv("data/nls97b.csv")
>>> nls97.set_index("personid", inplace=True)
```

（2）查看数据结构。

```
>>> nls97.iloc[:,0:7].info()
<class 'pandas.core.frame.DataFrame'>
Int64Index: 8984 entries, 100061 to 999963
Data columns (total 7 columns):
 #   Column                 Non-Null Count  Dtype
---  ------                 --------------  -----
 0   gender                 8984  non-null  object
 1   birthmonth             8984  non-null  int64
 2   birthyear              8984  non-null  int64
 3   highestgradecompleted  6663  non-null  float64
 4   maritalstatus          6672  non-null  object
 5   childathome            4791  non-null  float64
 6   childnotathome         4791  non-null  float64
dtypes: float64(3), int64(2), object(2)
memory usage: 561.5+ KB
```

---

① 这里与英文原文的内容保持一致，保留了其中文翻译。

（3）查看一些分类数据。

```
>>> catvars = ['gender','maritalstatus','highestdegree']
>>>
>>> for col in catvars:
...     print(col, nls97[col].value_counts().sort_index(),
sep="\n\n", end="\n\n\n")
...
gender
Female  4385
Male    4599
Name: gender, dtype: int64

maritalstatus
Divorced          663
Married          3066
Never-married    2766
Separated         154
Widowed            23
Name: maritalstatus, dtype: int64

highestdegree
0. None             953
1. GED             1146
2. High School     3667
3. Associates       737
4. Bachelors       1673
5. Masters          603
6. PhD               54
7. Professional     120
Name: highestdegree, dtype: int64
```

（4）查看一些描述性统计数据。

```
>>> contvars = ['satmath','satverbal','weeksworked06','gpaoverall',
...     'childathome']
>>>

>>> nls97[contvars].describe()
         satmath  satverbal  weeksworked06  gpaoverall  childathome
count    1,407.0    1,406.0        8,340.0     6,004.0      4,791.0
mean       500.6      499.7           38.4         2.8          1.9
std        115.0      112.2           18.9         0.6          1.3
min          7.0       14.0            0.0         0.1          0.0
```

```
25%          430.0      430.0           27.0       2.4        1.0
50%          500.0      500.0           51.0       2.9        2.0
75%          580.0      570.0           52.0       3.3        3.0
max          800.0      800.0           52.0       4.2        9.0
```

（5）查看按性别分类的学业评估测试（SAT）数学成绩。

将列名称传递给 groupby 以按该列进行分组。

```
>>> nls97.groupby('gender')['satmath'].mean()
gender
Female    487
Male      517
Name: satmath, dtype: float64
```

（6）按性别和获得的最高学位分组查看 SAT 数学成绩。

可以将列名称列表传递给 groupby，以按多个列进行分组。

```
>> nls97.groupby(['gender','highestdegree'])['satmath'].mean()
gender  highestdegree
Female  0. None              333
        1. GED               405
        2. High School       431
        3. Associates        458
        4. Bachelors         502
        5. Masters           508
        6. PhD               575
        7. Professional      599
Male    0. None              540
        1. GED               320
        2. High School       468
        3. Associates        481
        4. Bachelors         542
        5. Masters           574
        6. PhD               621
        7. Professional      588
Name: satmath, dtype: float64
```

（7）按性别和获得的最高学位查看 SAT 数学和词汇成绩。

可以使用一个列表来汇总多个变量的值，在本示例中，就是汇总 satmath 和 satverbal 两个变量的值。

```
>>> nls97.groupby(['gender','highestdegree'])
[['satmath','satverbal']].mean()
                              satmath    satverbal
```

```
gender  highestdegree
Female  0. None              333        409
        1. GED               405        390
        2. High School       431        444
        3. Associates        458        466
        4. Bachelors         502        506
        5. Masters           508        534
        6. PhD               575        558
        7. Professional      599        587
Male    0. None              540        483
        1. GED               320        360
        2. High School       468        457
        3. Associates        481        462
        4. Bachelors         542        528
        5. Masters           574        545
        6. PhD               621        623
        7. Professional      588        592
```

（8）添加用于 count（计数）、mean（平均值）、max（最大值）和 std（标准偏差）的列。

使用 agg 函数返回这些摘要统计信息。

```
>>> nls97.groupby(['gender','highestdegree'])
['gpaoverall'].agg(['count','mean','max','std'])
                           count  mean  max  std
gender highestdegree
Female 0. None               148   2.5  4.0  0.7
       1. GED                227   2.3  3.9  0.7
       2. High School       1212   2.8  4.2  0.5
       3. Associates         290   2.9  4.0  0.5
       4. Bachelors          734   3.2  4.1  0.5
       5. Masters            312   3.3  4.1  0.4
       6. PhD                 22   3.5  4.0  0.5
       7. Professional        53   3.5  4.1  0.4
Male   0. None               193   2.2  4.0  0.6
       1. GED                345   2.2  4.0  0.6
       2. High School       1436   2.6  4.0  0.5
       3. Associates         236   2.7  3.8  0.5
       4. Bachelors          560   3.1  4.1  0.5
       5. Masters            170   3.3  4.0  0.4
       6. PhD                 20   3.4  4.0  0.6
       7. Professional        38   3.4  4.0  0.3
```

（9）使用字典进行更复杂的聚合。

```
>>> pd.options.display.float_format = '{:,.1f}'.format
>>> aggdict = {'weeksworked06':['count', 'mean','max','std'],
'childathome':['count', 'mean', 'max', 'std']}
>>> nls97.groupby(['highestdegree']).agg(aggdict)
              weeksworked06                     childathome
                      count  mean   max   std     count  mean  max  std

highestdegree
0. None                 703  29.7  52.0  21.6       439   1.8  8.0  1.6
1. GED                 1104  33.2  52.0  20.6       693   1.7  9.0  1.5
2. High School         3368  39.4  52.0  18.6      1961   1.9  7.0  1.3
3. Associates           722  40.7  52.0  17.7       428   2.0  6.0  1.1
4. Bachelors           1642  42.2  52.0  16.1       827   1.9  8.0  1.0
5. Masters              601  42.2  52.0  16.1       333   1.9  5.0  0.9
6. PhD                   53  38.2  52.0  18.6        32   2.1  6.0  1.1
7. Professional         117  27.1  52.0  20.4        57   1.8  4.0  0.8
>>> nls97.groupby(['maritalstatus']).agg(aggdict)
             weeksworked06                      childathome
                      count  mean   max   std     count  mean  max  std
maritalstatus
Divorced                660  37.5  52.0  19.1       524   1.5  5.0  1.2
Married                3033  40.3  52.0  17.9      2563   2.1  8.0  1.1
Never-married          2734  37.2  52.0  19.1      1502   1.6  9.0  1.3
Separated               153  33.8  52.0  20.2       137   1.5  8.0  1.4
Widowed                  23  37.1  52.0  19.3        18   1.8  5.0  1.4
```

上述操作为 weeksworked06 和 childathome 显示了相同的摘要统计信息，但是我们可以使用与步骤（9）相同的语法为每个 DataFrame 指定不同的聚合函数。

7.5.3 原理解释

本示例首先查看了 DataFrame 中关键列的一些摘要统计信息。

在步骤（3）中，获得了分类变量的频率，在步骤（4）中获得了连续变量的一些描述性信息。在按组生成统计信息之前，最好先获得整个 DataFrame 的汇总值。

然后，可以使用 groupby 创建摘要统计信息。这涉及以下 3 个步骤。

（1）基于一个或多个分类变量创建 groupby DataFrame。

（2）选择要用于进行摘要统计的列。

（3）选择聚合函数。

在此秘笈中，使用了方法链来将所有 3 个操作合在一行代码中。

在步骤（5）中，使用了以下语句。

```
nls97.groupby('gender')['satmath'].mean()
```

这实际上执行了 3 个操作：nls97.groupby('gender') 创建了一个 groupby DataFrame 对象，['satmath']选择了聚合列，mean()则是聚合函数。

在步骤（5）中，将一个列名称传递给了 groupby，而在步骤（6）中，则是将一个列名称列表传递给了 groupby，这样分别可以按一个列或多个列创建分组。

可以使用这些变量的列表来选择多个变量进行聚合，在步骤（7）中即执行了该操作，其语句如下。

```
nls97.groupby(['gender','highestdegree'])
[['satmath','satverbal']].mean()
```

可以使用方法链来链接特定的汇总函数，如 mean、count 或 max。或者，也可以将一个列表传递给 agg 以选择多个聚合函数，在步骤（8）中就执行了该操作，其语句如下。

```
agg(['count', 'mean', 'max', 'std'])
```

我们可以使用熟悉的 Pandas 和 NumPy 聚合函数或用户定义的函数。在下一个秘笈中将详细探讨用户定义的函数。

步骤（8）带给我们的另一个重要收获是，agg 可以一次一组将聚合列发送给每个函数。每个聚合函数中的计算都是针对 groupby DataFrame 中的每个组运行的。推而广之，这意味着我们可以按一次一组的方式，在整个 DataFrame 上运行相同的函数，实现的方式就是自动将每个组的数据发送给聚合函数。

7.5.4　扩展知识

我们首先了解 DataFrame 中的分类变量和连续变量如何分布。一般来说，可以将数据分组以查看连续变量（如工作周数）的分布与分类变量（如婚姻状况）之间的差异。在此之前，最好了解这些变量在整个数据集中的分布情况。

在 nls97 数据集的 8984 名受访者中，仅有约 1400 名受访者提供了 SAT 分数，因此在按不同的分组查看 SAT 分数时，需要格外小心。这意味着某些按性别和获得的最高学位统计的人数，特别是对于 PhD（博士）学位获得者而言，数据量太少了，所以不太可靠。SAT 数学和词汇分数存在离群值（我们将离群值定义为高于第三个四分位数或低于第一个四分位数的四分位距的 1.5 倍）。

对于所有获得的最高学位值和婚姻状况值，我们都有可接受的工作周数和在家里生活的孩子数（丧偶者除外）。

对于获得 Professional 学位的人来说，其平均工作周数是出乎意料的，它低于其他组。因此，可以考虑查看历年来的数据（本示例仅查看了 2006 年的工作周数，但是该数据集包含了 20 年有关工作周数的数据）。

7.5.5 参考资料

nls97 文件是伪装成个人层级数据的面板数据。可以考虑恢复该面板数据结构，因为这样有助于随着时间的推移对诸如就业和入学记录等领域进行分析。在第 9 章“规整和重塑数据”中的秘笈将执行此操作。

7.6 结合 groupby 使用用户定义的函数

尽管 Pandas 和 NumPy 提供了许多聚合函数，但有时我们必须编写自己的函数才能获得所需的结果。在某些情况下，这需要用到 apply。

7.6.1 准备工作

此秘笈将使用 NLS 数据。

7.6.2 实战操作

我们将创建自己的函数，以按组定义所需的摘要统计信息。

（1）导入 pandas、numpy 和 NLS 数据。

```
>>> import pandas as pd
>>> import numpy as np
>>> nls97 = pd.read_csv("data/nls97b.csv")
>>> nls97.set_index("personid", inplace=True)
```

（2）创建一个函数，以定义四分位距。

```
>>> def iqr(x):
...    return x.quantile(0.75) - x.quantile(0.25)
...
```

（3）运行该四分位距函数。

首先，创建一个字典，指定要在每个分析变量上运行的聚合函数。

```
>>> aggdict = {'weeksworked06':['count', 'mean', iqr],
'childathome':['count', 'mean', iqr]}
>>> nls97.groupby(['highestdegree']).agg(aggdict)
                  weeksworked06        childathome
                  count  mean   iqr  count  mean  iqr
highestdegree
0. None             703  29.7  47.0    439   1.8  3.0
1. GED             1104  33.2  39.0    693   1.7  3.0
2. High School     3368  39.4  21.0   1961   1.9  2.0
3. Associates       722  40.7  18.0    428   2.0  2.0
4. Bachelors       1642  42.2  14.0    827   1.9  1.0
5. Masters          601  42.2  13.0    333   1.9  1.0
6. PhD               53  38.2  23.0     32   2.1  2.0
7. Professional     117  27.1  45.0     57   1.8  1.0
```

（4）定义一个函数，将选定的摘要统计信息作为一个 Series 返回。

```
>>> def gettots(x):
...   out = {}
...   out['qr1'] = x.quantile(0.25)
...   out['med'] = x.median()
...   out['qr3'] = x.quantile(0.75)
...   out['count'] = x.count()
...   return pd.Series(out)
...
```

（5）使用 apply 运行函数。

这将基于 highestdegree 值创建一个具有多索引的 Series，以及所需的摘要统计信息。

```
>>> pd.options.display.float_format = '{:,.0f}'.format
>>> nls97.groupby(['highestdegree'])['weeksworked06'].apply(gettots)
highestdegree
0.None          qr1         5
                med        34
                qr3        52
                count     703
1.GED           qr1        13
                med        42
                qr3        52
                count   1,104
```

```
2.High School   qr1        31
                med        52
                qr3        52
                count   3,368
3.Associates    qr1        34
                med        52
                qr3        52
                count     722
..... abbreviated to save space .....
Name: weeksworked06, dtype: float64
```

（6）通过 reset_index 使用默认索引，而不使用从 groupby DataFrame 创建的索引。

```
>>> nls97.groupby(['highestdegree'])['weeksworked06'].
apply(gettots).reset_index()
     highestdegree  level_1  weeksworked06
0          0. None      qr1              5
1          0. None      med             34
2          0. None      qr3             52
3          0. None    count            703
4           1. GED      qr1             13
5           1. GED      med             42
6           1. GED      qr3             52
7           1. GED    count          1,104
8    2. High School      qr1             31
9    2. High School      med             52
10   2. High School      qr3             52
11   2. High School    count          3,368
12    3. Associates      qr1             34
13    3. Associates      med             52
14    3. Associates      qr3             52
15    3. Associates    count            722
..... abbreviated to save space .....
```

（7）使用 unstack 方法链以基于摘要变量创建列。

这将创建一个使用 highestdegree 值作为索引的 DataFrame，并聚合列中的值。

```
>>> nlssums = nls97.groupby(['highestdegree'])
['weeksworked06'].apply(gettots).unstack()
>>> nlssums
                qr1  med  qr3  count
highestdegree
0.None            5   34   52    703
1.GED            13   42   52  1,104
```

```
2.High School      31    52    52  3,368
3.Associates       34    52    52    722
4.Bachelors        38    52    52  1,642
5.Masters          39    52    52    601
6.PhD              29    50    52     53
7.Professional      4    29    49    117

>>> nlssums.info()
<class 'pandas.core.frame.DataFrame'>
Index: 8 entries, 0. None to 7. Professional
Data columns (total 4 columns):
 #    Column   Non-Null Count   Dtype
---   ------   --------------   -----
 0    qr1      8 non-null       float64
 1    med      8 non-null       float64
 2    qr3      8 non-null       float64
 3    count    8 non-null       float64
dtypes: float64(4)
memory usage: 320.0+ bytes
```

当需要将索引的一部分旋转到列轴时，unstack 非常有用。

7.6.3 原理解释

在步骤（2）中，定义了一个非常简单的函数来按组计算四分位距。

在步骤（3）中，使用了一个聚合函数列表。

步骤（4）和步骤（5）稍微复杂一些。我们定义一个函数，该函数计算第一个和第三个四分位数和中位数，并统计了行数。它返回一个包含这些值的 Series。

在步骤（5）中，结合 groupby DataFrame 使用了 apply，运行 gettots 函数以便为每个组返回该 Series。

步骤（5）为我们提供了所需的数字，但它可能不是最佳格式。如果我们要将数据用于其他操作（如可视化），则需要链接一些其他方法。一种可能性是使用 reset_index，这将用默认索引替换多索引；另一种选择是使用 unstack，这将从索引的第二级（包含 qr1、med、qr3 和 count 值）创建列。

7.6.4 扩展知识

有趣的是，随着受教育程度的提高，工作周数和家中儿童数量的四分位距大大缩小了。在受教育程度较低的人群之间，这些变量的差异似乎更大。我们应该更仔细地检查这一点，因为这对假设各组之间存在公共方差的统计测试有影响。

在步骤（5）中，可以将 groupby 方法的 as_index 参数设置为 False。如果已经这样做，则不必使用 reset_index 或 unstack 来处理已创建的多重索引。如下面的代码片段所示，将该参数设置为 False 的缺点是，groupby 值不会以索引或列的形式反映在返回的 DataFrame 中，这是因为我们将 groupby 与 apply 和用户定义函数一起使用。

当将 as_index = False 与 agg 函数一起使用时，将获得一个包含 groupby 值的列。在下一个秘笈中将讨论相关示例。

```
>>> nls97.groupby(['highestdegree'], as_index=False)
['weeksworked06'].apply(gettots)
   qr1  med  qr3  count
0    5   34   52    703
1   13   42   52  1,104
2   31   52   52  3,368
3   34   52   52    722
4   38   52   52  1,642
5   39   52   52    601
6   29   50   52     53
7    4   29   49    117
```

7.6.5 参考资料

在第 9 章“规整和重塑数据”中，将详细介绍 stack 和 unstack。

7.7 使用 groupby 更改 DataFrame 的分析单位

在上一个秘笈的最后一步中创建的 DataFrame 是按分组生成多个汇总统计信息时获得的幸运副产品。

有时候我们确实需要汇总数据以更改分析单位，例如，从每个家庭每月的公用事业费用聚合到每个家庭的年度公用事业费用，或者从学生每门课程的成绩聚合到学生的整体平均学分绩点（GPA）。

groupby 是折叠分析单位的好工具，尤其是在需要汇总操作时。当只需要选择不重复的行（可能是给定间隔中每个人的第一行或最后一行）时，sort_values 和 drop_duplicates 的组合就可以解决问题。但是，我们经常需要在折叠前对每组的行进行一些计算，这就是 groupby 派上用场的时候。

7.7.1　准备工作

此秘笈将使用 COVID-19 新冠疫情病例每日数据。每个国家/地区每天都有一行记录，每一行都有当天的新病例和新死亡人数。

此秘笈还将使用 2019 年来自巴西 87 个气象站的土地温度数据。大多数气象站每个月都有一个温度读数。

7.7.2　实战操作

本示例将使用 groupby 来按组创建汇总值的 DataFrame。

（1）导入 pandas，并加载新冠疫情和巴西气象站地面温度数据。

```
>>> import pandas as pd
>>> coviddaily = pd.read_csv("data/coviddaily720.csv",
parse_dates=["casedate"])
>>> ltbrazil = pd.read_csv("data/ltbrazil.csv")
```

（2）将 COVID-19 新冠疫情数据从每个国家/地区的每日数据转换为每天所有国家/地区的汇总数据。

```
>>> coviddailytotals = coviddaily.loc[coviddaily.
casedate.between('2020-02-01','2020-07-12')].\
...   groupby(['casedate'],as_index=False)[['new_cases','new_deaths']].\
...   sum()
>>>
>>> coviddailytotals.head(10)
    casedate  new_cases  new_deaths
0 2020-02-01      2,120          46
1 2020-02-02      2,608          46
2 2020-02-03      2,818          57
3 2020-02-04      3,243          65
4 2020-02-05      3,897          66
5 2020-02-06      3,741          72
6 2020-02-07      3,177          73
7 2020-02-08      3,439          86
8 2020-02-09      2,619          89
9 2020-02-10      2,982          97
```

（3）创建一个包含巴西每个气象站平均温度的 DataFrame。

首先需要删除 temperature 列包含缺失值的行，并显示若干行的数据。

```
>>> ltbrazil = ltbrazil.dropna(subset=['temperature'])
>>> ltbrazil.loc[103508:104551,['station','year','month','temperature',
'elevation','latabs']]
                   station  year  month  temperature  elevation   latabs
103508     CRUZEIRO_DO_SUL  2019      1           26        194        8
103682              CUIABA  2019      1           29        151       16
103949  SANTAREM_AEROPORTO  2019      1           27         60        2
104051  ALTA_FLORESTA_AERO  2019      1           27        289       10
104551          UBERLANDIA  2019      1           25        943       19
>>>
>>> ltbrazilavgs = ltbrazil.groupby(['station'], as_index=False).\
... agg({'latabs':'first','elevation':'first','temperature':'mean'})
>>>
>>> ltbrazilavgs.head(10)
                station  latabs  elevation  temperature
0              ALTAMIRA       3        112           28
1    ALTA_FLORESTA_AERO      10        289           29
2                 ARAXA      20      1,004           22
3               BACABAL       4         25           30
4                  BAGE      31        242           19
5              BARBALHA       7        409           27
6              BARCELOS       1         34           28
7        BARRA_DO_CORDA       6        153           29
8             BARREIRAS      12        439           27
9   BARTOLOMEU_LISANDRO      22         17           26
```

数据分析人员有必要深入理解上述示例中聚合函数的工作方式。

7.7.3　原理解释

在步骤（2）中，首先选择了所需的日期（某些国家/地区比其他国家/地区更晚开始报告 COVID-19 病例）。我们基于 casedate 创建了一个 DataFrame groupby 对象，选择 new_cases 和 new_deaths 作为聚合变量，并选择了 sum 作为聚合函数，这将为每个组（casedate）的 new_cases 和 new_deaths 生成一个总和。

根据你的操作目的，你可能不希望 casedate 作为索引，如果未将 as_index 参数设置为 False，则会发生这种情况。

数据分析人员经常需要对不同的聚合变量使用不同的聚合函数。例如，我们可能想要采用一个变量的第一个（或最后一个）值，并按组获取另一个变量值的平均值。在步骤（3）中即执行了此操作。我们将一个字典传递给了 agg 函数，其中的聚合变量作为键，而聚合函数则用作值。

第 8 章　组合 DataFrame

在数据清洗项目的某个阶段，分析师将不得不组合（combine）来自不同数据表的数据（绝大多数数据清洗项目都有这种需要）。该操作涉及将具有相同结构的数据追加到现有数据行中，或者进行合并以检索来自不同数据表的列。前者有时被称为垂直组合数据（combine data vertically）或连接（concatenating），而后者被称为水平组合数据（combine data horizontally）或合并（merging）。

合并可以通过合并依据列（merge-by column）值的重复数量来分类。

- 一对一合并（one-to-one merge）：合并依据列值在每个数据表上仅出现一次。
- 一对多合并（one-to-many merge）：在合并的一侧具有不重复的合并依据列值，而在另一侧则具有重复的合并依据列值。
- 多对多合并（many-to-many merge）：两侧都有重复的合并依据列值。

由于数据表上的合并依据值之间通常没有完美的对应关系，因此合并要更复杂一些。每个数据表在合并列中可能具有其他数据表中不存在的值。

组合数据时可能会引入新的数据问题。例如，对于垂直组合数据而言，在追加数据后，即使这些列具有相同的名称和数据类型，其逻辑值也可能与原始数据不同；对于水平组合数据而言，只要合并一侧的列包含缺失值，则合并时添加的也将是缺失值。对于一对一或一对多合并，在合并依据值中可能会出现意外的重复，从而导致其他列的值被意外复制。

在本章中，我们将以垂直和水平方式组合 DataFrame，并探讨用于处理经常出现的数据问题的策略。

本章包括以下秘笈。

- 垂直组合 DataFrame。
- 进行一对一合并。
- 按多列进行一对一合并。
- 进行一对多合并。
- 进行多对多合并。
- 开发合并例程。

8.1　技 术 要 求

本章的代码和 Notebook 可在 GitHub 上获得，其网址如下。

https://github.com.com/PacktPublishing/Python-Data-Cleaning-Cookbook

8.2　垂直组合 DataFrame

有时我们需要将一个数据表的行追加到另一个数据表中。要添加的数据几乎总是来自具有相似结构的数据表中的行，以及相同的列和数据类型。例如，我们可能会得到一个新的 CSV 文件，其中包含每月的住院患者结果，并且需要将其添加到我们的现有数据中。或者，我们可能会在学区中心办公室工作，并从许多不同的学校接收数据。在进行分析之前，我们可能希望组合这些数据。

在上述示例中，即使理论上跨月和跨学校的数据结构相同，实践中也可能并非如此。业务上的做法是可以从一个时期改变到另一个时期。由于人员流动或某些外部因素，这可能是有意或无意的。一个机构或部门实施的做法可能与另一机构或部门有所不同，并且某些机构的某些数据值可能有所不同或完全缺失。

一般来说，当我们假设新数据看起来像旧数据时，即有可能遇到上述问题。因此，每当需要垂直组合数据时，我都会提醒自己记住这一点。在本章的余下部分中，将垂直组合数据称为连接（concatenating）或追加（appending）。

在本秘笈中，可使用 Pandas concat 函数（显然，该函数名称来源于 concatenating）将来自 Pandas DataFrame 的行追加到另一个 DataFrame 中。我们还将对 concat 操作进行一些常规检查，以确认获得的 DataFrame 是否符合预期。

8.2.1　准备工作

此秘笈将使用来自多个国家的地面温度数据。此数据包括 2019 年每个国家/地区许多气象站的月平均温度、纬度、经度和海拔。每个国家/地区的数据包含在 CSV 文件中。

注意：[①]

此秘笈使用的 land temperature（地面温度）数据集取自 Global Historical Climatology

① 这里与英文原文的内容保持一致，保留了其中文翻译。

Network Integrated Database（全球历史气候学网络集成数据库），由美国国家海洋与大气管理局提供给公众使用。其网址如下。

https://www.ncdc.noaa.gov/data-access/land-based-station-data/land-based-datasets/global-historical-climatology-network-monthly-version-4

8.2.2 实战操作

本示例将垂直组合结构相似的 DataFrame，检查已连接数据中的值，并修复缺失值。其操作步骤如下。

（1）导入 pandas 和 numpy，以及 os 模块。

```
>>> import pandas as pd
>>> import numpy as np
>>> import os
```

（2）加载来自 Cameroon（喀麦隆）和 Poland（波兰）的数据。

```
>>> ltcameroon = pd.read_csv("data/ltcountry/ltcameroon.csv")
>>> ltpoland = pd.read_csv("data/ltcountry/ltpoland.csv")
```

（3）合并喀麦隆和波兰的数据。

```
>>> ltcameroon.shape
(48, 11)
>>> ltpoland.shape
(120, 11)
>>> ltall = pd.concat([ltcameroon, ltpoland])
>>> ltall.country.value_counts()
Poland      120
Cameroon     48
Name: country, dtype: int64
```

（4）连接所有国家/地区数据文件。

循环浏览包含每个国家/地区 CSV 文件的文件夹中的所有文件名。使用 endswith 方法检查文件名是否包含 CSV 文件扩展名。

使用 read_csv 创建一个新的 DataFrame 并输出行数。使用 concat 追加新的 DataFrame 行。最后，显示最新 DataFrame 中包含缺失值的列，或者显示在最新 DataFrame 中具有但是在先前的 DataFrame 中不具有的列。可以看到，ltoman DataFrame 缺少 latabs 列。

```
>>> directory = "data/ltcountry"
>>> ltall = pd.DataFrame()
>>>
```

```
>>> for filename in os.listdir(directory):
...   if filename.endswith(".csv"):
...     fileloc = os.path.join(directory, filename)
...     # 打开下一个文件
...     with open(fileloc) as f:
...       ltnew = pd.read_csv(fileloc)
...       print(filename + " has " + str(ltnew.shape[0]) + " rows.")
...       ltall = pd.concat([ltall, ltnew])
...       # 检查列中的区别
...       columndiff = ltall.columns.symmetric_difference(ltnew.columns)
...       if (not columndiff.empty):
...         print("", "Different column names for:",filename,\
...         columndiff, "", sep="\n")
...
ltpoland.csv has 120 rows.
ltjapan.csv has 1800 rows.
ltindia.csv has 1056 rows.
ltbrazil.csv has 1104 rows.
ltcameroon.csv has 48 rows.
ltoman.csv has 288 rows.

Different column names for:
ltoman.csv
Index(['latabs'], dtype='object')

ltmexico.csv has 852 rows.
```

（5）显示一些组合之后的数据。

```
>>> ltall[['country','station','month','temperature','latitude']].
sample(5, random_state=1)
    country     station  month  temperature  latitude
597   Japan      MIYAKO      4           24        25
937   India  JHARSUGUDA     11           25        22
616  Mexico   TUXPANVER      9           29        21
261   India    MO_AMINI      3           29        11
231    Oman        IBRA     10           29        23
```

（6）检查已连接的数据中的值。

可以看到，Oman（阿曼）的 latabs 包含的所有值都是缺失值，这是因为阿曼的 DataFrame 中缺失了 latabs（latabs 是每个气象站纬度的绝对值）。

```
>>> ltall.country.value_counts().sort_index()
```

```
Brazil      1104
Cameroon      48
India       1056
Japan       1800
Mexico       852
Oman         288
Poland       120
Name: country, dtype: int64
>>>
>>> ltall.groupby(['country']).agg({'temperature':['min','mean',\
...    'max','count'],'latabs':['min','mean','max','count']})
    temperature                         latabs
            min  mean   max  count       min     mean      max  count
country
Brazil       12    25    34    969         0       14       34   1104
Cameroon     22    27    36     34         4        8       10     48
India         2    26    37   1044         8       21       34   1056
Japan        -7    15    30   1797        24       36       45   1800
Mexico        7    23    34    806        15       22       32    852
Oman         12    28    38    205       nan      nan      nan      0
Poland       -4    10    23    120        50       52       55    120
```

（7）修正缺失值。

将 latabs 的值设置为阿曼的 latitude（纬度）值。阿曼各气象站的所有 latitude 值都在赤道以上并为正。在 Global Historical Climatology Network Integrated Database（全球历史气候学网络集成数据库）中，赤道以上的 latitude 值为正，而赤道以下的所有 latitude 值为负。

执行以下操作。

```
>>> ltall['latabs'] = np.where(ltall.country=="Oman",
ltall.latitude, ltall.latabs)
>>>
>>> ltall.groupby(['country']).agg({'temperature':['min','mean',\
...    'max','count'],'latabs':['min','mean','max','count']})
   temperature                         latabs
           min  mean   max  count       min     mean      max  count
country
Brazil      12    25    34    969         0       14       34   1104
Cameroon    22    27    36     34         4        8       10     48
India        2    26    37   1044         8       21       34   1056
Japan       -7    15    30   1797        24       36       45   1800
Mexico       7    23    34    806        15       22       32    852
```

```
Oman          12     28     38     205      17       22       26      288
Poland        -4     10     23     120      50       52       55      120
```

在上述操作中，我们合并了在所选文件夹中找到的 7 个 CSV 文件的数据。还确认了已经追加了正确的行数，找到了某些文件中包含缺失值的列，并修复了缺失值。

8.2.3 原理解释

在步骤（3）中，将一个 Pandas DataFrame 列表传递给了 Pandas concat 函数。第二个 DataFrame 的行被追加到第一个 DataFrame 的底部。如果列出了第三个 DataFrame，则其数据行将被追加到前两个 DataFrame 的合并行中。

在连接之前，可以使用 shape 属性检查行数，这样就可以确认连接的 DataFrame 包含的每个国家/地区的预期行数。

通过加载每个文件，然后将其添加到传递给 concat 的列表中，我们可以将 ltcountry 子文件夹的所有 CSV 文件中的数据连接起来。当然，这样的操作并不总是可行。如果要加载并随后读取多个文件，则可以让 Python 的 os 模块来查找文件。

在步骤（4）中，我们在指定的文件夹中查找所有 CSV 文件，将找到的每个文件加载到内存中，然后将每个文件的行追加到 DataFrame 中。我们为每个已加载的数据文件输出了行数，以便以后可以将它们与已连接数据中的总行数进行比较。

我们还找出了与其他 DataFrame 相比具有不同列的 DataFrame。在步骤（6）中，使用了 value_counts 来确认每个国家/地区的行数是否正确。

Pandas groupby 方法可用于检查每个原始 DataFrame 中的列值。我们按国家/地区分组，因为它标识了每个原始 DataFrame 的行，每个 DataFrame 的所有行的国家/地区值都相同(即使在后续分析中不需要该信息时，始终有一个列可标识已连接的 DataFrame 中的原始 DataFrame 也很有帮助）。在步骤（6）中，这有助于发现阿曼的 latabs 列没有任何值。

在步骤（7）中，为阿曼替换了 latabs 的缺失值。

8.2.4 参考资料

在第 6 章“使用 Series 操作清洗和探索数据”中，研究了 NumPy 的 where 函数。

在第 7 章“聚合时修复混乱数据”中，更详细地介绍了强大的 Pandas groupby 方法。

8.3 进行一对一合并

本章的余下部分将探讨水平合并数据。也就是说，将一个数据表中的列与另一个数据表中的列合并。我们在这里谈论的诸如连接之类的操作是从 SQL 开发中借用的，如左连接（left join）、右连接（right join）、内连接（inner join）和外连接（outer join）。

此秘笈将讨论一对一合并。在这种合并模式中，两个文件中的合并依据值均不重复。随后的秘笈将演示一对多合并（合并依据值在右侧数据表上重复）和多对多合并（合并依据值在左右两侧的数据表上均重复）。

我们经常谈到所谓合并的左右两侧，其实只是本章遵循的约定。它仅仅是为了表述方便，没有任何实际意义。例如，我们假设 A 是左侧的数据表，而 B 则是右侧的数据表；但是如果你假设 A 是右侧的数据表，而 B 则是左侧的数据表，那么也没有任何影响。

本章将使用合并依据列（merge-by column）或合并依据值（merge-by value）这样的表述方式，而不是主键列或索引列，这样可以避免与 Pandas 的索引对齐（index alignment）方式混淆。索引可以用作合并依据列，但其他列也可以用作合并依据列。在此讨论中，我们想避免依赖关系数据库的概念（如主键或外键）。从关系数据库中提取数据时，了解哪些数据列用作主键或外键是有帮助的，在 Pandas 中设置索引时应考虑到这一点。但是，我们对大多数数据清洗项目所做的合并通常不止于这些键值。

在直接一对一合并的情况下，根据合并依据值，左侧数据表中的每一行都将与右侧数据表中的一行（仅一行）匹配。当合并依据值出现在一个数据表上而没有出现在另一个数据表上时，将由指定的连接类型决定。图 8.1 说明了 4 种不同类型的连接。

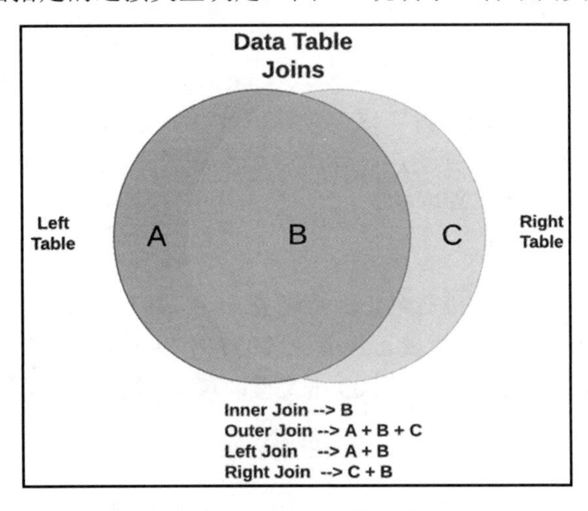

图 8.1　4 种不同类型的连接的图

原　文	译　文	原　文	译　文
Data Table Joins	数据表连接	Outer Join --> A+B+C	外连接 --> A+B+C
Left Table	左表	Left Join --> A+B	左连接 --> A+B

续表

原　文	译　文	原　文	译　文
Right Table	右表	Right Join --> C+B	右连接 --> C+B
Inner Join --> B	内连接 --> B		

当两个数据表通过内连接合并时，只要合并依据值出现在左右两侧数据表中，行就会被保留。这其实就是左右数据表的交集（intersection），在图 8.1 中用 B 表示。

外连接将返回所有行；也就是说，合并依据值在两个数据表中均出现的行（以 B 表示），合并依据值在左侧数据表中但不在右侧数据表中的行（以 A 表示），合并依据值在右侧数据表但不在左侧数据表中的行（以 C 表示），这实际上就是并集（union）。

左连接将返回 A+B 行，即合并依据值只要出现在左侧数据表上即可，而不管它们是否出现在右侧数据表上。

右连接将返回 B+C 行，即合并依据值只要出现在右侧数据表上即可，而不管它们是否出现在左侧数据表上。

缺失值可能是由外连接、左连接或右连接引起的。这是因为当找不到合并依据值时，返回的合并数据表将具有包含缺失值的列。例如，当执行左连接时，左侧数据集中的合并依据值可能不会出现在右数据集中。在这种情况下，右侧数据集中的列将包含缺失值。

此秘笈将讨论所有 4 种连接类型。

8.3.1 准备工作

此秘笈将使用来自美国国家青年纵向调查（NLS）数据集的两个文件。两个文件都是一人一行。其中一个文件包含就业、受教育程度和收入数据，而另一个文件则包含有关受访者父母的收入和受教育程度的数据。

注意：[①]

NLS 是由美国劳工统计局进行的。这项调查始于 1997 年的一组人群，这组人群出生于 1980—1985 年，每年进行一次随访，直到 2017 年。在本秘笈的准备工作中，我们从该调查的数百个数据项中提取了不到 100 个变量。NLS 数据可从以下地址下载。

https://www.nlsinfo.org/investigator/pages/search

8.3.2 实战操作

在此秘笈中，我们将对两个 DataFrame 执行左连接、右连接、内连接和外连接，每

[①] 这里与英文原文的内容保持一致，保留了其中文翻译。

个合并依据值都有一行。

（1）导入 pandas 并加载两个 NLS DataFrame。

```
>>> import pandas as pd
>>> nls97 = pd.read_csv("data/nls97f.csv")
>>> nls97.set_index("personid", inplace=True)
>>> nls97add = pd.read_csv("data/nls97add.csv")
```

（2）查看一些 NLS 数据。

```
>>> nls97.head()
          gender  birthmonth  birthyear  ...      colenrfeb17  \
personid                                 ...
100061    Female           5       1980  ...  1.Not enrolled
100139      Male           9       1983  ...  1.Not enrolled
100284      Male          11       1984  ...  1.Not enrolled
100292      Male           4       1982  ...             NaN
100583      Male           1       1980  ...  1.Not enrolled
              colenroct17  originalid
personid
100061     1. Not enrolled        8245
100139     1. Not enrolled        3962
100284     1. Not enrolled        3571
100292                 NaN        2979
100583     1. Not enrolled        8511
>>> nls97.shape
(8984, 89)
>>> nls97add.head()
   originalid motherage parentincome fatherhighgrade motherhighgrade
0           1        26           -3              16               8
1           2        19           -4              17              15
2           3        26        63000              -3              12
3           4        33        11700              12              12
4           5        34           -3              12              12
>>> nls97add.shape
(8984, 5)
```

（3）检查 originalid 的唯一值数等于行数。

（4）稍后将对合并列使用 originalid。

```
>>> nls97.originalid.nunique()==nls97.shape[0]
True
>>> nls97add.originalid.nunique()==nls97add.shape[0]
True
```

（5）创建一些不匹配的 ID。

对于我们的目的来说，NLS 数据太干净了。因此，需要将 originalid 的值打乱几个。originalid 是 nls97 文件中的最后一列，也是 nls97add 文件中的第一列。

```
>>> nls97 = nls97.sort_values('originalid')
>>> nls97add = nls97add.sort_values('originalid')
>>> nls97.iloc[0:2, -1] = nls97.originalid+10000
>>> nls97.originalid.head(2)
personid
135335    10001
999406    10002
Name: originalid, dtype: int64
>>> nls97add.iloc[0:2, 0] = nls97add.originalid+20000
>>> nls97add.originalid.head(2)
0    20001
1    20002
Name: originalid, dtype: int64
```

（6）使用 join 执行左连接。

当以左连接这种方式使用 join 时，nls97 是左侧的 DataFrame，而 nls97add 则是右侧的 DataFrame。

现在来显示 ID 不匹配的值。可以看到，当右侧 DataFrame 上没有匹配的 ID 时，右侧 DataFrame 的列值都将包含缺失值（orignalid 值 10001 和 10002 都出现在左侧 DataFrame 上，而没有出现在右侧 DataFrame 上）。

```
>>> nlsnew = nls97.join(nls97add.set_index(['originalid']))
>>> nlsnew.loc[nlsnew.originalid>9999,['originalid','gender',
'birthyear','motherage','parentincome']]
          originalid  gender  birthyear  motherage  parentincome
personid
135335         10001  Female       1981        nan           nan
999406         10002    Male       1982        nan           nan
```

（7）使用 merge 执行左连接。

第一个 DataFrame 是左侧的 DataFrame，而第二个 DataFrame 则是右侧的 DataFrame。使用 on 参数指示合并依据列。将 how 参数的值设置为 left 以执行左连接。除了包含索引之外，此方法得到的结果与使用 join 时得到的结果相同。

```
>>> nlsnew = pd.merge(nls97, nls97add, on=['originalid'], how="left")
>>> nlsnew.loc[nlsnew.originalid>9999,['originalid','gender',
'birthyear','motherage','parentincome']]
```

```
   originalid  gender  birthyear  motherage  parentincome
0       10001  Female       1981        nan           nan
1       10002    Male       1982        nan           nan
```

（8）执行右连接。

使用右连接时，如果左侧 DataFrame 上没有匹配的 ID，则左侧 DataFrame 中将包含缺失值。示例如下。

```
>>> nlsnew = pd.merge(nls97, nls97add, on=['originalid'], how="right")
>>> nlsnew.loc[nlsnew.originalid>9999,['originalid','gender',
'birthyear','motherage','parentincome']]
       originalid  gender  birthyear  motherage  parentincome
8982        20001     NaN        nan         26            -3
8983        20002     NaN        nan         19            -4
```

（9）执行内连接。

执行内连接之后，不会出现任何不匹配的 ID（即那些值大于 10000 的 ID），这是因为它们未同时出现在两个 DataFrame 中。

```
>>> nlsnew = pd.merge(nls97, nls97add, on=['originalid'], how="inner")
>>> nlsnew.loc[nlsnew.originalid>9999,['originalid','gender',
'birthyear','motherage','parentincome']]
Empty DataFrame
Columns: [originalid, gender, birthyear, motherage, parentincome]
Index: []
```

（10）执行外连接。

如前文所述，外连接将保留所有行，因此，在左侧 DataFrame 中出现但在右侧 DataFrame 中未出现的包含合并依据值的行（如值为 10001 和 10002 的 originalid），以及在右侧 DataFrame 中出现但在左侧 DataFrame 中未出现的包含合并依据值的行（如值为 20001 和 20002 的 originalid）都将被保留。

```
>>> nlsnew = pd.merge(nls97, nls97add, on=['originalid'], how="outer")
>>> nlsnew.loc[nlsnew.originalid>9999,['originalid','gender',
'birthyear','motherage','parentincome']]
       originalid  gender  birthyear  motherage  parentincome
0           10001  Female      1,981        nan           nan
1           10002    Male      1,982        nan           nan
8984        20001     NaN        nan         26            -3
8985        20002     NaN        nan         19            -4
```

（11）创建一个函数以检查 ID 不匹配的情况。

该函数采用左右 DataFrame 以及合并依据列作为参数。它将执行外连接，因为我们想看看那些合并依据值出现在哪个 DataFrame 中，抑或是出现在两个 DataFrame 中。

```
>>> def checkmerge(dfleft, dfright, idvar):
...   dfleft['inleft'] = "Y"
...   dfright['inright'] = "Y"
...   dfboth = pd.merge(dfleft[[idvar,'inleft']],\
...     dfright[[idvar,'inright']], on=[idvar], how="outer")
...   dfboth.fillna('N', inplace=True)
...   print(pd.crosstab(dfboth.inleft, dfboth.inright))
...
>>> checkmerge(nls97,nls97add, "originalid")
inright  N     Y
inleft
N        0     2
Y        2  8982
```

上述操作演示了如何通过一对一合并来执行 4 种类型的连接。

8.3.3 原理解释

一对一的合并非常简单。合并依据列仅在左侧和右侧 DataFrame 上出现一次。当然，某些合并依据列值可能仅出现在一个 DataFrame 上，这就是连接类型非常重要的原因。如果所有合并依据列值都出现在两个 DataFrame 上，则左连接、右连接、内连接或外连接将返回相同的结果。

在前几个步骤中，我们仔细查看了两个 DataFrame。在步骤（3）中，我们确认合并依据列（originalid）的唯一值的数量等于两个 DataFrame 中的行数。这实际上就意味着，将要执行的是一对一合并。

如果合并依据列是索引，那么执行左连接的最简单方法是使用 DataFrame join 方法。在步骤（6）中即执行了此操作。

在设置索引之后，将右侧的 DataFrame 传递给左侧 DataFrame 的 join 方法（已经为左侧 DataFrame 设置了索引）。当在步骤（7）中使用 Pandas merge 函数执行左连接时，可返回相同的结果。我们使用 how 参数指定左连接，并使用 on 指示合并依据列。其间，我们传递的值可以是 DataFrame 中的任何列。

在步骤（8）～步骤（10）中，分别执行了右连接、内连接和外连接。这由 how 值指定，how 值是这些步骤中唯一不同的部分。

在步骤（11）中，创建了一个简单的 checkmerge 函数，对在一个 DataFrame 上出现但在另一个 DataFrame 上未出现的包含合并依据列值的行，以及在两个 DataFrame 上均出现的包含合并依据列值的行进行计数。将两个 DataFrame 的副本传递给此函数之后，即可看到统计结果为，在左侧 DataFrame 中出现而在右侧 DataFrame 中未出现的行有 2 行，在右侧 DataFrame 中出现而在左侧 DataFrame 中未出现的行也有 2 行，两侧 DataFrame 中都有的行则有 8982 行。

8.3.4 扩展知识

在执行任何合并之前，都应该运行与步骤（10）中创建的 checkmerge 函数类似的函数以查验结果。

merge 函数比我们在本秘笈中使用的示例更灵活。例如，在步骤（6）中，不必将左侧 DataFrame 指定为第一个参数，只要显式指示左侧和右侧 DataFrame 即可，示例如下。

```
>>> nlsnew = pd.merge(right=nls97add, left=nls97,
on=['originalid'], how="left")
```

还可以通过使用 left_on 和 right_on 而不是 on 来为左侧和右侧 DataFrame 指定不同的合并依据列，示例如下。

```
>>> nlsnew = pd.merge(nls97, nls97add, left_on=['originalid'],
right_on=['originalid'], how="left")
```

当需要水平合并数据时，merge 函数的灵活性使其成为一个很好的工具。

8.4 按多列进行一对一合并

使用一个合并依据列进行一对一合并的逻辑也适用于使用多个合并依据列进行合并。当你有两个或两个以上的合并依据列时，内连接、外连接、左连接和右连接的工作方式是相同的。本秘笈将对此进行演示。

8.4.1 准备工作

此秘笈将使用 NLS 数据，特别是从 2000—2004 年的工作周数和大学入学记录。工作周数和大学入学记录文件每人每年包含一行。

8.4.2 实战操作

本示例将继续执行一对一合并，但是这次将在每个 DataFrame 上使用多个合并依据列。其操作步骤如下。

（1）导入 pandas，并加载 NLS 工作周数和大学入学记录数据。

```
>>> import pandas as pd
>>> nls97weeksworked = pd.read_csv("data/nls97weeksworked.csv")
>>> nls97colenr = pd.read_csv("data/nls97colenr.csv")
```

（2）查看一些 NLS 工作周数的数据。

```
>>> nls97weeksworked.sample(10, random_state=1)
       originalid  year  weeksworked
32923        7199  2003          0.0
14214        4930  2001         52.0
2863         4727  2000         13.0
9746         6502  2001          0.0
2479         4036  2000         28.0
39435        1247  2004         52.0
36416        3481  2004         52.0
6145         8892  2000         19.0
5348         8411  2000          0.0
24193        4371  2002         34.0
>>> nls97weeksworked.shape
(44920, 3)
>>> nls97weeksworked.originalid.nunique()
8984
```

（3）查看一些 NLS 大学入学记录数据。

```
>>> nls97colenr.sample(10, random_state=1)
       originalid  year             colenr
32923        7199  2003    1. Not enrolled
14214        4930  2001    1. Not enrolled
2863         4727  2000                NaN
9746         6502  2001    1. Not enrolled
2479         4036  2000    1. Not enrolled
39435        1247  2004  3. 4-year college
36416        3481  2004    1. Not enrolled
6145         8892  2000    1. Not enrolled
5348         8411  2000    1. Not enrolled
24193        4371  2002  2. 2-year college
>>> nls97colenr.shape
(44920, 3)
>>> nls97colenr.originalid.nunique()
8984
```

（4）检查合并依据列中的唯一值。

我们得到的合并依据列值组合数（44,920）与两个 DataFrame 中的行数相同。

```
>>> nls97weeksworked.groupby(['originalid','year'])\
...    ['originalid'].count().shape
(44920,)
>>>
>>> nls97colenr.groupby(['originalid','year'])\
...    ['originalid'].count().shape
(44920,)
```

（5）检查合并依据列中的不匹配项。

```
>>> def checkmerge(dfleft, dfright, idvar):
...   dfleft['inleft'] = "Y"
...   dfright['inright'] = "Y"
...   dfboth = pd.merge(dfleft[idvar + ['inleft']],\
...     dfright[idvar + ['inright']], on=idvar, how="outer")
...   dfboth.fillna('N', inplace=True)
...   print(pd.crosstab(dfboth.inleft, dfboth.inright))
...
>>> checkmerge(nls97weeksworked.copy(),nls97colenr.copy(),
['originalid','year'])
inright      Y
inleft
Y        44920
```

（6）使用多个合并依据列进行合并。

```
>>> nlsworkschool = pd.merge(nls97weeksworked, nls97colenr,
on=['originalid','year'], how="inner")
>>> nlsworkschool.shape
(44920, 4)

>>> nlsworkschool.sample(10, random_state=1)
       originalid  year  weeksworked              colenr
32923        7199  2003            0     1. Not enrolled
14214        4930  2001           52     1. Not enrolled
2863         4727  2000           13                 NaN
9746         6502  2001            0     1. Not enrolled
2479         4036  2000           28     1. Not enrolled
39435        1247  2004           52   3. 4-year college
36416        3481  2004           52     1. Not enrolled
6145         8892  2000           19     1. Not enrolled
```

```
5348          8411  2000              0    1. Not enrolled
24193         4371  2002             34  2. 2-year colleged
```

上述步骤表明，当存在多个合并依据列时，用于运行合并的语法的变化其实很小。

8.4.3　原理解释

NLS 数据中，每个人在工作周数和大学入学记录 DataFrame 中都有 5 行（2000—2004 年每年 1 行）。

在步骤（3）中可以看到，colenr 有缺失值。这两个文件都包含 44920 行，其中有 8984 个唯一的个体（由 originalid 表示），这一切都很合理（8984×5 = 44920）。

步骤（4）确认即使个体是重复的，用于合并依据列的列组合也不会重复。每个人每年只有一行。这意味着合并工作周数和大学入学记录将是一对一的合并。

在步骤（5）中，我们检查了是否有任何个人和年份组合在一个 DataFrame 中存在而在其他 DataFrame 中不存在的情况，结果显示没有这种情况。

最后，我们在步骤（6）中进行了合并。我们将 on 参数设置为一个列表（['originalid', 'year']），以告知 merge 函数在合并中使用两个列。本示例指定了使用内连接方式，但实际上使用任何连接方式都可以得到相同的结果，因为这两个文件中存在相同的合并依据值。

8.4.4　扩展知识

不论要使用的是一个合并依据列还是多个合并列，在上一个秘笈中讨论的合并数据的所有逻辑都是适用的，并且连潜在问题都一样。有关内连接、外连接、右连接和左连接的工作方式也相同。在执行合并之前，可以先计算要返回的行数。当然，也有必要检查唯一合并依据值的数量以及 DataFrame 之间的匹配情况。

如果你在以前章节秘笈的学习过程中使用过 NLS 工作周数和大学入学记录数据，那么你可能会注意到这里的结构有所不同。在以前的秘笈中，每人只有一行，其中有几列表示工作周数和大学入学记录，代表了多年的工作周数和大学入学记录。例如，weeksworked01 是 2001 年的工作周数。我们认为本秘笈中使用的工作周数和大学入学记录 DataFrame 的结构比先前秘笈中使用的 NLS DataFrame 要规整。在第 9 章“规整和重塑数据”中将详细介绍如何规整数据。

8.5　进行一对多合并

在一对多合并中，左侧数据表上的一个或多个合并依据列具有不重复的值，而右侧数据表上的相应列则具有重复值。

对于此类合并，通常执行内连接或左连接。当右侧数据表上的合并依据值包含缺失值时，使用哪一种连接方式就很重要。执行左连接时，所有可从内连接返回的行都将被返回，再加上左侧数据集上存在的每个合并依据值的一行（不包括右侧数据集上存在的合并依据值）。对于这些额外的行，右侧数据集上所有列的值在获得的合并数据结果中均包含缺失值。在编写一对多合并代码之前，理解这一点非常重要，你应该仔细考虑自己想要的结果，然后选择正确的连接方式。

这不是一件容易的事情，很多数据分析人员在进行一对多合并时都有点顾虑，因为这可能导致数据结构的太多改变。

具体来说，在开始之前，我们需要了解与两个将合并的 DataFrame 有关的几件事。

首先，我们应该知道在每个 DataFrame 上哪些列作为合并依据列是有意义的。它们不必是相同的列。确实，一对多合并通常用于从企业数据库系统中重新获取关系，并且它们与所使用的主键和外键一致，后者可能具有不同的名称（左侧数据表上的主键通常链接到关系数据库中右侧数据表上的外键）。

其次，我们应该知道将使用哪种连接以及为什么要使用这种连接。

再次，我们应该知道两个数据表上有多少行。

最后，我们应该基于连接的类型、每个数据集中的行数，以及将要匹配的合并依据值的数目等进行初步检查，这有助于了解将保留多少行。

如果两个数据集上都存在所有合并依据值，或者如果我们正在执行内连接，则其行数将等于一对多合并的右侧数据集的行数。但事情通常不会这么简单，我们经常会执行一对多合并的左连接。使用这些类型的连接，保留的行数将等于右侧数据集中具有匹配的合并依据值的行数，再加上左侧数据集中具有不匹配的合并依据值的行数。

在完成了本秘笈中的示例之后，相信你应该会更加清楚。

8.5.1 准备工作

此秘笈将使用全球历史气候学网络集成数据库的气象站数据。在其中一个 DataFrame 中，每个国家/地区包含一行数据。在另一个 DataFrame 中，每个气象站包含一行数据。每个国家/地区通常都有许多气象站。

8.5.2 实战操作

在此秘笈中，我们将进行国家/地区数据的一对多合并，每个国家/地区包含一行，然后合并气象站数据，其中每个国家/地区包含多个气象站。

（1）导入 pandas，并加载国家/地区和气象站数据。

```
>>> import pandas as pd
>>> countries = pd.read_csv("data/ltcountries.csv")
>>> locations = pd.read_csv("data/ltlocations.csv")
```

（2）设置气象站（locations）和国家/地区数据的索引。

确认 countries DataFrame 的合并依据值是唯一的。

```
>>> countries.set_index(['countryid'], inplace=True)
>>> locations.set_index(['countryid'], inplace=True)
>>> countries.head()
                       country
countryid
AC           Antigua and Barbuda
AE          United Arab Emirates
AF                   Afghanistan
AG                       Algeria
AJ                    Azerbaijan
>>> countries.index.nunique()==countries.shape[0]
True

>>> locations[['locationid','latitude','stnelev']].head(10)
            locationid  latitude  stnelev
countryid
AC         ACW00011604        58       18
AE         AE000041196        25       34
AE         AEM00041184        26       31
AE         AEM00041194        25       10
AE         AEM00041216        24        3
AE         AEM00041217        24       27
AE         AEM00041218        24      265
AF         AF000040930        35    3,366
AF         AFM00040911        37      378
AF         AFM00040938        34      977
```

（3）使用 join 对 countries 和 locations 执行左连接。

```
>>> stations = countries.join(locations)

>>>
stations[['locationid','latitude','stnelev','country']].head(10)
            locationid  latitude  stnelev               country
countryid
```

```
AC          ACW00011604        58        18   Antigua and Barbuda
AE          AE000041196        25        34  United Arab Emirates
AE          AEM00041184        26        31  United Arab Emirates
AE          AEM00041194        25        10  United Arab Emirates
AE          AEM00041216        24         3  United Arab Emirates
AE          AEM00041217        24        27  United Arab Emirates
AE          AEM00041218        24       265  United Arab Emirates
AF          AF000040930        35     3,366           Afghanistan
AF          AFM00040911        37       378           Afghanistan
AF          AFM00040938        34       977           Afghanistan
```

（4）检查合并依据列是否匹配。

首先，由于进行了一些更改，因此需要重新加载 DataFrame。

checkmerge 函数显示，在两个 DataFrame 中有 27472 行具有合并依据值（来自 countryid），而在 countries（左侧 DataFrame）中有 2 行，在 locations 中则没有。这表明内连接将返回 27472 行，而左连接将返回 27474 行。

函数中的最后一条语句标识了出现在一个 DataFrame 中但不在另一个 DataFrame 中的 countryid 值。

```
>>> countries = pd.read_csv("data/ltcountries.csv")
>>> locations = pd.read_csv("data/ltlocations.csv")
>>>
>>> def checkmerge(dfleft, dfright, idvar):
...   dfleft['inleft'] = "Y"
...   dfright['inright'] = "Y"
...   dfboth = pd.merge(dfleft[[idvar,'inleft']],\
...   dfright[[idvar,'inright']], on=[idvar], how="outer")
...   dfboth.fillna('N', inplace=True)
...   print(pd.crosstab(dfboth.inleft, dfboth.inright))
...   print(dfboth.loc[(dfboth.inleft=='N') | (dfboth.inright=='N')])
...
>>> checkmerge(countries.copy(), locations.copy(), "countryid")
inright  N      Y
inleft
N        0      1
Y        2  27472
       countryid  inleft  inright
9715          LQ       Y        N
13103         ST       Y        N
27474         FO       N        Y
```

（5）显示在一个文件中出现但在另一个文件中未出现的行。

步骤（4）中的最后一条语句显示，有两个 countryid 值在 countries 中出现，但在 locations 中则未出现；还有一个 countryid 值则是在 countries 中未出现，而在 locations 中则出现了。具体如下。

```
>>> countries.loc[countries.countryid.isin(["LQ","ST"])]
    countryid                          country
124        LQ  Palmyra Atoll[United States]
195        ST                     Saint Lucia

>>> locations.loc[locations.countryid=="FO"]
      locationid  latitude  longitude  stnelev   station  countryid
7363  FOM00006009       61         -7      102  AKRABERG         FO
```

（6）合并 locations 和 countries 这两个 DataFrame。

执行左连接。另外，还需要计算每一列包含的缺失值的数量。对于这些包含缺失值的列来说，就是因为合并依据值出现在 countries 数据中但没有出现在 locations 数据中。

```
>>> stations = pd.merge(countries, locations, on=["countryid"],
how="left")

>>> stations[['locationid','latitude','stnelev','country']].head(10)
    locationid  latitude  stnelev               country
0  ACW00011604        58       18   Antigua and Barbuda
1  AE000041196        25       34  United Arab Emirates
2  AEM00041184        26       31  United Arab Emirates
3  AEM00041194        25       10  United Arab Emirates
4  AEM00041216        24        3  United Arab Emirates
5  AEM00041217        24       27  United Arab Emirates
6  AEM00041218        24      265  United Arab Emirates
7  AF000040930        35    3,366           Afghanistan
8  AFM00040911        37      378           Afghanistan
9  AFM00040938        34      977           Afghanistan
>>> stations.shape
(27474, 7)
>>> stations.loc[stations.countryid.isin(["LQ","ST"])].isnull().sum()
countryid     0
country       0
locationid    2
latitude      2
longitude     2
stnelev       2
```

```
station      2
dtype: int64
```

一对多合并将返回预期的行数和新的缺失值。

8.5.3　原理解释

在步骤（3）中，使用了 DataFrame join 方法对 countries 和 locations 两个 DataFrames 执行左连接。这是进行合并的最简单方法。由于 join 方法需要使用 DataFrames 的索引进行合并，因此我们需要首先设置索引，然后将右侧 DataFrame 传递给左侧 DataFrame 的 join 方法。

尽管 join 比本示例中的操作还要灵活一些（例如，你可以指定连接的类型），但对于除最简单的合并以外的所有其他操作，作者更喜欢使用 Pandas merge 函数。使用 merge 函数时，作者可以确信需要的所有选项均可用。

在进行合并之前，必须进行一些检查。在步骤（4）中执行了此操作。结果告诉我们，如果要进行内连接或左连接，则在合并之后的 DataFrame 中将会有多少行。结果显示，内连接应有 27472 行，左连接应有 27474 行。

本示例还显示了合并依据值在一个 DataFrame 中但不在另一个 DataFrame 中的行。如果要进行左连接，则需要决定如何处理由右侧 DataFrame 导致的缺失值。在本示例中，由于右侧 DataFrame 上找不到两个合并依据值，因此使这些列出现了两个缺失值。

8.5.4　扩展知识

你可能已经注意到，在对 checkmerge 的调用中，传递了 countries 和 locations 两个 DataFrames 的副本。

```
>>> checkmerge(countries.copy(), locations.copy(), "countryid")
```

在这里使用 copy 是因为我们不希望 checkmerge 函数对原始 DataFrame 进行任何更改。

8.5.5　参考资料

8.3 节“进行一对一合并”中详细讨论了连接类型。

8.6　进行多对多合并

如前文所述，多对多合并意味着在左侧和右侧 DataFrame 中都有重复的合并依据值。

需要进行多对多合并的情形是比较少见的。即使我们收到需要以这种形式合并的数据，也常常是因为我们在多个一对多关系中缺少中心文件。

例如，假设有 donor（捐助者）、contributions（捐助者贡献值）和 contactInformation（捐助者联系信息）3 个数据表，在后两个文件中，每个捐助者包含多行。但是，在某些情况下，我们无法访问 donor 文件（donor 与 contributions 和 contactInformation 都具有一对多的关系），这种情况发生的频率超出你的想象，人们有时会在不了解底层结构的情况下为我们提供数据。当我们要进行多对多合并时，通常是因为缺失一些关键信息，而不是因为数据库的设计方式。

多对多合并会返回合并依据列值的笛卡儿积。因此，如果捐助者 ID 在捐助者联系信息文件上出现 2 次，在捐助者贡献值文件上出现 5 次，则合并将返回 10 行。这里的问题是返回的数据中将有更多的行，但这在分析上没有意义。在此示例中，多对多合并将复制捐助者的贡献值，每个联系信息一次。

一般来说，当面对潜在的多对多合并情况时，解决方案就是不要这样做。相反，我们可以恢复隐含的一对多关系。在上面的捐助者示例中，我们可以删除捐助者除最近的联系信息以外的所有行，从而确保每个捐助者在 contactInformation 中都仅有一行。然后，可以与 contributions 进行一对多合并。

当然，我们并不总是能够避免进行多对多合并。有时，我们必须生成一个平面文件，其中包含所有数据，而无须考虑重复问题。

本秘笈演示了在必要时如何进行多对多合并。

8.6.1 准备工作

此秘笈将使用来自克利夫兰艺术博物馆的收藏品数据。我们将使用两个 CSV 文件：一个文件包含收藏品中每个项目的每个媒体引用，另一个文件包含每个项目的创作者。

注意：[①]

克利夫兰艺术博物馆提供了一个可以访问其数据的 API，其网址如下。

https://openaccess-api.clevelandart.org/

通过该 API 可以获得更多的引用和创作者数据。

8.6.2 实战操作

请按照以下步骤完成此秘笈。

---

① 这里与英文原文的内容保持一致，保留了其中文翻译。

（1）加载 pandas 和克利夫兰艺术博物馆（CMA）的馆藏数据。

```
>>> import pandas as pd
>>> cmacitations = pd.read_csv("data/cmacitations.csv")
>>> cmacreators = pd.read_csv("data/cmacreators.csv")
```

（2）查看 citations 数据。

```
>>> cmacitations.head(10)
      id                                           citation
0  92937  Milliken, William M. "The Second Exhibition of...
1  92937   Glasier, Jessie C. "Museum Gets Prize-Winning...
2  92937  "Cleveland Museum Acquires Typical Pictures by...
3  92937  Milliken, William M. "Two Examples of Modern P...
4  92937   <em>Memorial Exhibition of the Work of George...
5  92937  The Cleveland Museum of Art. <em>Handbook of t...
6  92937  Cortissoz, Royal. "Paintings and Prints by Geo...
7  92937  Isham, Samuel, and Royal Cortissoz. <em>The Hi...
8  92937  Mather, Frank Jewett, Charles Rufus Morey, and...
9  92937  "Un Artiste Americain." <em>L'illustration.</e...
>>> cmacitations.shape
(11642, 2)
>>> cmacitations.id.nunique()
935
```

（3）查看 creators 数据。

```
>>> cmacreators.loc[:,['id','creator','birth_year']].head(10)
       id                                    creator  birth_year
0   92937          George Bellows (American, 1882-1925)        1882
1   94979  John Singleton Copley (American, 1738-1815)        1738
2  137259           Gustave Courbet (French, 1819-1877)        1819
3  141639  Frederic Edwin Church (American, 1826-1900)        1826
4   93014             Thomas Cole (American, 1801-1848)        1801
5  110180   Albert Pinkham Ryder (American, 1847-1917)        1847
6  135299           Vincent van Gogh (Dutch, 1853-1890)        1853
7  125249           Vincent van Gogh (Dutch, 1853-1890)        1853
8  126769            Henri Rousseau (French, 1844-1910)        1844
9  135382               laude Monet (French, 1840-1926)        1840
>>> cmacreators.shape
(737, 8)
>>> cmacreators.id.nunique()
654
```

（4）显示 citations 数据中合并依据值的重复情况。

可以看到，148758 个馆藏项目有 174 个媒体引用。

```
>>> cmacitations.id.value_counts().head(10)
148758    174
122351    116
92937      98
123168     94
94979      93
149112     93
124245     87
128842     86
102578     84
93014      79
Name: id, dtype: int64
```

（5）显示 creators 数据中合并依据值的重复情况。

```
>>> cmacreators.id.value_counts().head(10)
140001    4
149386    4
114537    3
149041    3
93173     3
142752    3
114538    3
146795    3
146797    3
142753    3
Name: id, dtype: int64
```

（6）检查合并。

使用在 8.5 节“进行一对多合并”中使用过的 checkmerge 函数。

```
>>> def checkmerge(dfleft, dfright, idvar):
...   dfleft['inleft'] = "Y"
...   dfright['inright'] = "Y"
...   dfboth = pd.merge(dfleft[[idvar,'inleft']],\
...     dfright[[idvar,'inright']], on=[idvar], how="outer")
...   dfboth.fillna('N', inplace=True)
...   print(pd.crosstab(dfboth.inleft, dfboth.inright))
...
>>> checkmerge(cmacitations.copy(), cmacreators.copy(), "id")
```

```
inright     N     Y
inleft
N           0    46
Y        2579  9701
```

（7）显示两个 DataFrame 中重复的合并依据值。

```
>>> cmacitations.loc[cmacitations.id==124733]
          id                                           citation
8963  124733  Weigel, J. A. G. <em>Catalog einer Sammlung vo...
8964  124733  Winkler, Friedrich. <em>Die Zeichnungen Albrec...
8965  124733  Francis, Henry S. "Drawing of a Dead Blue Jay ...
8966  124733  Kurz, Otto. <em>Fakes: A Handbook for Collecto...
8967  124733   Minneapolis Institute of Arts.<em>Watercolors...
8968  124733  Pilz, Kurt. "Hans Hoffmann: Ein Nürnberger Dür...
8969  124733    Koschatzky, Walter and Alice Strobl.<em>Düre...
8970  124733   Johnson, Mark M<em>. Idea to Image:Preparator...
8971  124733  Kaufmann, Thomas DaCosta. <em>Drawings from th...
8972  124733   Koreny, Fritz. <em>Albrecht Dürer and the ani...
8973  124733  Achilles-Syndram, Katrin. <em>Die Kunstsammlun...
8974  124733  Schoch, Rainer, Katrin Achilles-Syndram, and B...
8975  124733   DeGrazia, Diane and Carter E. Foster.<em>Mast...
8976  124733  Dunbar, Burton L., et al. <em>A Corpus of Draw...
>>> cmacreators.loc[cmacreators.id==124733,
['id','creator','birth_year','title']]
         id                                  creator  birth_year \
449  124733         Albrecht Dürer (German, 1471-1528)        1471
450  124733  Hans Hoffmann (German, 1545/50-1591/92)       1545/50

                title
449  Dead Blue Roller
450  Dead Blue Roller
```

（8）执行多对多合并。

```
>>> cma = pd.merge(cmacitations, cmacreators, on=['id'], how="outer")
>>> cma['citation'] = cma.citation.str[0:20]
>>> cma['creator'] = cma.creator.str[0:20]
>>> cma.loc[cma.id==124733, ['citation','creator','birth_year']]
                  citation                creator  birth_year
9457  Weigel, J. A. G. <em  Albrecht Dürer (Germ        1471
9458  Weigel, J. A. G. <em  Hans Hoffmann (Germa     1545/50
9459   Winkler, Friedrich.  Albrecht Dürer (Germ        1471
9460   Winkler, Friedrich.  Hans Hoffmann (Germa     1545/50
```

```
9461  Francis, Henry S. "D  Albrecht Dürer (Germ       1471
9462  Francis, Henry S. "D  Hans Hoffmann (Germa    1545/50
9463  Kurz, Otto. <em>Fake  Albrecht Dürer (Germ       1471
9464  Kurz, Otto. <em>Fake  Hans Hoffmann (Germa    1545/50
9465  Minneapolis Institut  Albrecht Dürer (Germ       1471
9466  Minneapolis Institut  Hans Hoffmann (Germa    1545/50
9467  Pilz, Kurt. "Hans Ho  Albrecht Dürer (Germ       1471
9468  Pilz, Kurt. "Hans Ho  Hans Hoffmann (Germa    1545/50
9469  Koschatzky, Walter a  Albrecht Dürer (Germ       1471
9470  Koschatzky, Walter a  Hans Hoffmann (Germa    1545/50

... last 14 rows removed to save space
```

上述操作解决了由于多对多合并而可能产生的混乱问题，接下来将详细介绍它的工作原理。

8.6.3 原理解释

步骤（2）告诉我们，有 935 个唯一 ID 被 11642 次引用。博物馆藏品中的每个物品都有一个唯一的 ID。平均每个物品有 12 个媒体引用（11642/935）。

步骤（3）告诉我们，有 737 个创作者，654 个物品，因此大多数作品只有一个创作者。事实上，citations 和 creators 两个 DataFrames 都有重复的 ID（ID 是合并依据值），这意味着我们的合并操作将是多对多合并。

步骤（4）使我们了解了在 citations DataFrame 上 ID 的重复情况。博物馆藏品中的某些物品有 80 多个引用。值得仔细研究这些项目的引用，以了解它们是否有意义。

步骤（5）告诉我们，即使创作者有多个，但也很少出现超过 4 个的情况。

在步骤（6）中可以看到，大多数 ID 在 citations 文件和 creators 文件中都有行，但是也有很多 ID 仅出现在 citations 行而没有 creators 行。如果执行内连接或右连接，则将丢失 2579 行，但是如果进行外连接或左连接，则不会出现这种情况（这里假设 citations 是左侧 DataFrame，而 creators 是右侧 DataFrame）。

在步骤（7）中查看了在两个 DataFrame 中都有的一个 ID（124733），它在两个 DataFrame 中都有重复。在 citations DataFrame 中，此藏品有 14 行，在 creators DataFrame 中则有 2 行。这意味着在合并后的 DataFrame 中将有 28 行（2×14）包含该 ID。citations 数据将会为 creators 中的每一行重复。

当我们在步骤（8）中查看合并结果时，这一点得到了确认。我们执行了一个外连接，使用 id 作为合并依据列（我们还缩短了 citations 和 creators 的描述，以使其更易于查看）。

当我们显示合并之后文件中与步骤（7）相同的 ID（124733）的行时，得到了意料中的28 行（为节约篇幅，后 14 行的输出被删除）。

8.6.4　扩展知识

当必须要进行多对多合并时，最好能对可获得的结果有一个正确的预期，这样也方便判断你的操作是否正确。事实上，也可以将多对多关系理解为多个一对多关系（在本示例中，就是两个一对多关系），其中某一侧的数据文件缺失了。

其实我们也可以假想有一个数据表，在该数据表中，每个藏品包含一行，该数据表与 citations 和 creators 数据都具有一对多的关系。当我们无权访问此类文件时，最好尝试使用该结构重新制作该文件。有了这些数据，我们可以创建一个包含 id 或 title 的文件，然后与 citations 和 creators 数据进行一对多合并。

当然，在某些情况下，我们必须生成平面文件以进行后续分析。例如，我们可能会使用 Excel 进行很多数据可视化工作，而此类软件并不能很好地处理关系数据。只要知道哪些分析要求删除重复的行，那么在步骤（8）中生成的文件同样可以发挥作用。

8.7　开发合并例程

我们可以将数据合并比喻为泊车。合并数据和泊车似乎都需要按顺序排队，但是它们发生事故的概率是不成比例的。一种安全进出停车场且不发生事故的方法是，每次去特定的停车场时都使用类似的策略。例如，你可以总是去一个交通流量相对较少的区域，并且大多数时候都以相同的方式到达目标区域。

类似的方法也可以应用于数据合并操作，以减少出错概率。如果我们选择 80%～90%的时间都正常有效的通用方法，那么就可以专注于最重要的内容——数据，而不是操作该数据的技术。

在本秘笈中，我们将演示一种比较有效的通用方法。需要强调的是，这里使用的特定技术并不重要，重要的是你应该拥有一种自己能够充分理解的方法并且习惯使用它。

8.7.1　准备工作

此秘笈将返回在 8.5 节“进行一对多合并”中所关注的目标。我们将对全球历史气候学网络集成数据库中的 countries 和 locations 数据执行左连接。

8.7.2 实战操作

在此秘笈中，我们将在检查合并依据值不匹配的情况之后对 countries 和 locations 数据进行左连接。具体操作步骤如下。

（1）导入 pandas，并加载国家/地区和气象站数据。

```
>>> import pandas as pd
>>> countries = pd.read_csv("data/ltcountries.csv")
>>> locations = pd.read_csv("data/ltlocations.csv")
```

（2）检查合并依据列的匹配情况。

```
>>> def checkmerge(dfleft, dfright, mergebyleft, mergebyright):
...   dfleft['inleft'] = "Y"
...   dfright['inright'] = "Y"
...   dfboth = pd.merge(dfleft[[mergebyleft,'inleft']],\
...     dfright[[mergebyright,'inright']], left_on=[mergebyleft],\
...     right_on=[mergebyright], how="outer")
...   dfboth.fillna('N', inplace=True)
...   print(pd.crosstab(dfboth.inleft, dfboth.inright))
...   print(dfboth.loc[(dfboth.inleft=='N') | (dfboth.
inright=='N')].head(20))
...
>>> checkmerge(countries.copy(), locations.copy(), "countryid",
 "countryid")
inright  N      Y
inleft
N        0      1
Y        2  27472
       countryid  inleft  inright
9715          LQ       Y        N
13103         ST       Y        N
27474         FO       N        Y
```

（3）合并 countries 和 locations 数据。

```
>>> stations = pd.merge(countries, locations, left_on=["countryid"],
right_on=["countryid"], how="left")

>>> stations[['locationid','latitude','stnelev','country']].head(10)
    locationid  latitude  stnelev              country
0  ACW00011604        58       18  Antigua and Barbuda
```

```
1  AE000041196       25      34  United Arab Emirates
2  AEM00041184       26      31  United Arab Emirates
3  AEM00041194       25      10  United Arab Emirates
4  AEM00041216       24       3  United Arab Emirates
5  AEM00041217       24      27  United Arab Emirates
6  AEM00041218       24     265  United Arab Emirates
7  AF000040930       35   3,366           Afghanistan
8  AFM00040911       37     378           Afghanistan
9  AFM00040938       34     977           Afghanistan
>>> stations.shape
(27474, 7)
```

可以看到，左连接获得了预期的行数。合并依据值在两个 DataFrame 中都有的行是 27472 行，合并依据值仅在左侧 DataFrame 中出现，在右侧 DataFrame 中未出现的行是 2 行。合计 27474 行。

8.7.3　原理解释

对于绝大多数的数据合并，作者都喜欢在步骤（2）和步骤（3）中使用的逻辑。在 checkmerge 函数中添加了第四个参数，这可以为左右 DataFrame 指定不同的合并依据列。我们不需要在每次执行数据合并时都重新创建此函数，可以将其包含在导入的模块中（在本书第 10 章中，将介绍如何向模块中添加辅助函数）。

在执行合并之前调用 checkmerge 函数可以为我们提供足够的信息，以便我们知道使用不同的连接类型运行合并时的期望。我们将知道内连接、外连接、左连接或右连接将返回多少行。在运行实际合并之前，我们还将知道在哪些地方会生成新的缺失值。

当然，这是一个相当昂贵的操作，每次都需要我们运行两次 merge，一次是诊断性的外连接，一次是我们选择的任何连接。但是我认为这样做是值得的，它可以帮助我们停下来思考自己在做什么。

最后，我们在步骤（3）中执行了合并操作。这是我最喜欢使用的语法。尽管 merge 函数允许我们以不同的方式指定左侧和右侧 DataFrame，但作者更愿意始终将左侧 DataFrame 用于第一个参数，将右侧 DataFrame 用于第二个参数。

我们还为 left_on 和 right_on 设置了值，即使合并依据列相同，也可以使用 on 参数，因为这样一来，在合并依据列不同的情况下，就不必更改语法，只要使用 on 参数显式指定两个 DataFrame 的合并依据列即可。

在本例程中，默认使用了左连接，但是它提供了 how 参数（已经被设置为 left）。通过该参数，也可以轻松设置其他类型的连接。这同样是为了方便考虑。

左侧 DataFrame 中的行通常代表分析单位（如学生、患者、客户等），右侧 DataFrame 则可以是补充数据（如 GPA、血压、邮政编码等）。从分析单位中删除行很容易出现问题，因为这可能导致右侧 DataFrame 上不存在合并依据值。如果此时执行内连接，则可能会发生这种情况。因此，合并时连接类型的选择，也要考虑到数据的具体情况。

8.7.4　参考资料

在 8.3 节“进行一对一合并”中，详细讨论了连接的类型。

在第 10 章“用户定义的函数和类”中，我们将创建包含实用数据清洗函数的模块。

第 9 章　规整和重塑数据

有许多术语可用于描述数据重组或重塑的过程和结果，数据科学家最常用的术语是规整数据（tidy data）。规整数据是 Hadley Wickham 创造的一个术语，用于描述一种使分析变得容易进行的数据形式。

正如 Leo Tolstoy 和 Hadley Wickham 告诉我们的那样，所有规整数据在本质上都是相似的，但是所有混乱的数据其混乱方式都是不一样的（这句话你可能似曾相识，没错，它基本上是仿写自列夫·托尔斯泰在《安娜·卡列尼娜》中的第一句话："所有幸福的家庭都一样，不幸的家庭各有各的不幸"）。

作为负责清洗数据的分析人员，很多时候，我们可能会盯着接收到的数据发呆，然后在心理默默地问："什么……怎么……他们为什么这样做？"这虽然有点夸大，但是在把数据搞乱方面，很多人都无法避免。

研究人员将混乱的数据集称为偏离规范化或规整形式的数据集，对于其常见方式也进行了特征分类。

Hadley Wickham 在规整数据方面进行了开创性的研究。我们可以依靠这项研究成果以及对混乱结构数据的经验来为必须进行的重塑工作做准备。

不规整的数据通常具有以下一个或多个特征。

- 合并依据列关系不清晰。
- 一对多关系中"一"侧的数据冗余。
- 多对多关系带来的数据冗余。
- 存储在列名称中的值。
- 存储在一个变量值中的多个值。
- 数据未按分析单位进行结构化。

尽管上面最后一个特征不一定会导致数据不规整的情况，但在接下来的几个秘笈中，我们将讨论适用于常见分析单位问题的技术。

在本章中，我们将使用功能强大的工具来处理上述数据清洗问题。

本章包括以下秘笈。

- 删除重复的行。
- 修复多对多关系。

- 使用 stack 和 melt 将数据由宽变长。
- 使用 wide_to_long 处理多列。
- 使用 unstack 和 pivot 将数据由长变宽。

9.1 技术要求

本章的代码和 Notebook 可在 GitHub 上获得，其网址如下。

https://github.com/PacktPublishing/Python-Data-Cleaning-Cookbook

9.2 删除重复的行

以下原因可能导致分析单位（unit of analysis）的数据重复。

- 现有的 DataFrame 可能是一对多合并的结果，而这个“一”侧就是分析单位。
- DataFrame 是重复的测量数据或面板数据（panel data）折叠到平面文件中的结果，这其实就是第一个原因的特殊情形。
- 我们使用的可能是包含了多个一对多关系的分析文件，并且这些关系已经展平，从而创建了多对多关系。

当一对多关系中的“一”侧是分析单位时，“多”侧的数据可能需要以某种方式折叠。例如，如果我们正在分析某所大学一组学生的成绩，则这些学生就是分析的单位；但是我们可能还会有每个学生的课程注册数据。为了准备数据进行分析，可能需要先计算课程数量、汇总学分或计算每个学生的 GPA 成绩，然后才能为每个学生提供一行数据。在这个假想的示例中，我们需要先聚合“多”侧的信息，然后删除重复的数据。

在本秘笈中，我们讨论 Pandas 删除重复行的技术，并在此过程中考虑聚合问题。在下一个秘笈中，我们将解决多对多关系中的重复问题。

9.2.1 准备工作

此秘笈将使用 COVID-19 新冠疫情每日病例数据。每个国家/地区每天一行记录，每一行都包含当天的新病例和新死亡人数。此外还有每个国家/地区的人口统计数据，以及病例和死亡的累计总数，因此每个国家/地区的最后一行提供了病例总数和总死亡人数。

注意：[①]

Our World in Data 网站在以下网址中提供了可公开使用的 COVID-19 新冠疫情数据。

https://ourworldindata.org/coronavirus-source-data

此秘笈中使用的数据是在 2020 年 7 月 18 日下载的。

9.2.2 实战操作

本示例将使用 drop_duplicates 删除 COVID-19 新冠疫情每日数据中每个国家/地区重复的人口统计数据。

在删除重复数据之前，当我们需要进行一些聚合操作时，可以考虑使用 groupby 作为 drop_duplicates 的替代方法。

（1）导入 pandas 和 COVID-19 新冠疫情每日病例数据。

```
>>> import pandas as pd
>>> covidcases = pd.read_csv("data/covidcases720.csv")
```

（2）为每日病例和死亡人数列、病例总数列和人口统计列创建列表。

```
>>> dailyvars = ['casedate','new_cases','new_deaths']
>>> totvars = ['location','total_cases','total_deaths']
>>> demovars = ['population','population_density','median_age',
...   'gdp_per_capita','hospital_beds_per_thousand','region']
>>>
>>> covidcases[dailyvars + totvars + demovars].head(3).T
                                    0              1              2
casedate                   2019-12-31     2020-01-01     2020-01-02
new_cases                        0.00           0.00           0.00
new_deaths                       0.00           0.00           0.00
location                  Afghanistan    Afghanistan    Afghanistan
total_cases                      0.00           0.00           0.00
total_deaths                     0.00           0.00           0.00
population              38,928,341.00  38,928,341.00  38,928,341.00
population_density              54.42          54.42          54.42
median_age                      18.60          18.60          18.60
gdp_per_capita               1,803.99       1,803.99       1,803.99
hospital_beds_per_thousand       0.50           0.50           0.50
region                     South Asia     South Asia     South Asia
```

[①] 这里与英文原文的内容保持一致，保留了其中文翻译。

（3）创建一个仅包含每日数据的 DataFrame。

```
>>> coviddaily = covidcases[['location'] + dailyvars]
>>> coviddaily.shape
(29529, 4)
>>> coviddaily.head()
      location    casedate  new_cases  new_deaths
0  Afghanistan  2019-12-31       0.00        0.00
1  Afghanistan  2020-01-01       0.00        0.00
2  Afghanistan  2020-01-02       0.00        0.00
3  Afghanistan  2020-01-03       0.00        0.00
4  Afghanistan  2020-01-04       0.00        0.00
```

（4）每个国家/地区选择一行。

通过获取唯一 location 的数量来查看有多少个国家/地区。按 location 和 casedate 排序，然后使用 drop_duplicates 对每个 location 选择一行，并使用 keep 参数指示我们想要的每个国家/地区的最后一行。

```
>>> covidcases.location.nunique()
209
>>> coviddemo = covidcases[['casedate'] + totvars + demovars].\
...   sort_values(['location','casedate']).\
...   drop_duplicates(['location'], keep='last').\
...   rename(columns={'casedate':'lastdate'})
>>>
>>> coviddemo.shape
(209, 10)
>>> coviddemo.head(3).T
                                     184             310             500
lastdate                      2020-07-12      2020-07-12      2020-07-12
location                     Afghanistan         Albania         Algeria
total_cases                    34,451.00        3,371.00       18,712.00
total_deaths                    1,010.00           89.00        1,004.00
population                 38,928,341.00    2,877,800.00   43,851,043.00
population_density                 54.42          104.87           17.35
median_age                         18.60           38.00           29.10
gdp_per_capita                  1,803.99       11,803.43       13,913.84
hospital_beds_per_thousand          0.50            2.89            1.90
region                        South Asia  Eastern Europe    North Africa
```

（5）对每个组的值求和。

使用 Pandas DataFrame groupby 方法汇总每个国家/地区的总病例和死亡人数。此外，还需要获取每个国家/地区的所有行中重复的某些列的最后一个值，如 median_age、 gdp_per_capita、region 和 casedate 列（我们仅从 DataFrame 中选择几列）。可以看到，这些数字与步骤（4）中的数字是匹配的。

```
>>> covidtotals = covidcases.groupby(['location'], as_index=False).\
...   agg({'new_cases':'sum','new_deaths':'sum','median_age':'last',
...     'gdp_per_capita':'last','region':'last','casedate':'last',
...     'population':'last'}).\
...   rename(columns={'new_cases':'total_cases',
...     'new_deaths':'total_deaths','casedate':'lastdate'})

>>> covidtotals.head(3).T
                              0               1              2
location            Afghanistan         Albania        Algeria
total_cases           34,451.00        3,371.00      18,712.00
total_deaths           1,010.00           89.00       1,004.00
median_age                18.60           38.00          29.10
gdp_per_capita         1,803.99       11,803.43      13,913.84
region               South Asia  Eastern Europe   North Africa
lastdate             2020-07-12      2020-07-12     2020-07-12
population        38,928,341.00    2,877,800.00  43,851,043.00
```

究竟是选择 drop_duplicates 还是 groupby 来消除数据冗余？这取决于我们是否需要在折叠“多”侧之前进行任何聚合。

9.2.3　原理解释

每个国家/地区每天的 COVID-19 新冠疫情数据只有一行，但是实际上很少有数据是每日数据。仅 casedate、new_cases 和 new_deaths 可以被视为每日数据。其他列显示的是累计病例数、总死亡人数和人口统计数据。累积数据是多余的，因为我们有 new_cases 和 new_deaths 的实际值。每个国家/地区的人口统计数据在所有的每日数据内都具有相同的值。

国家/地区（及其相关的人口统计数据）与每日数据之间存在隐含的一对多关系。国家/地区是“一”侧，每日数据是“多”侧。我们可以创建一个包含每日数据的 DataFrame 和一个包含人口统计数据的 DataFrame，以此来恢复这种一对多结构。在步骤（3）和步骤（4）中执行了此操作。这样，当我们需要跨国家/地区的总和数据时，即可生成这些总数统计，而不是存储冗余数据。

当然，累计总和变量并非完全没有用。可以使用它们来检查对总病例和总死亡人数的计算。步骤（5）演示了当我们需要做的工作不仅仅是删除重复项时，如何使用 groupby 来重组数据。在本示例中，我们要汇总每个国家/地区与 new_cases 和 new_deaths 的多对多关系。

9.2.4 扩展知识

本示例还有一个小细节。更改数据结构时，某些列的含义可能会更改。在此示例中，casedate 成为每个国家/地区最后一行的日期，因此可将该列重命名为 lastdate。

9.2.5 参考资料

在第 7 章“聚合时修复混乱数据”中详细讨论了 groupby。

Hadley Wickham 有关规整数据的研究论文网址如下。

https://vita.had.co.nz/papers/tidy-data.pdf

9.3 修复多对多关系

有时我们必须使用通过多对多合并创建的数据表。如前文所述，所谓“多对多合并”，就是合并依据列的值在左右两侧均有重复。正如我们在第 8 章中所解释的那样，数据文件中的多对多关系通常表示多个一对多关系（其中的“一”侧已经被删除）。例如，数据集 A 和数据集 B 之间存在一对多的关系，并且数据集 A 和数据集 C 之间也存在一对多的关系。有时我们遇到的问题是，我们收到一个合并了 B 和 C 的数据文件，但排除了 A。

处理以这种方式构造的数据的最佳方法是，尽可能重新创建隐含的一对多关系。为此，我们可以首先创建一个类似于 A 的数据集；也就是说，给定我们已经看到的 B 和 C 之间的多对多关系，猜测 A 的可能结构。实现此目标的关键在于识别多对多关系两边数据的一个好的合并依据列。此列（或者多列）将在数据集 B 和 C 中都有重复，但在我们将要重建的数据集 A 中将不重复。

此秘笈中使用的数据就是一个很好的示例。我们获得了克利夫兰艺术博物馆的馆藏数据。此示例有两个数据集：一个创作者文件，另一个媒体引用文件。creators 文件包含该博物馆中每个藏品的创作者。每个创作者都有一行，因此每个藏品项目可能有多行。citations 文件包含每个藏品项目的媒体引用（包含报纸、新闻台和杂志上的引用等）。citations 文件中的每个引用都有一行，因此每个藏品项目也可能有多行。

我们想要的结果是，馆藏数据中的每个藏品都有一行（和唯一的标识符）。但是，现有馆藏数据只包含 creators 和 citations 数据集之间的多对多关系。

需要说明的是，这种情况不是克里夫兰艺术博物馆的错，该博物馆已经提供了一个以 JSON 文件形式返回馆藏数据的 API。可以从 JSON 文件中提取所需的数据以生成藏品 DataFrame（包括本示例所提取的 creators 和 citations 数据）。但是我们并不是始终可以按这种方式访问数据，因此制定恢复多对多关系的策略还是很有必要的。

9.3.1 准备工作

此秘笈将使用克利夫兰艺术博物馆藏品的数据。CSV 文件包含有关 creators 和 citations 的数据，并通过标识藏品的 id 列进行合并。每个藏品项目的 creators 和 citations 都有一行或多行。

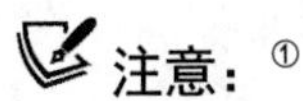

注意：[①]

本秘笈中使用的 API 由克利夫兰艺术博物馆提供，它可以公开使用，其网址如下。

https://openaccess-api.clevelandart.org/

此秘笈中使用的更多引用和创作者数据可以通过此 API 获得。

9.3.2 实战操作

本示例将通过恢复数据中多个隐含的一对多关系来处理 DataFrame 之间的多对多关系。具体操作步骤如下。

（1）导入 pandas 和博物馆的 collections（馆藏）数据。

```
>>> import pandas as pd
>>> cma = pd.read_csv("data/cmacollections.csv")
```

（2）显示博物馆的馆藏数据。

另外还需要显示 id、citation 和 creator 3 列的唯一值的数量。

```
>>> cma.shape
(12326, 9)
>>> cma.head(2).T
                                  0                    1
id                            92937                92937
citation          Milliken, William    Glasier, JessieC.
creator          George Bellows (Am   George Bellows (Am
title             Stag at Sharkey's    Stag at Sharkey's
birth_year                     1882                 1882
```

① 这里与英文原文的内容保持一致，保留了其中文翻译。

```
death_year                  1925                1925
collection    American - Painting  American - Painting
type                    Painting            Painting
creation_date               1909                1909
>>> cma.id.nunique()
972
>>> cma.drop_duplicates(['id','citation']).id.count()
9758
>>> cma.drop_duplicates(['id','creator']).id.count()
1055
```

（3）显示包含重复的媒体引用和创作者的馆藏项目。

此处仅显示前 14 行（实际上总共有 28 行）。

```
>>> cma.set_index(['id'], inplace=True)
>>> cma.loc[124733,['title','citation','creator','birth_year']].head(14)
                   title                       citation       creator birth_year
id
124733 Dead Blue Roller Weigel, J. A. G. Albrecht     Dürer(Ge         1471
124733 Dead Blue Roller     Weigel, J. A. G. Hans Hoffmann(Ger    1545/50
124733 Dead Blue Roller Winkler, Friedrich Albrecht     Dürer(Ge         1471
124733 Dead Blue Roller   Winkler, Friedrich Hans Hoffmann(Ger    1545/50
124733 Dead Blue Roller Francis, Henry S. Albrecht     Dürer(Ge         1471
124733 Dead Blue Roller    Francis, Henry S. Hans Hoffmann(Ger    1545/50
124733 Dead Blue Roller Kurz, Otto. <em>Fa Albrecht     Dürer(Ge         1471
124733 Dead Blue Roller   Kurz, Otto. <em>Fa Hans Hoffmann(Ger    1545/50
124733 Dead Blue Roller Minneapolis Instit Albrecht     Dürer(Ge         1471
124733 Dead Blue Roller   Minneapolis Instit Hans Hoffmann(Ger    1545/50
124733 Dead Blue Roller Pilz, Kurt. "Hans Albrecht     Dürer(Ge         1471
124733 Dead Blue Roller    Pilz, Kurt. "Hans Hans Hoffmann(Ger    1545/50
124733 Dead Blue Roller Koschatzky, Walter Albrecht     Dürer(Ge         1471
124733 Dead Blue Roller   Koschatzky, Walter Hans Hoffmann(Ger    1545/50
```

（4）创建一个馆藏 DataFrame。

```
>>> collectionsvars = ['title','collection','type']
>>> cmacollections = cma[collectionsvars].\
...   reset_index().\
...   drop_duplicates(['id']).\
...   set_index(['id'])
>>>
>>> cmacollections.shape
(972, 3)
>>> cmacollections.head()
```

```
                                    title          collection      type
id
92937                   Stag at Sharkey's  American - Painting  Painting
94979                      Nathaniel Hurd  American - Painting  Painting
137259         Mme L... (Laure Borreau)  Mod Euro - Painting  Painting
141639       Twilight in the Wilderness  American - Painting  Painting
93014   View of Schroon Mountain, Esse  American - Painting  Painting
>>> cmacollections.loc[124733]
title           Dead Blue Roller
collection           DR - German
type                     Drawing
Name: 124733, dtype: object
```

（5）创建一个引用 DataFrame。

该 DataFrame 将只包含 id 和 citation 两列。

```
>>> cmacitations = cma[['citation']].\
...     reset_index().\
...     drop_duplicates(['id','citation']).\
...     set_index(['id'])
>>>
>>> cmacitations.loc[124733]
                    citation
id
124733  Weigel, J. A. G. <
124733  Winkler, Friedrich
124733  Francis, Henry S.
124733  Kurz, Otto. <em>Fa
124733  Minneapolis Instit
124733  Pilz, Kurt. "Hans
124733  Koschatzky, Walter
124733  Johnson, Mark M<em
124733  Kaufmann, Thomas D
124733  Koreny, Fritz. <em
124733  Achilles-Syndram,
124733  Schoch, Rainer, Ka
124733  DeGrazia, Diane an
124733  Dunbar, Burton L.,
```

（6）创建一个创作者 DataFrame。

```
>>> creatorsvars = ['creator','birth_year','death_year']
>>>
>>> cmacreators = cma[creatorsvars].\
```

```
...    reset_index().\
...    drop_duplicates(['id','creator']).\
...    set_index(['id'])
>>>
>>> cmacreators.loc[124733]
                      creator  birth_year  death_year
id
124733   Albrecht Dürer (Ge          1471        1528
124733   Hans Hoffmann (Ger       1545/50     1591/92
```

（7）计算 1950 年以后出生的创作者的馆藏品数量。

首先，将 birth_year 值从字符串转换为数字，然后创建一个 DataFrame，其中仅包含出生年份大于 1950 的艺术家。最后，将该 DataFrame 与馆藏 DataFrame 合并，以便为至少有一个创作者出生于 1950 年之后的藏品项目创建一个标志。

```
>>> cmacreators['birth_year'] = cmacreators.birth_year.
str.findall("\d+").str[0].astype(float)
>>> youngartists = cmacreators.loc[cmacreators.birth_year>1950,
['creator']].assign(creatorbornafter1950='Y')
>>> youngartists.shape[0]==youngartists.index.nunique()
True
>>> youngartists
                      creator  creatorbornafter1950
id
371392   Belkis Ayón (Cuban                        Y
162624   Robert Gober (Amer                        Y
172588   Rachel Harrison (A                        Y
169335   Pae White (America                        Y
169862   Fred Wilson (Ameri                        Y
312739   Liu Jing (Chinese,                        Y
293323   Zeng Xiaojun (Chin                        Y
172539   Fidencio Fifield-P                        Y
>>> cmacollections = pd.merge(cmacollections,youngartists,
left_on=['id'], right_on=['id'], how='left')
>>> cmacollections.creatorbornafter1950.fillna("N",inplace=True)
>>> cmacollections.shape
(972, 5)
>>> cmacollections.creatorbornafter1950.value_counts()
N    964
Y      8
Name: creatorbornafter1950, dtype: int64
```

现在，我们有了 3 个 DataFrame，即馆藏（cmacollections）、引用（cmacitations）和创作者（cmacreators），而不是只有一个。其中，cmacollections 与另外两个 DataFrame（cmacitations 和 cmacreators）都有一对多的关系。

9.3.3 原理解释

如果你主要是直接使用企业数据，那么可能会很少看到具有这种结构的文件，但是我们中的许多人并不是都那么幸运。如果我们要求博物馆提供有关其藏品的媒体引用和创作者的数据，那么获得与本示例相似的数据文件就不足为奇了。

虽然这样的数据包含了很多有关引用和创作者的重复数据，但是，由于存在看起来像藏品唯一标识符的东西（id），因此这也给我们带来了恢复藏品与其引用和藏品与其创作者之间一对多关系的一些希望。

步骤（2）显示有 972 个唯一 id 值。这表明 DataFrame 中的 12326 行可能仅代表 972 个藏品项目。另外还可以看到，共有 9758 个唯一 id 和 citation 对（这意味着每个藏品项目平均大约有 10 个引用）。唯一 id 和 creator 对则有 1055 个（这意味着绝大多数藏品项目只有一个创作者）。

步骤（3）显示了藏品项目值（如 title）的重复。返回的行数等于合并左侧和右侧的合并依据值的笛卡儿积。对于 Dead Blue Roller 项目，有 14 个引用——在步骤（3）中仅显示了一半——和 2 个创作者。每个创作者的行重复 14 次；每个引用一次。

id 列是指导我们重塑这些数据的重要数据。在步骤（4）中，我们使用了它来创建馆藏 DataFrame。我们为每个 id 值仅保留一行，并获取了与藏品项目（而不是引用或创作者）关联的其他列，包括 title、collection 和 type 列（因为 id 是索引列，所以需要先重置索引，然后删除重复项）。

在步骤（5）和步骤（6）中，遵循了和步骤（4）相同的过程创建引用和创作者 DataFrame。我们使用 drop_duplicates 分别保留 id 和 citation 的唯一组合，以及 id 和 creator 的唯一组合。在本示例中，这为我们提供了预期的行数：14 个 citations 行和 2 个 creators 行。

步骤（7）演示了如何使用这些 DataFrame 构造新列并进行分析。我们想要统计至少有一个创作者是在 1950 年之后出生的藏品项目的数量。分析的单位是藏品项目，但是我们需要来自创作者 DataFrame 的信息以进行计算。由于 cmacollections 和 cmacreators 之间的关系是一对多的，因此即使某个藏品在 1950 年之后出生的创作者有多个，我们也可以确保在创作者 DataFrame 中每个 id 仅检索一行。

```
youngartists.shape [0] == youngartists.index.nunique()
```

9.3.4　扩展知识

当我们使用定量数据时，多对多合并中出现的重复问题最容易让人头疼。例如，如果原始文件包含馆藏中每个藏品项目的评估价值，则很多项目都会是重复的，因为 title 是重复的。在此基础上，我们根据评估值生成的任何描述性统计数据都会与实际值相差甚远。例如，如果 Dead Blue Roller 藏品的评估值为 1000000 美元，则在汇总评估值时，我们将获得 28000000 美元，因为有 28 个重复值。

这印证了标准化和规整数据的重要性。如果存在评估值列，则可以将其包含在步骤（4）创建的 cmacollections DataFrame 中。该值将是不重复的，并且我们将能够为藏品生成正确的摘要统计信息。

始终返回分析单元对我们很有帮助。在很多情况下，分析单元和规整数据的概念是重叠的，但是在某些方面也有所不同。例如，如果我们只对 1950 年以后出生的创作者的数量感兴趣，而不是对 1950 年之后出生的创作者的馆藏品数量感兴趣，那么步骤（7）中的方法将大不相同。在前一种情况下，分析单位将是创作者，并且我们应该只使用创作者 DataFrame。

9.3.5　参考资料

在 8.6 节“进行多对多合并”中详细讨论了多对多合并。

在 10.7 节“处理非表格数据结构的类”中，将演示一种完全不同的处理此类结构数据的方式。

9.4　使用 stack 和 melt 将数据由宽变长

Wickham 认为，有一种类型的数据混乱是在列名称中嵌入了变量值。尽管在企业数据或关系数据中很少发生这种情况，但在分析或调查数据中它相当普遍。变量名称可能具有表示时间段的后缀，如 month（月）或 year（年）。另一种情况是，调查中的相似变量可能具有类似的名称，如 familymember1age（家庭成员 1 的年龄）、familymember2age（家庭成员 2 的年龄）等，因为这很方便且与调查设计者对变量的理解一致。

这种混乱情况在调查数据中相对频繁发生的原因之一是，在一个调查工具上可以有多个分析单位。美国十年一次的人口普查就是一个例子，它同时询问家庭和个人问题。调查数据有时也由重复的测量结果或面板数据组成，但每个受访者通常仅一行。在这种情况下，新的测量结果或回答将被存储在新的列中，而不是在新的行中，并且列名称将与之前回答的列名称相似，只是后缀有所变化。

美国国家青年纵向调查（NLS）就是一个很好的例子。它是面板数据，每年都对每个人进行调查。但是，提供的分析文件中每个受访问者只有一行数据。对问题的回答（例如，给定年份的工作周数）将被放置在新列中。

整理 NLS 数据意味着将诸如从 weeksworked00（表示 2000 年的工作周数）到 weeksworked04（表示 2004 年的工作周数）之类的列转换为 2 列（工作周数一列，年度数据为另一列），而每个人则有 5 行（从 2000—2004 年每年一行）而不是一行。

Pandas 提供了使这些转换相对容易的几个函数：stack、melt 和 wide_to_long。在此秘笈中将使用 stack 和 melt，下一个秘笈中将使用 wide_to_long。

9.4.1 准备工作

此秘笈将使用 NLS 数据集有关每年工作周数和大学入学记录的数据。在 DataFrame 中，每个受访者都有一行。

注意：[①]

NLS 是由美国劳工统计局进行的。这项调查始于 1997 年的一组人群，这些人群出生于 1980—1985 年，每年进行一次随访，直到 2017 年。NLS 数据可从以下地址下载。

https://www.nlsinfo.org/investigator/pages/search

9.4.2 实战操作

本示例将使用 stack 和 melt 将 NLS 有关工作周数的数据由宽变长，并从列名称中提取出年份值。

（1）导入 pandas 和 NLS 数据。

```
>>> import pandas as pd
>>> nls97 = pd.read_csv("data/nls97f.csv")
```

（2）查看一些工作周数的值。

首先，设置索引，如下所示。

```
>>> nls97.set_index(['originalid'], inplace=True)
>>>
>>> weeksworkedcols = ['weeksworked00','weeksworked01','weeksworked02',
...    'weeksworked03','weeksworked04']
```

① 这里与英文原文的内容保持一致，保留了其中文翻译。

```
>>> nls97[weeksworkedcols].head(2).T
originalid     8245  3962
weeksworked00    46     5
weeksworked01    52    49
weeksworked02    52    52
weeksworked03    48    52
weeksworked04    52    52
>>> nls97.shape
(8984, 89)
```

（3）使用 stack 将数据由宽变长。

首先，仅选择 weeksworked##列。使用 stack 将原始 DataFrame 中的每个列名称移动到索引中，并将 weekworked##值移动到关联的行中。

其次，重置索引，以使 weeksworked##列名称成为 level_0 列的值（将 level_0 列重命名为 year），而 weeksworked##值成为 0 列的值（将 0 列重命名为 weeksworked）。

```
>>> weeksworked = nls97[weeksworkedcols].\
...   stack(dropna=False).\
...   reset_index().\
...   rename(columns={'level_1':'year',0:'weeksworked'})
>>>
>>> weeksworked.head(10)
   originalid            year  weeksworked
0        8245   weeksworked00           46
1        8245   weeksworked01           52
2        8245   weeksworked02           52
3        8245   weeksworked03           48
4        8245   weeksworked04           52
5        3962   weeksworked00            5
6        3962   weeksworked01           49
7        3962   weeksworked02           52
8        3962   weeksworked03           52
9        3962   weeksworked04           52
```

（4）修复 year 值。

获取 year 列值的最后一位数字，将它们转换为整数，然后加 2000。

```
>>> weeksworked['year'] = weeksworked.year.str[-2:].astype(int)+2000
>>> weeksworked.head(10)
   originalid  year  weeksworked
0        8245  2000           46
1        8245  2001           52
```

```
2          8245  2002            52
3          8245  2003            48
4          8245  2004            52
5          3962  2000             5
6          3962  2001            49
7          3962  2002            52
8          3962  2003            52
9          3962  2004            52
>>> weeksworked.shape
(44920, 3)
```

（5）或者，也可以使用 melt 将数据由宽变长。

首先，重置索引并选择 originalid 和 weekworked##列。使用 melt 的 id_vars 和 value_vars 参数将 originalid 指定为 ID 变量，将 weekworked##列指定为要旋转的列（melt 的实际作用其实就是旋转列）。

其次，使用 var_name 和 value_name 参数分别将旋转之后获得的列重命名为 year 和 weeksworked。

value_vars 中的列名称成为新的 year 列的值（我们使用原始后缀将其转换为整数）。value_vars 列的值已分配给相关行的新的 weeksworked 列。

```
>>> weeksworked = nls97.reset_index().\
...   loc[:,['originalid'] + weeksworkedcols].\
...   melt(id_vars=['originalid'], value_vars=weeksworkedcols,
...     var_name='year', value_name='weeksworked')
>>>
>>> weeksworked['year'] = weeksworked.year.str[-2:].astype(int)+2000
>>> weeksworked.set_index(['originalid'], inplace=True)
>>> weeksworked.loc[[8245,3962]]
            year  weeksworked
originalid
8245        2000           46
8245        2001           52
8245        2002           52
8245        2003           48
8245        2004           52
3962        2000            5
3962        2001           49
3962        2002           52
3962        2003           52
3962        2004           52
```

（6）使用 melt 重塑大学入学记录列。

此操作与使用 melt 函数重塑工作周数列的方式相同。

```
>>> colenrcols = ['colenroct00','colenroct01','colenroct02',
...    'colenroct03','colenroct04']
>>>
>>> colenr = nls97.reset_index().\
...   loc[:,['originalid'] + colenrcols].\
...   melt(id_vars=['originalid'], value_vars=colenrcols,
...     var_name='year', value_name='colenr')
>>>
>>> colenr['year'] = colenr.year.str[-2:].astype(int)+2000
>>> colenr.set_index(['originalid'], inplace=True)
>>> colenr.loc[[8245,3962]]
             year           colenr
originalid
8245         2000  1. Not enrolled
8245         2001  1. Not enrolled
8245         2002  1. Not enrolled
8245         2003  1. Not enrolled
8245         2004  1. Not enrolled
3962         2000  1. Not enrolled
3962         2001  1. Not enrolled
3962         2002  1. Not enrolled
3962         2003  1. Not enrolled
3962         2004  1. Not enrolled
```

（7）合并工作周数和大学入学记录数据。

```
>>> workschool = pd.merge(weeksworked, colenr,
on=['originalid','year'], how="inner")
>>> workschool.shape
(44920, 4)
>>> workschool.loc[[8245,3962]]
             year  weeksworked           colenr
originalid
8245         2000           46  1. Not enrolled
8245         2001           52  1. Not enrolled
8245         2002           52  1. Not enrolled
8245         2003           48  1. Not enrolled
8245         2004           52  1. Not enrolled
3962         2000            5  1. Not enrolled
3962         2001           49  1. Not enrolled
```

```
3962         2002            52  1. Not enrolled
3962         2003            52  1. Not enrolled
3962         2004            52  1. Not enrolled
```

上述操作从工作周数和大学入学记录数据的合并中获得了一个 DataFrame。

9.4.3 原理解释

使用 stack 或 melt 都可以重塑数据，实现从宽到长形式的转换，但是 melt 可以提供更大的灵活性，而 stack 则会将所有列名称移入索引中。在步骤（4）中可以看到，在执行 stack 操作之后，我们得到了预期的行数 44920，即初始数据中的行数 5×8984。

使用 melt 可以基于 ID 变量来旋转列名称和值(不需要使用索引)。我们使用了 id_vars 参数执行此操作。使用 value_vars 参数可指定要旋转的变量。

在步骤（6）中，重塑了大学入学记录列。为了使用重塑之后的工作周数和大学入学记录数据创建一个 DataFrame，我们合并了在步骤（5）和步骤（6）中创建的两个 DataFrame。

在下一个秘笈中，将演示如何通过一步操作即完成此秘笈步骤（5）～步骤（7）的操作。

9.5 使用 wide_to_long 处理多列

在上一个秘笈中，我们使用了 melt 两次，将分组的列合并生成一个 DataFrame。这种方式是有效的，但是，如果使用 wide_to_long 函数的话，则只需要一步操作即完成相同的任务。wide_to_long 具有比 melt 更强大的功能，只是使用起来有点复杂。

9.5.1 准备工作

此秘笈仍将使用 NLS 的工作周数和大学入学记录数据。

9.5.2 实战操作

本示例将使用 wide_to_long 一次转换多列，具体操作步骤如下。

（1）导入 pandas 并加载 NLS 数据。

```
>>> import pandas as pd
>>> nls97 = pd.read_csv("data/nls97f.csv")
>>> nls97.set_index('personid', inplace=True)
```

（2）查看一些工作周数和大学入学记录数据。

```
>>> weeksworkedcols = ['weeksworked00','weeksworked01','weeksworked02',
...   'weeksworked03','weeksworked04']
>>> colenrcols = ['colenroct00','colenroct01','colenroct02',
...   'colenroct03','colenroct04']
>>>
>>> nls97.loc[nls97.originalid.isin([1,2]),
...    ['originalid'] + weeksworkedcols + colenrcols].T
personid                   135335            999406
originalid                      1                 2
weeksworked00                  53                51
weeksworked01                  52                52
weeksworked02                 NaN                44
weeksworked03                  42                45
weeksworked04                  52                52
colenroct00     3. 4-year college 3. 4-year college
colenroct01     3. 4-year college 2. 2-year college
colenroct02     3. 4-year college 3. 4-year college
colenroct03       1. Not enrolled 3. 4-year college
colenroct04       1. Not enrolled 3. 4-year college
```

（3）运行 wide_to_long 函数。

将一个列表传递给 stubnames 以指示所需的列的分组（将选择与列表中每个项目相同的字符开头的所有列）。使用 i 参数指示 ID 变量（originalid），并使用 j 参数命名列（year），具体如下。

```
>>> workschool = pd.wide_to_long(nls97[['originalid'] + weeksworkedcols
...   + colenrcols], stubnames=['weeksworked','colenroct'],
...   i=['originalid'], j='year').reset_index()
>>>
>>> workschool['year'] = workschool.year+2000
>>> workschool = workschool.sort_values(['originalid','year'])
>>> workschool.set_index(['originalid'], inplace=True)
>>> workschool.head(10)
            year  weeksworked          colenroct
originalid
1           2000           53  3. 4-year college
1           2001           52  3. 4-year college
1           2002          nan  3. 4-year college
1           2003           42    1. Not enrolled
1           2004           52    1. Not enrolled
```

```
2            2000            51  3. 4-year college
2            2001            52  2. 2-year college
2            2002            44  3. 4-year college
2            2003            45  3. 4-year college
2            2004            52  3. 4-year college
```

可以看到，wide_to_long 函数一步就完成了在上一个秘笈中使用 melt 需要多个步骤才完成的操作。

9.5.3 原理解释

wide_to_long 函数为我们完成了几乎所有的工作，当然它的设置也比 stack 或 melt 要复杂一些。我们需要为函数提供列的分组字符（在本示例中为 weeksworked 和 colenroct）。由于我们的变量以表示年份的后缀命名，因此 wide_to_long 函数可将后缀转换为有意义的值，并将其转换到以 j 参数命名的列中。简直太神奇了！

9.5.4 扩展知识

此秘笈中 stubnames 列的后缀是相同的：00～04。但这并不是必需的。如果一个列的分组存在后缀，但是另一个列的分组不存在，则后一个列的分组的值将成为缺失值。例如，我们可以从 DataFrame 中排除 weeksworked03 并添加 weeksworked05。

```
>>> weeksworkedcols = ['weeksworked00','weeksworked01','weeksworked02',
...    'weeksworked04','weeksworked05']
>>>
>>> workschool = pd.wide_to_long(nls97[['originalid'] + weeksworkedcols
...    + colenrcols], stubnames=['weeksworked','colenroct'],
...    i=['originalid'], j='year').reset_index()
>>>
>>> workschool['year'] = workschool.year+2000
>>> workschool = workschool.sort_values(['originalid','year'])
>>> workschool.set_index(['originalid'], inplace=True)
>>> workschool.head(12)
             year  weeksworked           colenroct
originalid
1            2000           53  3. 4-year college
1            2001           52  3. 4-year college
1            2002          nan  3. 4-year college
1            2003          nan     1. Not enrolled
1            2004           52     1. Not enrolled
```

```
1           2005          53            NaN
2           2000          51  3. 4-year college
2           2001          52  2. 2-year college
2           2002          44  3. 4-year college
2           2003         nan  3. 4-year college
2           2004          52  3. 4-year college
2           2005          53            NaN
```

现在可以看到，2003 年的 weeksworked 值已经变成了缺失值，2005 年的 colenroct 值也已经变成了缺失值（originalid1 的 2002 年的 weeksworked 值已经是缺失值）。

9.6 使用 unstack 和 pivot 将数据由长变宽

有时，我们可能必须将数据从规整结构转换为不规整的结构，这通常是因为我们需要使用一些不能很好地处理关系数据的软件包，为这些软件准备要进行分析的数据，或者要将数据提交给那些不要求规整格式的某些外部机构。

当需要将数据从长格式转换为宽格式时，unstack 和 pivot 会很有帮助。unstack 的作用与 stack 相反，而 pivot 的作用则与 melt 相反。

9.6.1 准备工作

此秘笈将继续使用 NLS 数据集的工作周数和大学入学记录数据。

9.6.2 实战操作

本示例将使用 unstack 和 pivot 将已经转换的 NLS DataFrame 返回到其原始状态。

（1）导入 pandas，并加载已经使用 stack 和 melt 处理过的 NLS 数据。

```
>>> import pandas as pd
>>> nls97 = pd.read_csv("data/nls97f.csv")
>>> nls97.set_index(['originalid'], inplace=True)
```

（2）再次使用 stack 堆叠数据。

这将重复本章先前秘笈中的 stack 操作。

```
>>> weeksworkedcols = ['weeksworked00','weeksworked01',
...    'weeksworked02','weeksworked03','weeksworked04']
>>> weeksworkedstacked = nls97[weeksworkedcols].\
```

```
...   stack(dropna=False)
>>> weeksworkedstacked.loc[[1,2]]
originalid
1          weeksworked00   53
           weeksworked01   52
           weeksworked02  nan
           weeksworked03   42
           weeksworked04   52
2          weeksworked00   51
           weeksworked01   52
           weeksworked02   44
           weeksworked03   45
           weeksworked04   52
dtype: float64
```

（3）再次使用 melt 旋转数据。

这将重复本章先前秘笈中的 melt 操作。

```
>>> weeksworkedmelted = nls97.reset_index().\
...   loc[:,['originalid'] + weeksworkedcols].\
...   melt(id_vars=['originalid'], value_vars=weeksworkedcols,
...     var_name='year', value_name='weeksworked')
>>>
>>> weeksworkedmelted.loc[weeksworkedmelted.originalid.isin([1,2])].\
...   sort_values(['originalid','year'])
       originalid           year  weeksworked
377             1  weeksworked00           53
9361            1  weeksworked01           52
18345           1  weeksworked02          nan
27329           1  weeksworked03           42
36313           1  weeksworked04           52
8980            2  weeksworked00           51
17964           2  weeksworked01           52
26948           2  weeksworked02           44
35932           2  weeksworked03           45
44916           2  weeksworked04           52
```

（4）使用 unstack 将已堆叠的数据由长变宽。

```
>>> weeksworked = weeksworkedstacked.unstack()
>>> weeksworked.loc[[1,2]]
                              weeksworked00 weeksworked01 weeksworked02
weeksworked03 weeksworked04
originalid
```

```
1                                  53         52         nan
42                   52
2                                  51         52          44
45                   52
```

（5）使用 pivot 将已旋转的数据由长变宽。

pivot 要比 unstack 稍微复杂一些。我们需要传递参数以执行 melt 的反向操作，告诉 pivot 要使用的列（year），以及要提取值的列（weeksworked）。

```
>>> weeksworked = weeksworkedmelted.pivot(index='originalid', \
...   columns='year', values=['weeksworked']).reset_index()
>>>
>>> weeksworked.columns = ['originalid'] + \
...    [col[1] for col in weeksworked.columns[1:]]
>>>
>>> weeksworked.loc[weeksworked.originalid.isin([1,2])].T
                 0   1
originalid       1   2
weeksworked00   53  51
weeksworked01   52  52
weeksworked02  nan  44
weeksworked03   42  45
weeksworked04   52  52
```

这会将 NLS 数据恢复为原始格式。

9.6.3 原理解释

在步骤（2）和步骤（3）中，先执行了 stack 和 melt 操作，这会将 DataFrame 从宽格式旋转到长格式。然后，在步骤（4）中使用了 unstack，在步骤（5）中使用了 pivot，以将它们从长格式旋转到宽格式。

unstack 使用由 stack 创建的多索引来找出如何旋转数据。

pivot 函数需要我们指示索引列（originalid），其值将附加到列名称的列（year），以及要反向旋转值的列名称（weeksworked）。pivot 将返回多层列名称，我们使用了以下语句从第 2 层提取值。

```
[col[1] for col in weeksworked.columns[1:]]
```

第 10 章　用户定义的函数和类

编写可重复使用的代码有很多重要原因。当我们从手头上的特定数据清洗问题退后一步，并考虑它与类似问题的关系时，实际上可以提高对所涉及关键问题的理解。当我们着眼于长期解决而不是临时抱佛脚的权宜之计时，才能更好并系统性地解决一项任务。编写可重用代码还有助于从数据操纵机制中解开一些实质性问题，这也算是一项额外的好处。

本章将创建若干个模块来完成常规的数据清洗任务。这些模块中的函数和类是可以在多个 DataFrame 上重用的代码示例，也可以在一个较长的时期内重用。这些函数处理了本书前 9 章中讨论的许多任务，但采用的是允许重用代码的方式。

本章包括以下秘笈。

- 用于查看数据的函数。
- 用于显示摘要统计信息和频率的函数。
- 识别离群值和意外值的函数。
- 聚合或合并数据的函数。
- 包含更新 Series 值逻辑的类。
- 处理非表格数据结构的类。

10.1　技 术 要 求

本章的代码和 Notebook 可在 GitHub 上获得，其网址如下。

https://github.com.com/PacktPublishing/Python-Data-Cleaning-Cookbook

10.2　用于查看数据的函数

无论数据的特征如何，将数据导入 Pandas DataFrame 之后，我们采取的前几个步骤几乎都是相同的。我们几乎总是想要知道行和列的数量以及列数据类型，并查看前几行。我们可能还想查看索引并检查 DataFrame 行是否存在唯一标识符。这些零散的、易于重复的任务非常适于以函数集合的形式组织到一个模块中。

本秘笈将创建一个模块，该模块包含的函数可以使我们很好地了解任何 Pandas DataFrame。模块是可以导入另一个 Python 程序中的 Python 代码的集合。模块易于重用，因为任何程序都可以访问它们，并且可以访问保存模块的文件夹。

10.2.1　准备工作

我们在此秘笈中创建了两个文件：一个文件包含一个用于查看数据的函数，另一个文件则包含用于调用该函数的函数。

在本示例中，包含要使用的函数的文件是 basicdescriptives.py，可以将它放置在名为 helperfunctions 的子文件夹中。

此秘笈将使用美国国家青年纵向调查（NLS）数据。

注意：[①]

NLS 是由美国劳工统计局进行的。这项调查始于 1997 年的一组人群，这些人群出生于 1980—1985 年，每年进行一次随访，直到 2017 年。NLS 数据可从以下地址下载。

https://www.nlsinfo.org/investigator/pages/search

10.2.2　实战操作

本示例将创建一个初步了解 DataFrame 的函数。

（1）创建 basicdescriptives.py 文件，其中包含我们需要的函数。

getfirstlook 函数将返回一个字典，其中包含有关 DataFrame 的摘要信息。

在 helperfunctions 子文件夹中保存 basicdescriptives.py（你也可以只从 GitHub 存储库中下载代码）。另外，创建一个函数（displaydict）来修饰字典的显示。

```
>>> import pandas as pd
>>> def getfirstlook(df, nrows=5, uniqueids=None):
...     out = {}
...     out['head'] = df.head(nrows)
...     out['dtypes'] = df.dtypes
...     out['nrows'] = df.shape[0]
...     out['ncols'] = df.shape[1]
...     out['index'] = df.index
...     if (uniqueids is not None):
...       out['uniqueids'] = df[uniqueids].nunique()
```

[①] 这里与英文原文的内容保持一致，保留了其中文翻译。

```
...    return out

>>> def displaydict(dicttodisplay):
...    print(*(': '.join(map(str, x)) \
...      for x in dicttodisplay.items()), sep='\n\n')
```

（2）创建一个单独的文件 firstlook.py，以调用 getfirstlook 函数。

导入 pandas、os 和 sys 库，并加载 NLS 数据。

```
>>> import pandas as pd
>>> import os
>>> import sys
>>> nls97 = pd.read_csv("data/nls97f.csv")
```

（3）导入 basicdescriptives 模块。

首先，将 helperfunctions 子文件夹附加到 Python 路径。

然后，导入 basicdescriptives。可以使用与文件名相同的名称来导入模块，也可以创建一个别名 bd，以使日后可更容易访问模块中的函数。

最后，还可以使用 importlib 语句，这样，当对模块中的代码进行了一些更改，需要重新加载 basicdescriptives 时，即可使用它。当然，在本示例中，它被注释掉。

```
>>> sys.path.append(os.getcwd() + "/helperfunctions")
>>> import basicdescriptives as bd
>>> # import importlib
>>> # importlib.reload(bd)
```

（4）现在来查看 NLS 数据。

只要将 DataFrame 传递给 basicdescriptives 模块中的 getfirstlook 函数，即可获取 NLS 数据的快速摘要。displaydict 函数可以更漂亮地输出字典。

```
>>> dfinfo = bd.getfirstlook(nls97)
>>> bd.displaydict(dfinfo)
head:     gender  birthmonth  ...      colenroct17  originalid
personid                      ...
100061    Female           5  ...  1. Not enrolled        8245
100139      Male           9  ...  1. Not enrolled        3962
100284      Male          11  ...  1. Not enrolled        3571
100292      Male           4  ...              NaN        2979
100583      Male           1  ...  1. Not enrolled        8511

[5 rows x 89 columns]
```

```
dtypes:gender              object
birthmonth                  int64
birthyear                   int64
highestgradecompleted     float64
maritalstatus              object
                            ...
colenrfeb16                object
colenroct16                object
colenrfeb17                object
colenroct17                object
originalid                  int64
Length: 89, dtype: object
nrows: 8984
ncols: 89
index: Int64Index([100061, 100139, 100284, 100292, 100583, 100833, 100931,
            ...
            999543, 999698, 999963],
           dtype='int64', name='personid', length=8984)
```

（5）将值传递给 getfirstlook 的 nrows 和 uniqueids 参数。

除非我们提供值，否则这两个参数的默认值分别为 5 和 None。

```
>>> dfinfo = bd.getfirstlook(nls97,2,'originalid')
>>> bd.displaydict(dfinfo)
head:     gender  birthmonth  ...        colenroct17  originalid
personid                      ...
100061    Female           5  ...  1. Not enrolled         8245
100139      Male           9  ...  1. Not enrolled         3962

[2 rows x 89 columns]

dtypes:gender              object
birthmonth                  int64
birthyear                   int64
highestgradecompleted     float64
maritalstatus              object
                            ...
colenrfeb16                object
colenroct16                object
colenrfeb17                object
colenroct17                object
originalid                  int64
Length: 89, dtype: object
```

```
nrows: 8984
ncols: 89
index: Int64Index([100061, 100139, 100284, 100292, 100583, 100833, 100931,
           ...
           999543, 999698, 999963],
          dtype='int64', name='personid', length=8984)

uniqueids: 8984
```

（6）使用一些返回的字典键和值。

我们还可以显示从 getfirstlook 返回的字典中选择的键值。例如，显示行数和数据类型，并检查每一行是否有一个 uniqueid 实例（dfinfo ['nrows'] == dfinfo ['uniqueids']）。

```
>>> dfinfo['nrows']
8984

>>> dfinfo['dtypes']
gender                    object
birthmonth                 int64
birthyear                  int64
highestgradecompleted    float64
maritalstatus             object
                           ...
colenrfeb16               object
colenroct16               object
colenrfeb17               object
colenroct17               object
originalid                 int64
Length: 89, dtype: object
>>> dfinfo['nrows'] == dfinfo['uniqueids']
True
```

接下来我们将仔细讨论该函数的工作原理以及如何调用它。

10.2.3　原理解释

此秘笈中的几乎所有操作都是在步骤（1）创建的 getfirstlook 函数中执行的。我们将 getfirstlook 函数放置在一个单独的文件中，该文件名为 basicdescriptives.py，可以使用该名称将它作为模块导入（去掉文件扩展名）。

我们可以将函数代码输入文件中，然后从那里调用它。通过将其放在模块中，我们可以从任何文件中调用它（前提是该文件有权访问保存模块的文件夹）。

在步骤（3）中导入 basicdescriptives 模块时，可加载 basicdescriptives 中的所有代码，从而允许我们调用该模块中的所有函数。

getfirstlook 函数可返回一个字典，其中包含有关传递给它的 DataFrame 的有用信息。例如，DataFrame 的前 5 行、其列数和行数、数据类型和索引等。通过将值传递给 uniqueid 参数，还可以获得该列的唯一值数量。

通过使用默认值添加关键字参数（nrows 和 uniqueid），我们提高了 getfirstlook 的灵活性，而不会增加调用该函数的工作量。

在步骤（4）中，第一次调用了 getfirstlook 函数，该步骤未传递 nrows 和 uniqueid 的值，而是保持默认值。

在步骤（5）中，指示只希望显示两行，并且要检查 originalid 的唯一值。

10.2.4 扩展知识

本秘笈及后续秘笈的重点不是提供可下载并在你自己的数据上运行的代码（尽管我们欢迎你这样做），我们的主要意图是想说明如何在模块中收集你自己喜欢的数据清洗方法，以及如何使代码易于重用。本章的示例代码仅作为参考之用。

请注意，结合使用位置参数和关键字参数时，位置参数必须排在最前面。

10.3 用于显示摘要统计信息和频率的函数

在最开始使用 DataFrame 时，我们都会尝试了解连续变量的分布以及分类变量的计数。我们还经常按选定的组进行计数。尽管 Pandas 和 NumPy 具有许多用于这些目的的内置方法（如 describe、mean、valuecounts 和 crosstab 等），但是数据分析人员通常都有自己偏爱的使用这些工具的方式。例如，如果某个分析人员发现自己经常需要查看比 describe 生成的百分位数更多的百分位数，则可以改用自定义函数。在本示例中，我们将创建用户定义的函数来显示摘要统计信息和频率。

10.3.1 准备工作

此秘笈将再次使用 basicdescriptives 模块。我们定义的所有函数都将保存在该模块中。此外，我们将继续使用 NLS 数据。

10.3.2　实战操作

本示例将使用创建的函数来生成摘要统计信息和计数。

（1）在 basicdescriptives 模块中创建 gettots 函数。

该函数采用 Pandas DataFrame 作为参数并创建具有选定摘要统计信息的字典。它返回一个 Pandas DataFrame。

```
>>> def gettots(df):
...   out = {}
...   out['min'] = df.min()
...   out['per15'] = df.quantile(0.15)
...   out['qr1'] = df.quantile(0.25)
...   out['med'] = df.median()
...   out['qr3'] = df.quantile(0.75)
...   out['per85'] = df.quantile(0.85)
...   out['max'] = df.max()
...   out['count'] = df.count()
...   out['mean'] = df.mean()
...   out['iqr'] = out['qr3']-out['qr1']
...   return pd.DataFrame(out)
```

（2）导入 pandas、os 和 sys 库。

从另一个文件中执行以下操作，可以将该文件称为 taking_measure.py。

```
>>> import pandas as pd
>>> import os
>>> import sys
>>> nls97 = pd.read_csv("data/nls97f.csv")
>>> nls97.set_index('personid', inplace=True)
```

（3）导入 basicdescriptives 模块。

```
>>> sys.path.append(os.getcwd() + "/helperfunctions")
>>> import basicdescriptives as bd
```

（4）显示连续变量的摘要统计信息。

使用在步骤（1）中创建的 basicdescriptives 模块中的 gettots 函数。

```
>>> bd.gettots(nls97[['satverbal','satmath']]).T
        satverbal      satmath
min      14.00000     7.000000
per15   390.00000   390.000000
```

```
qr1      430.00000   430.000000
med      500.00000   500.000000
qr3      570.00000   580.000000
per85    620.00000   621.000000
max      800.00000   800.000000
count   1406.00000  1407.000000
mean     499.72404   500.590618
iqr      140.00000   150.000000
>>> bd.gettots(nls97.filter(like="weeksworked"))
               min  per15   qr1  ...  count       mean   iqr
weeksworked00  0.0    0.0   5.0  ...   8603  26.417761  45.0
weeksworked01  0.0    0.0  10.0  ...   8564  29.784096  41.0
weeksworked02  0.0    0.0  13.0  ...   8556  31.805400  39.0
weeksworked03  0.0    0.0  14.0  ...   8490  33.469611  38.0
weeksworked04  0.0    1.0  18.0  ...   8458  35.104635  34.0
                                 ...
weeksworked15  0.0    0.0  33.0  ...   7389  39.605630  19.0
weeksworked16  0.0    0.0  23.0  ...   7068  39.127476  30.0
weeksworked17  0.0    0.0  37.0  ...   6670  39.016642  15.0
```

（5）创建一个函数以按列和行统计缺失值。

getmissings 函数将采用一个 DataFrame 作为参数，另外还有一个参数用于显示百分比或计数。它返回两个 Series，一个 Series 包含每一列的缺失值，另一个 Series 则包含每一行的缺失值。

将 getmissings 函数保存在 basicdescriptives 模块中。

```
>>> def getmissings(df, byrowperc=False):
...   return df.isnull().sum(),\
...     df.isnull().sum(axis=1).value_
counts(normalize=byrowperc).sort_index()
```

（6）调用 getmissings 函数。

在调用 getmissings 函数时，将 byrowperc（第二个参数）设置为 True，这将显示包含缺失值的行的百分比。可以看到，missingbyrows 值显示 73.9%的行在 Weeksworked16 和 Weeksworked17 列中有 0 缺失值。再次调用 getmissings 函数，将 byrowperc 参数保留为默认值 False，即可获得实际计数。

```
>>> missingsbycols, missingsbyrows =
bd.getmissings(nls97[['weeksworked16','weeksworked17']],True)
>>> missingsbycols
weeksworked16     1916
```

```
weeksworked17     2314
dtype: int64
>>> missingsbyrows
0    0.739203
1    0.050757
2    0.210040
dtype: float64
>>> missingsbycols, missingsbyrows =
bd.getmissings(nls97[['weeksworked16','weeksworked17']])
>>> missingsbyrows
0    6641
1     456
2    1887
dtype: int64
```

（7）创建一个函数以计算所有分类变量的频率。

makefreqs 函数可循环遍历传递给它的 DataFrame 中包含分类数据类型的所有列，并在每个列上运行 value_counts。频率将被保存到 outfile 指示的文件中。

```
>>> def makefreqs(df, outfile):
...   freqout = open(outfile, 'w')
...   for col in df.select_dtypes(include=["category"]):
...     print(col, "----------------------","frequencies",
...     df[col].value_counts().sort_index(),"percentages",
...     df[col].value_counts(normalize=True).sort_index(),
...     sep="\n\n", end="\n\n\n", file=freqout)
...   freqout.close()
```

（8）调用 makefreqs 函数。

首先将每个 object（对象）列的数据类型更改为 category（分类）。调用 makefreqs 函数时，将在 NLS DataFrame 中的分类数据列上运行 value_counts，并将频率保存到当前文件夹 views 子文件夹的 nlsfreqs.txt 中。

```
>>> nls97.loc[:, nls97.dtypes == 'object'] = \
...   nls97.select_dtypes(['object']). \
...   apply(lambda x: x.astype('category'))
>>> bd.makefreqs(nls97, "views/nlsfreqs.txt")
```

（9）创建一个函数以按分组获取计数。

getcnts 函数将计算 cats（这是一个列名称列表）中每种列值组合的行数。它还将计算除 cats 中最后一列以外的每个列值组合的行数，这将提供最终列所有值的总计。步骤（10）将显示该操作的结果。

```
>>> def getcnts(df, cats, rowsel=None):
...     tots = cats[:-1]
...     catcnt = df.groupby(cats).size().reset_index(name='catcnt')
...     totcnt = df.groupby(tots).size().reset_index(name='totcnt')
...     percs = pd.merge(catcnt, totcnt, left_on=tots,
...       right_on=tots, how="left")
...     percs['percent'] = percs.catcnt / percs.totcnt
...     if (rowsel is not None):
...       percs = percs.loc[eval("percs." + rowsel)]
...     return percs
```

（10）将 maritalstatus（婚姻状况）、gender（性别）和 colenroct00（大学入学记录）列作为参数传递给 getcnts 函数。

这将返回一个 DataFrame，其中包含每个列值组合的计数，以及除最后一列以外的所有组合的计数。这可用于计算组内的百分比。例如，在 2000 年 10 月，有 393 名女性受访者离婚，其中有 317 名（约 81%）未入大学。

```
>>> bd.getcnts(nls97,
['maritalstatus','gender','colenroct00'])
    maritalstatus gender        colenroct00 catcnt  totcnt   percent
0        Divorced Female   1. Not enrolled    317     393  0.806616
1        Divorced Female 2. 2-year college     35     393  0.089059
2        Divorced Female 3. 4-year college     41     393  0.104326
3        Divorced   Male   1. Not enrolled    238     270  0.881481
4        Divorced   Male 2. 2-year college     15     270  0.055556
..            ...    ...               ...    ...     ...       ...
25        Widowed Female 2. 2-year college      1      19  0.052632
26        Widowed Female 3. 4-year college      2      19  0.105263
27        Widowed   Male   1. Not enrolled      3       4  0.750000
28        Widowed   Male 2. 2-year college      0       4  0.000000
29        Widowed   Male 3. 4-year college      1       4  0.250000
```

（11）使用 getcnts 函数的 rowsel 参数将输出限制为特定的行。

```
>>> bd.getcnts(nls97,['maritalstatus','gender',
'colenroct00'], "colenroct00.str[0:1]=='1'")
     maritalstatus  gender      colenroct00  catcnt  totcnt   percent
0         Divorced  Female  1. Not enrolled     317     393  0.806616
3         Divorced    Male  1. Not enrolled     238     270  0.881481
6          Married  Female  1. Not enrolled    1168    1636  0.713936
9          Married    Male  1. Not enrolled    1094    1430  0.765035
12   Never-married  Female  1. Not enrolled    1094    1307  0.837031
15   Never-married    Male  1. Not enrolled    1268    1459  0.869088
```

```
18        Separated  Female  1. Not enrolled       66       79  0.835443
21        Separated    Male  1. Not enrolled       67       75  0.893333
24          Widowed  Female  1. Not enrolled       16       19  0.842105
27          Widowed    Male  1. Not enrolled        3        4  0.750000
```

上述步骤演示了如何创建函数并使用它们来生成摘要统计信息和频率。

10.3.3　原理解释

在步骤（1）中，我们创建了一个 gettots 函数，该函数可计算 DataFrame 中所有列的描述性统计信息，并将这些结果返回摘要 DataFrame 中。大多数统计信息都可以通过 describe 方法生成，但是我们也添加了一些统计信息，如 0.15 百分位数、0.85 百分位数和四分位距。

在步骤（4）中，两次调用了 gettots 函数。第一次统计的是 SAT 词汇和数学成绩，第二次统计的是所有工作周数列。

步骤（5）和步骤（6）创建并调用了 getmissings 函数，该函数可显示传递给它的 DataFrame 中每一列的缺失值数量。它还会为每一行统计缺失值，从而显示缺失值的频率。通过将 byrowperc 参数的值设置为 True，还可以将行缺失值的频率显示为所有行的百分比。

步骤（7）和步骤（8）可生成一个文本文件，其中包含传递给它的 DataFrame 中所有分类变量的频率。我们只遍历具有分类数据类型的所有列并运行 value_counts。由于输出一般来说很长，因此可将其保存到文件中。将频率保存起来以供日后参考也是一个很好的主意。

在步骤（9）中创建了 getcnts 函数，在步骤（10）和步骤（11）中调用了该函数。Pandas 有一个非常有用的 crosstab 函数，它可以将两个或多个变量分组，并为每组的给定值执行计算，getcnts 函数同样可以轻松查看分组内子组的计数和百分比。

10.3.4　扩展知识

即使函数执行的操作不多，它也可能很有帮助。getmissings 函数中没有太多代码，但是如果你经常检查缺失值，那么它帮助你节省的时间累积起来也非常可观。它还提醒我们按列和按行检查缺失值。

10.3.5　参考资料

在第 3 章“衡量数据好坏”中详细介绍了 Pandas 生成汇总统计信息和频率的工具。

10.4　识别离群值和意外值的函数

如果说有一个数据清洗领域是可重用代码最有用武之地的领域，那就是识别离群值和意外值。这是因为，先验假设通常是趋向于分布的集中趋势，而不是极端值。这一点不难理解，例如，假设让你想象生活中的一只猫，你可能很快就会想到 2.5～5kg 的普通猫科动物的形象，而基本上不会是 1kg 或 10kg。

数据分析人员往往需要更加谨慎地对待极端值。本节将提供一套标准的诊断函数，以便为识别离群值提供帮助。本秘笈提供了一些函数示例，负责数据清洗的人员可以定期使用这些函数来识别离群值和意外值。

10.4.1　准备工作

此秘笈将创建两个文件，一个文件包含用于检查离群值的函数，另一个文件包含用于调用这些函数的代码。包含函数的文件是 outliers.py，可以将其放置在名为 helperfunctions 的子文件夹中。

除 pandas 外，还需要 matplotlib 和 scipy 库来运行此秘笈中的代码。安装 matplotlib 和 scipy 库，可以在终端或 Windows PowerShell 中输入以下命令。

```
pip install matplotlib
pip install scipy
```

你还需要 pprint 实用程序，其安装命令如下。

```
pip install pprint
```

此秘笈将使用 NLS 和 COVI-19 新冠疫情数据。疫情数据在每个国家/地区都有一行，其中包含该国家/地区的累计病例数和死亡人数。

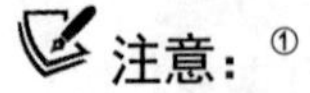

注意：[1]

Our World in Data 网站在以下网址提供了可公开使用的 COVID-19 新冠疫情数据。

https://ourworldindata.org/coronavirus-source-data

此秘笈中使用的数据是在 2020 年 7 月 18 日下载的。

---

[1] 这里与英文原文的内容保持一致，保留了其中文翻译。

10.4.2　实战操作

本示例将创建并调用函数以检查变量的分布，列出极端值并可视化分布。

（1）导入 pandas、os、sys 和 pprint 库。

此外，还需要加载 NLS 和新冠疫情数据。

```
>>> import pandas as pd
>>> import os
>>> import sys
>>> import pprint
>>> nls97 = pd.read_csv("data/nls97f.csv")
>>> nls97.set_index('personid', inplace=True)
>>> covidtotals = pd.read_csv("data/covidtotals720.csv")
```

（2）创建一个函数来显示分布的一些重要属性。

getdistprops 函数采用一个 Series 作为参数，并生成中心趋势、形状和散布的度量。该函数可返回包含这些度量的字典。

它还可以处理 Shapiro 正态性检验（Shapiro Test for Normality）未返回值的情况。发生这种情况时，它不会为 normstat 和 normpvalue 添加键。

将函数保存在当前目录的 helperfunctions 子文件夹的 outliers.py 文件中（在此模块中还需要为此函数以及其他函数加载 pandas、matplotlib、scipy 和 math 库）。

```
>>> import pandas as pd
>>> import matplotlib.pyplot as plt
>>> import scipy.stats as scistat
>>> import math
>>>
>>> def getdistprops(seriestotest):
...   out = {}
...   normstat, normpvalue = scistat.shapiro(seriestotest)
...   if (not math.isnan(normstat)):
...     out['normstat'] = normstat
...     if (normpvalue>=0.05):
...       out['normpvalue'] = str(round(normpvalue, 2)) + ": Accept Normal"
...     elif (normpvalue<0.05):
...       out['normpvalue'] = str(round(normpvalue, 2)) + ": Reject Normal"
...   out['mean'] = seriestotest.mean()
...   out['median'] = seriestotest.median()
...   out['std'] = seriestotest.std()
...   out['kurtosis'] = seriestotest.kurtosis()
...   out['skew'] = seriestotest.skew()
```

```
...    out['count'] = seriestotest.count()
...    return out
```

（3）将人口 Series 中每百万人口的总病例数传递给 getdistprops 函数。

skew（偏斜度）和 kurtosis（峰度）值表明，total_cases_pm 的分布比正态分布变量具有明显的正偏斜和较大的肥尾。Shapiro 正态性检验（normpvalue）证实了这一点（使用 pprint 可以改善 getdistprops 返回的字典的显示）。

```
>>> dist = ol.getdistprops(covidtotals.total_cases_pm)
>>> pprint.pprint(dist)
{'count': 209,
 'kurtosis': 26.137524276840452,
 'mean': 2297.0221435406693,
 'median': 868.866,
 'normpvalue': '0.0: Reject Normal',
 'normstat': 0.5617035627365112,
 'skew': 4.284484653881833,
 'std': 4039.840202653782}
```

（4）创建一个函数以列出 DataFrame 中的离群值。

getoutliers 函数可遍历 sumvars 中的所有列。它将确定这些列的离群值阈值，将其设置为第一个四分位数（Q1）以下和第三个四分位数（Q3）以上四分位距（Q1 和 Q3 之间的距离）的 1.5 倍。然后，它将选择值高于上限或低于下限的所有行。

它添加了指示离群值和阈值级别的已检查变量（varname）的列。它还在返回的 DataFrame 的 othervars 列表中包括列。

```
>>> def getoutliers(dfin, sumvars, othervars):
...    dfin = dfin[sumvars + othervars]
...    dfout = pd.DataFrame(columns=dfin.columns,data=None)
...    dfsums = dfin[sumvars]
...    for col in dfsums.columns:
...      thirdq, firstq = dfsums[col].quantile(0.75),\
...        dfsums[col].quantile(0.25)
...      interquartilerange = 1.5*(thirdq-firstq)
...      outlierhigh, outlierlow = interquartilerange+thirdq,\
...        firstq-interquartilerange
...      df = dfin.loc[(dfin[col]>outlierhigh) | \
...         (dfin[col]<outlierlow)]
...      df = df.assign(varname = col, threshlow = outlierlow,\
...        threshhigh = outlierhigh)
...      dfout = pd.concat([dfout, df])
...    return dfout
```

（5）调用 getoutliers 函数。

传递一个列的列表以检查离群值（sumvars），并传递另一个列的列表以包括在返回的 DataFrame（othervars）中。

显示每个变量的离群值计数，并查看 SAT 数学成绩的离群值。

```
>>> sumvars = ['satmath','wageincome']
>>> othervars = ['originalid','highestdegree','gender','maritalstatus']
>>> outliers = ol.getoutliers(nls97, sumvars, othervars)
>>> outliers.varname.value_counts(sort=False)
satmath       10
wageincome   260
Name: varname, dtype: int64
>>> outliers.loc[outliers.varname=='satmath', othervars + sumvars]
        originalid   highestdegree  ...   satmath  wageincome
223058        6696         0. None  ...      46.0     30000.0
267254        1622  2. High School  ...      48.0    100000.0
291029        7088  2. High School  ...      51.0         NaN
337438         159  2. High School  ...     200.0         NaN
399109        3883  2. High School  ...      36.0         NaN
448463         326     4. Bachelors ...      47.0         NaN
738290        7705         0. None  ...       7.0         NaN
748274        3394     4. Bachelors ...      42.0         NaN
799095         535       5. Masters ...      59.0    120000.0
955430        2547  2. High School  ...     200.0         NaN

[10 rows x 6 columns]
>>> outliers.to_excel("views/nlsoutliers.xlsx")
```

（6）创建一个函数以生成直方图和箱形图。

makeplot 函数采用了一个 Series、标题和 x 轴标签作为参数。默认图形被设置为直方图。

```
>>> def makeplot(seriestoplot, title, xlabel, plottype="hist"):
...   if (plottype=="hist"):
...     plt.hist(seriestoplot)
...     plt.axvline(seriestoplot.mean(), color='red',\
...       linestyle='dashed', linewidth=1)
...     plt.xlabel(xlabel)
...     plt.ylabel("Frequency")
...   elif (plottype=="box"):
...     plt.boxplot(seriestoplot.dropna(), labels=[xlabel])
...   plt.title(title)
...   plt.show()
```

（7）调用 makeplot 函数创建直方图。

```
>>> ol.makeplot(nls97.satmath, "Histogram of SAT Math", "SAT Math")
```

这将生成如图 10.1 所示的直方图。

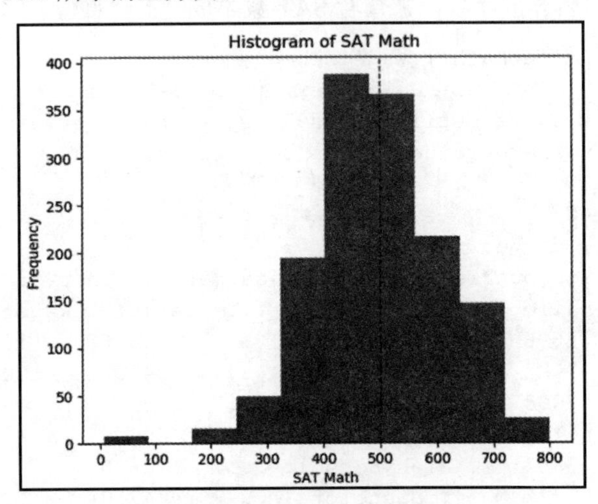

图 10.1　SAT 数学成绩的频率

（8）使用 makeplot 函数创建箱形图。

```
>>> ol.makeplot(nls97.satmath, "Boxplot of SAT Math", "SAT Math", "box")
```

这将生成如图 10.2 所示的箱形图。

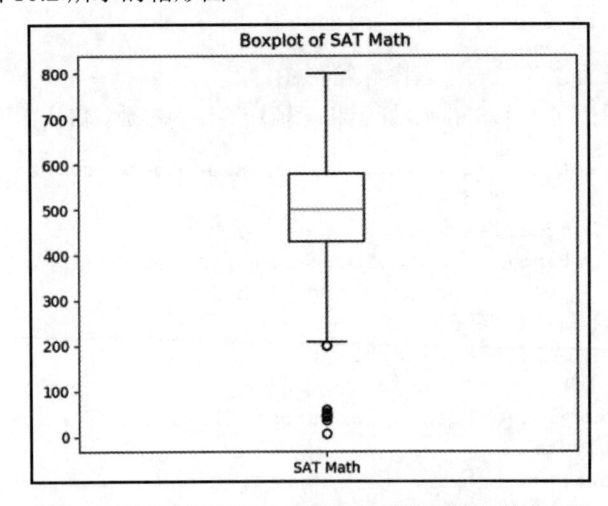

图 10.2　用箱形图显示中位数、四分位距和离群值阈值

上述步骤显示了如何开发可重用的代码以检查离群值和意外值。

10.4.3　原理解释

我们首先获得分布的关键属性，包括均值、中位数、标准差、偏度和峰度。在步骤（3）中，将一个 Series 传递给 getdistprops 函数，并返回一个包含上述度量的字典。

在步骤（4）中，getoutliers 函数选择行的标准是，其 sumvars 中列之一的值是离群值。它还包括 othervars 中列的值和返回的 DataFrame 中的阈值。

在步骤（6）中创建了一个 makeplot 函数，该函数使创建简单的直方图或箱形图更加容易。Matplotlib 的函数固然很好用，但是当我们只想创建一个简单的直方图或箱形图时，可能需要时间来复习或查阅其语法。我们可以通过使用一些常规参数（如 Series、标题和 x 标签）定义函数来避免这种情况。在步骤（7）和步骤（8）中调用了该函数。

10.4.4　扩展知识

在了解变量值的分布之前，不应该对连续变量执行太多操作。分布的主要趋势和形状是什么？如果我们能够针对关键连续变量运行此秘笈中的函数，则这将是一个良好的开端。

Python 模块相对轻松的可移植性使其非常容易实现。如果要使用本示例中的离群值模块，则只需将 outliers.py 文件保存到程序可以访问的文件夹中，然后将该文件夹添加到 Python 路径中，最后将其导入。

一般来说，当检查极端值时，我们希望对其他变量的上下文有更好的了解，这些变量可能会解释为什么有极端值。例如，对于成年男性来说，身高 178cm 并不是一个离群值，但对于 9 岁的孩子来说绝对是一个离群值。在步骤（4）和步骤（5）中生成的 DataFrame 为我们提供了离群值和其他可能相关的数据。将数据保存到 Excel 文件中，可以轻松地检查离群值行或与他人共享该数据。

10.4.5　参考资料

在第 4 章“识别缺失值和离群值”中详细介绍了检测离群值和意外值的方法。

在第 5 章“使用可视化方法识别意外值”中详细介绍了直方图、散点图、箱形图和许多其他可视化工具。

10.5　聚合或合并数据的函数

大多数的数据分析项目都需要对数据进行一些重塑。我们可能需要按分组聚合或以垂直和水平方式合并数据。每次为重塑准备数据时，都必须执行类似的任务，因此，可以使用函数例程来执行其中的一些任务，从而提高代码的可靠性和完成工作的效率。

在进行合并之前，有时还需要检查合并依据列中的不匹配项，在聚合之前检查面板数据从一个周期到下一个周期的值的意外变化，或者一次连接多个文件并验证是否已经准确合并数据。

本节将提供数据聚合和合并任务的一些示例，这些任务可能适用于更通用的编码解决方案。此秘笈定义了可以帮助完成这些任务的函数。

10.5.1 准备工作

此秘笈将使用 COVID-19 新冠疫情的每日数据。该数据包括每个国家/地区每天的新病例数和新死亡人数。

我们还将使用 2019 年多个国家/地区的地面温度数据。每个国家/地区的数据均被保存在单独的文件中，该国家/地区的每个气象站每个月都有一行记录。

注意：[①]

land temperature（地面温度）数据集取自 Global Historical Climatology Network Integrated Database（全球历史气候学网络集成数据库），由美国国家海洋与大气管理局提供给公众使用。其网址如下。

https://www.ncdc.noaa.gov/data-access/land-based-station-data/land-based-datasets/global-historical-climatology-network-monthly-version-4

10.5.2 实战操作

我们将使用函数来聚合数据、垂直合并数据以及检查合并依据值。

（1）导入 pandas、os 和 sys 库。

```
>>> import pandas as pd
>>> import os
>>> import sys
```

（2）创建一个函数（adjmeans）以按周期为分组汇总值。

按分组（byvar）对传递给它的 DataFrame 中的值进行排序，然后对 period 进行排序。

将 DataFrame 值转换为 NumPy 数组。遍历这些值，对 var 列执行累计汇总，并在到达 byvar 的新值时将累计汇总重置为 0。

---

① 这里与英文原文的内容保持一致，保留了其中文翻译。

进行汇总之前，检查从一个期间到下一个期间的值是否存在极端变化。changeexclude 参数指示从一个周期到下一个周期变化的极端值的大小，excludetype 参数指示 changeexclude 值是绝对值还是 var 列平均值的百分比。

将该函数保存在 helperfunctions 子文件夹的 combinagg.py 文件中。

```
>>> def adjmeans(df, byvar, var, period, changeexclude=None,
excludetype=None):
...   df = df.sort_values([byvar, period])
...   df = df.dropna(subset=[var])
...   # 使用 Numpy 数组迭代
...   prevbyvar = 'ZZZ'
...   prevvarvalue = 0
...   rowlist = []
...   varvalues = df[[byvar, var]].values
...   # 将排除比例转换为绝对值
...   if (excludetype=="ratio" and changeexclude is not None):
...     changeexclude = df[var].mean()*changeexclude
...   # 循环迭代变量值
...   for j in range(len(varvalues)):
...     byvar = varvalues[j][0]
...     varvalue = varvalues[j][1]
...   if (prevbyvar!=byvar):
...     if (prevbyvar!='ZZZ'):
...       rowlist.append({'byvar':prevbyvar, 'avgvar':varsum/byvarcnt,\
...         'sumvar':varsum, 'byvarcnt':byvarcnt})
...     varsum = 0
...     byvarcnt = 0
...     prevbyvar = byvar
...   # 排除变量值中的极端变化
...   if ((changeexclude is None) or (0 <= abs(varvalue-prevvarvalue) \
...     <= changeexclude) or (byvarcnt==0)):
...     varsum += varvalue
...     byvarcnt += 1
...   prevvarvalue = varvalue
...  rowlist.append({'byvar':prevbyvar, 'avgvar':varsum/byvarcnt, \
...   'sumvar':varsum, 'byvarcnt':byvarcnt})
...  return pd.DataFrame(rowlist)
```

（3）导入 combinagg 模块。

```
>>> sys.path.append(os.getcwd() + "/helperfunctions")
>>> import combineagg as ca
```

（4）加载 DataFrame。

```
>>> coviddaily = pd.read_csv("data/coviddaily720.csv")
>>> ltbrazil = pd.read_csv("data/ltbrazil.csv")
>>> countries = pd.read_csv("data/ltcountries.csv")
>>> locations = pd.read_csv("data/ltlocations.csv")
```

（5）调用 adjmeans 函数按分组和时间段汇总面板数据。

指示需要按 location 汇总 new_cases。

```
>>> ca.adjmeans(coviddaily, 'location','new_cases','casedate')
              byvar      avgvar   sumvar  byvarcnt
0       Afghanistan  186.221622  34451.0       185
1           Albania   26.753968   3371.0       126
2           Algeria   98.484211  18712.0       190
3           Andorra    7.066116    855.0       121
4            Angola    4.274336    483.0       113
..              ...         ...      ...       ...
204         Vietnam    1.937173    370.0       191
205  Western Sahara    6.653846    519.0        78
206           Yemen   14.776596   1389.0        94
207          Zambia   16.336207   1895.0       116
208        Zimbabwe    8.614035    982.0       114

[209 rows x 4 columns]
```

（6）再次调用 adjmeans 函数，这一次不包括 new_cases 从某一天到第二天上升或下降超过 150 的值。可以看到，某些国家/地区的计数有所减少。

```
>>> ca.adjmeans(coviddaily, 'location','new_cases','casedate', 150)
              byvar      avgvar   sumvar  byvarcnt
0       Afghanistan  141.968750  22715.0       160
1           Albania   26.753968   3371.0       126
2           Algeria   94.133690  17603.0       187
3           Andorra    7.066116    855.0       121
4            Angola    4.274336    483.0       113
..              ...         ...      ...       ...
204         Vietnam    1.937173    370.0       191
205  Western Sahara    2.186667    164.0        75
206           Yemen   14.776596   1389.0        94
207          Zambia   11.190909   1231.0       110
208        Zimbabwe    8.614035    982.0       114

[209 rows x 4 columns]
```

（7）创建一个函数来检查合并依据列的值。

checkmerge 函数对传递给它的两个 DataFrame 执行外连接，分别对第一个和第二个 DataFrame 的合并依据列使用第三个和第四个参数。然后，它执行一个交叉表，该交叉表显示的行数是两个 DataFrame 中均包含合并依据值的行数，以及在一个 DataFrame 中包含但在另一个 DataFrame 不包含的合并依据值的行数。它还显示了仅在一个文件中找到的多达 20 行的合并依据值数据。

```
>>> def checkmerge(dfleft, dfright, mergebyleft, mergebyright):
...     dfleft['inleft'] = "Y"
...     dfright['inright'] = "Y"
...     dfboth = pd.merge(dfleft[[mergebyleft,'inleft']],\
...       dfright[[mergebyright,'inright']], left_on=[mergebyleft],\
...       right_on=[mergebyright], how="outer")
...     dfboth.fillna('N', inplace=True)
...     print(pd.crosstab(dfboth.inleft, dfboth.inright))
...     print(dfboth.loc[(dfboth.inleft=='N') | (dfboth.
inright=='N')].head(20))
```

（8）调用 checkmerge 函数。

检查 countries 土地温度 DataFrame（每个国家/地区都有一行）和 locations DataFrame（每个国家/地区的每个气象站都有一行）之间的合并。

交叉表显示两个 DataFrame 中都有的合并依据列值是 27472 个，另外还有两个合并依据列值在 countries 文件中但不在 locations 文件中，一个合并依据列值在 locations 文件中但不在 countries 文件中。

```
>>> ca.checkmerge(countries.copy(), locations.copy(),\
...    "countryid", "countryid")
inright  N       Y
inleft
N        0       1
Y        2   27472
       countryid  inleft  inright
9715          LQ       Y        N
13103         ST       Y        N
27474         FO       N        Y
```

（9）创建一个能够将文件夹中所有 CSV 文件连接在一起的函数。

此函数将循环遍历指定文件夹中的所有文件名。它使用 endswith 方法检查文件名是否具有 CSV 文件扩展名。然后，加载 DataFrame 并输出行数。最后，它使用 concat 将新 DataFrame 的行追加到已有的行上。如果文件上的列名不同，则会输出这些列名。

```
>>> def addfiles(directory):
...   dfout = pd.DataFrame()
...   columnsmatched = True
...   # 循环遍历文件
...   for filename in os.listdir(directory):
...     if filename.endswith(".csv"):
...       fileloc = os.path.join(directory, filename)
...       # 打开下一个文件
...       with open(fileloc) as f:
...         dfnew = pd.read_csv(fileloc)
...         print(filename + " has " + str(dfnew.shape[0]) + " rows.")
...         dfout = pd.concat([dfout, dfnew])
...         # 检查当前文件是否有不同的列
...         columndiff = dfout.columns.symmetric_difference(dfnew.columns)
...         if (not columndiff.empty):
...           print("", "Different column names for:", filename,\
...             columndiff, "", sep="\n")
...           columnsmatched = False
...   print("Columns Matched:", columnsmatched)
...   return dfout
```

（10）使用 addfiles 函数来连接所有国家/地区的地面温度文件。

看起来阿曼（ltoman）的文件略有不同。它没有 latabs 列。

可以看到，组合后的 DataFrame 中每个国家/地区的计数与每个国家/地区文件的行数是匹配的。

```
>>> landtemps = ca.addfiles("data/ltcountry")
ltpoland.csv has 120 rows.
ltjapan.csv has 1800 rows.
ltindia.csv has 1056 rows.
ltbrazil.csv has 1104 rows.
ltcameroon.csv has 48 rows.
ltoman.csv has 288 rows.

Different column names for:
ltoman.csv
Index(['latabs'], dtype='object')

ltmexico.csv has 852 rows.
Columns Matched: False
>>> landtemps.country.value_counts()
```

```
Japan       1800
Brazil      1104
India       1056
Mexico       852
Oman         288
Poland       120
Cameroon      48
Name: country, dtype: int64
```

上述步骤演示了如何将一些杂乱的数据重塑工作系统化。我们相信你还会想到许多其他有用的函数。

10.5.3 原理解释

你可能已经注意到在步骤（2）中定义的 adjmeans 函数，实际上，直到我们到达下一个 byvar 列值，我们才会追加对 var 列值的汇总。这是因为在到达下一个 byvar 值之前，无法确定 byvar 值在最后一行。这样的代码写法没有问题，因为在将值重置为 0 之前，我们会将汇总信息追加到 rowlist 中。这也意味着我们需要执行一些特殊的操作来输出最后一个 byvar 值的总数（因为它没有下一个 byvar 值）。循环完成后，即可执行最后的追加操作。

在步骤（5）中，调用了在步骤（2）中定义的 adjmeans 函数。由于没有为 changeexclude 参数设置值，因此该函数将包括聚合中的所有值。这将为我们提供与使用带聚合函数的 groupby 相同的结果。当然，也可以将参数传递给 changeexclude，以确定要从聚合中排除哪些行。

在步骤（6）中，对 adjmeans 函数的调用指定了第 5 个参数，指示应排除比前一天的值上升或降低 150 个病例的新病例值。

当要连接的数据文件具有相同或几乎相同的结构时，步骤（9）中的函数将工作得很好。当列名称不同时，该函数还会输出警报信息。步骤（10）提供了这样一个示例，在阿曼文件中没有 latabs 列。这意味着在连接之后的文件中，阿曼所有行的 latabs 都将包含缺失值。

10.5.4 扩展知识

adjmeans 函数在将每个新值包括在总计中之前会对其进行比较简单的检查，其实也可以进行一些更复杂的检查，甚至还可以在 adjmeans 函数中调用另一个函数，再由该函数决定是否包括行。

10.5.5 参考资料

在第 8 章“组合 DataFrame”中研究了垂直组合数据（也称为“连接”）和水平组合数据（也称为“合并”）。

10.6 包含更新 Series 值逻辑的类

数据分析人员要处理的特定数据集可能会延续很长的时间，有时甚至是延至好几年。这些数据可能会定期更新，也可能按新的月份或年份更新，或增加新的个体，但数据结构可能相当稳定。如果该数据集也具有大量的列，则我们可以通过实现类来提高代码的可靠性和可读性。

在创建类时，我们需要定义对象的属性和方法。在使用类进行数据清洗工作时，我们倾向于将类概念化为代表分析单位。因此，如果我们的分析单位是学生，那么就可以有一个 student 类。该类创建的每个学生实例都可能包含出生日期和性别属性以及课程注册方法。还可以为校友创建一个 alumni 子类，该子类继承 student 类的方法和属性。

使用类可以很好地实现 NLS DataFrame 的数据清洗。就 NLS 数据集的变量和每个变量的允许值而言，该数据集已稳定 20 年（该数据集是长期调查的结果）。本节将探讨如何为 NLS 调查的受访者创建一个 Respondent 类。

10.6.1 准备工作

此秘笈需要在当前目录中创建一个 helperfunctions 子文件夹，以运行此秘笈中的代码。我们将在该子文件夹中保存新类的文件（respondent.py）。

10.6.2 实战操作

本示例将定义一个 Respondent 类，以基于 NLS 数据创建多个新的 Series。

（1）导入 pandas、os、sys 和 pprint 库。

注意，请将此代码存储在与保存 Respondent 类不同的文件中。可以将此文件命名为 class_cleaning.py。我们将从该文件实例化 Respondent 对象。

```
>>> import pandas as pd
>>> import os
```

```
>>> import sys
>>> import pprint
```

（2）创建一个 Respondent 类，然后将其保存到 helperfunctions 子文件夹中。

当我们调用类（实例化一个类对象）时，__init__方法将自动运行（注意，在 init 之前和之后都有一个双下画线）。

像任何实例方法一样，__init__方法将 self 作为第一个参数。该类的__init__方法还具有一个 respdict 参数，该参数需要 NLS 数据中的值的字典。在后续步骤中，我们将为 NLS DataFrame 中的每一行数据实例化一个 Respondent 对象。

__init__方法可以将传递给它的 respdict 值分配给 self.respdict 以创建一个实例变量，我们可以在其他方法中引用该实例变量。

最后，我们递增一个计数器（respondentcnt），稍后将使用它来确认已经创建的 Respondent 实例的数量。我们还导入了 math 和 datetime 模块，因为稍后需要使用它们。

请注意，类名按惯例采用了大写形式 Respondent。

```
>>> import math
>>> import datetime as dt
>>>
>>> class Respondent:
...   respondentcnt = 0

...   def __init__(self, respdict):
...     self.respdict = respdict
...     Respondent.respondentcnt+=1
```

（3）添加一种计算孩子人数的方法。

这是一种非常简单的方法，只需将和被调查者一起生活的孩子的人数与不和被调查者一起生活的孩子的人数相加即可得出孩子的总数。它使用 self.respdict 字典中的 childathome 和 childnotathome 键值。

```
>>> def childnum(self):
...   return self.respdict['childathome'] + self.respdict['childnotathome']
```

（4）添加一种方法计算该项调查 20 年中的平均工作周数。

使用字典推导式（dictionary comprehension）创建一个工作周数键的字典（workdict），其中的工作周数不包含缺失值。将 workdict 中的值求和，然后除以 workdict 的长度。

```
>>> def avgweeksworked(self):
...   workdict = {k: v for k, v in self.respdict.items()\
...     if k.startswith('weeksworked') and not math.isnan(v)}
```

```
...    nweeks = len(workdict)
...    if (nweeks>0):
...      avgww = sum(workdict.values())/nweeks
...    else:
...      avgww = 0
...    return avgww
```

（5）添加一种方法，以便在给定日期的情况下计算年龄。

此方法采用日期字符串（bydatestring）作为年龄计算的结束日期。我们使用 datetime 模块将 date 字符串转换为 datetime 对象（bydate）。可以从 bydate 的年份中减去 self.respdict 中的出生年份值以获得 age（年龄）值。如果出生日期在该年尚未发生（例如，出生日期是 1982 年 10 月，但是执行计算时的当前日期是 5 月 1 日），则将年龄值减 1。由于在 NLS 数据中只有出生月份和出生年份，因此选择 15 作为日期值的中点（例如：如果出生日期是 1982 年 10 月，但是执行计算时的当前日期是 10 月 14 日，则将年龄值减 1，因为 14 < 15；如果当前日期是 10 月 15 日，则不减年龄值）。

```
>>> def ageby(self, bydatestring):
...    bydate = dt.datetime.strptime(bydatestring,'%Y%m%d')
...    birthyear = self.respdict['birthyear']
...    birthmonth = self.respdict['birthmonth']
...    age = bydate.year - birthyear
...    if (bydate.month<birthmonth or (bydate.month==birthmonth \
...        and bydate.day<15)):
...      age = age -1
...    return age
```

（6）添加 baenrollment 方法创建一个标识，指示受访者是否曾经就读 4 年制大学。使用字典推导式来检查大学入学记录值是否为 4 年制大学（3. 4-year college）。

```
>>> def baenrollment(self):
...    colenrdict = {k: v for k, v in self.respdict.items() \
...      if k.startswith('colenr') and v=="3. 4-year college"}
...    if (len(colenrdict)>0):
...      return "Y"
...    else:
...      return "N"
```

（7）导入 Respondent 类。

现在已经可以实例化一些 Respondent 对象。这可以从步骤（1）中创建的 class_cleaning.py 文件开始。首先导入 Respondent 类。

此步骤假定 responent.py 在 helperfunctions 子文件夹中。

```
>>> sys.path.append(os.getcwd() + "/helperfunctions")
>>> import respondent as rp
```

（8）加载 NLS 数据并创建字典列表。

使用 to_dict 方法创建字典列表（nls97list）。DataFrame 中的每一行都是一个字典，以列名称作为键。显示第一个字典的一部分（第一行）。

```
>>> nls97 = pd.read_csv("data/nls97f.csv")
>>> nls97list = nls97.to_dict('records')
>>> nls97.shape
(8984, 89)
>>> len(nls97list)
8984
>>> pprint.pprint(nls97list[0:1])
[{'birthmonth': 5,
  'birthyear': 1980,
  'childathome': 4.0,
  'childnotathome': 0.0,
  'colenrfeb00': '1. Not enrolled',
  'colenrfeb01': '1. Not enrolled',
  ...
  'weeksworked16': 48.0,
  'weeksworked17': 48.0}]
```

（9）遍历列表，每次都创建一个 Respondent 实例。

将每个字典传递给 Respondent 类 rp.Respondent（respdict）。

创建 Respondent 对象（resp）之后，便可以使用所有实例方法获取所需的值。使用实例方法返回的值创建一个新的字典。然后，将该字典追加到 analysislist 中。

```
>>> analysislist = []
>>>
>>> for respdict in nls97list:
...   resp = rp.Respondent(respdict)
...   newdict = dict(originalid=respdict['originalid'],
...     childnum=resp.childnum(),
...     avgweeksworked=resp.avgweeksworked(),
...     age=resp.ageby('20201015'),
...     baenrollment=resp.baenrollment())
...   analysislist.append(newdict)
```

（10）将字典传递给 Pandas DataFrame 方法。

首先检查 analysislist 中的项目数和已创建的实例数。

```
>>> len(analysislist)
8984
>>> resp.respondentcnt
8984
>>> pprint.pprint(analysislist[0:2])
[{'age': 40,
  'avgweeksworked': 49.05555555555556,
  'baenrollment': 'Y',
  'childnum': 4.0,
  'originalid': 8245},
  {'age': 37,
   'avgweeksworked': 49.388888888888886,
   'baenrollment': 'N',
   'childnum': 2.0,
   'originalid': 3962}]
>>> analysis = pd.DataFrame(analysislist)
>>> analysis.head(2)
   originalid  childnum  avgweeksworked  age  baenrollment
0        8245       4.0       49.055556   40             Y
1        3962       2.0       49.388889   37             N
```

上述步骤演示了如何在 Python 中创建类、如何将数据传递给类、如何创建类的实例以及如何调用类的方法以更新变量值。

10.6.3　原理解释

此秘笈中的关键工作是在步骤（2）中完成的。它创建了一个 Respondent 类，并为其余步骤做好了准备。我们将包含每一行值的字典传递给类的__init__方法。__init__方法将该字典分配给一个实例变量，该实例变量可用于该类的所有方法（self.respdict = respdict）。

步骤（3）～步骤（6）使用了该字典来计算孩子的数量、每年的平均工作周数、年龄和大学入学记录值。

步骤（4）和步骤（6）显示了当我们需要在许多键上测试相同的值时，字典推导式的作用。字典推导式可选择相关的键（如 weeksworked##、colenroct## 和 colenrfeb##），并允许我们检查这些键的值。当数据不规整时，该操作是非常有用的，调查数据通常就是这样不规整数据。

在步骤（8）中，使用了 to_dict 方法创建一个字典列表。它的预期列表项数为 8984，与 DataFrame 中的行数相同。我们使用了 pprint 来显示第一个列表项的字典的外观。可以看到，该字典包含用于列名称的键和用于列值的值。

步骤（9）遍历了列表，创建了一个新的 Respondent 对象并传递列表项。我们调用了方法来获取所需的值（originalid 除外），这些值可以直接从字典中提取出来。我们使用这些值创建了一个字典（newdict），并将其追加到列表（analysislist）中。

步骤（10）从步骤（9）创建的列表（analysislist）中创建了一个 Pandas DataFrame。这是通过将列表传递给 Pandas DataFrame 方法来实现的。

10.6.4　扩展知识

我们将字典传递给类而不是数据行，这也是可能的。这样做是因为定位 NumPy 数组比使用 itertuples 或 iterrows 循环遍历 DataFrame 效率更高。当我们使用字典而不是 DataFrame 行时，我们不会损失类所需的大部分功能。我们仍然可以使用诸如 sum 和 mean 之类的函数，并对符合某些条件的值的数量进行计数。

本示例使用的 Respondent 类是遍历数据的有力工具。该 Respondent 类与我们对分析单位（受访者）的理解是一致的。但是处理数据的成本也可能较高，即使我们使用更高效的 NumPy 数组，一次又一次地遍历数据也将占用大量资源。

当然，我们要强调的是，在处理包含许多列的数据以及结构不会随着时间的推移而发生变化的数据时，构造像 Respondent 这样的类，仍然利大于弊。最重要的优点是它符合我们关于数据的直觉，并可以让我们将工作重点放在理解每个受访者的数据上。如果能很好地构造类，则遍历数据的操作要比其他方法少得多。

10.6.5　参考资料

在第 7 章“聚合时修复混乱数据”中，详细介绍了遍历 DataFrame 行和定位 NumPy 数组。

本节仅提供了在 Python 中使用类的简要介绍。如果你想了解有关在 Python 中进行面向对象程序设计的更多信息，建议阅读由 Dusty Phillips 撰写的 *Python 3 Object-Oriented Programming*（《Python 3 面向对象编程》）第 3 版。

10.7　处理非表格数据结构的类

数据科学家越来越多地以 JSON 或 XML 文件的形式接收非表格数据。JSON 和 XML 的灵活性使得企业或组织可以捕获一个文件中数据项之间的复杂关系。例如，存储在企业数据系统两个表中的一对多关系就可以用 JSON 很好地表示，“一”侧是父节点，而

“多”侧则是子节点。

当接收到 JSON 数据时，我们通常会先尝试对其进行规范化。事实上，本书中的某些秘笈已经可以做到这一点。许多人都会尝试恢复因 JSON 的灵活性而被混淆的数据中的一对一和一对多关系，但其实还有另一种处理此类数据的方法，那就是使用类。

除了对数据进行规范化之外，我们还可以创建一个类，该类以适当的分析单位实例化对象，并使用该类的方法来定位一对多关系的许多方面。例如，如果我们获取了一个包含 student 节点的 JSON 文件，然后为学生学习的每门课程设置多个子节点，则一般会通过创建一个学生文件和一个课程文件来规范化该数据（以学生 ID 作为合并依据列）。

本秘笈探讨的另一种方法是保留数据不变，创建一个 student 类，并创建对子节点进行计算的方法，例如计算获得的总学分。

本秘笈将使用来自克利夫兰艺术博物馆的数据，该数据包括藏品项目，每个藏品项目的媒体引用有一个或多个节点，每个藏品项目的创作者也有一个或多个节点。

10.7.1　准备工作

本秘笈假定你具有 requests 和 pprint 库。如果尚未安装，则可以使用 pip 安装它们。在终端或 Windows PowerShell 中输入以下命令。

```
pip install requests
pip install pprint
```

以下显示了使用克利夫兰艺术博物馆的 collections API 时创建的 JSON 文件的结构（为节省篇幅计，已经缩略了 JSON 文件）。

```
{
"id": 165157,
"title": "Fulton and Nostrand",
"creation_date": "1958",
"citations": [
  {
   "citation": "Annual Exhibition: Sculpture, Paintings,
Watercolors, Drawings,
   "page_number": "Unpaginated, [8],[12]",
   "url": null
  },
 {
  "citation": "\"Moscow to See Modern U.S. Art,\"<em> New York
Times</em> (May 31, 1959).",
  "page_number": "P. 60",
```

```
  "url": null
 }]
"creators": [
     {
    "description": "Jacob Lawrence (American, 1917-2000)",
    "role": "artist",
    "birth_year": "1917",
    "death_year": "2000"
    }
  ]
 }
```

注意：[①]

克利夫兰艺术博物馆提供了一个可以访问其数据的 API，其网址如下。

https://openaccess-api.clevelandart.org/

通过该 API 可以获得更多的引用和创作者数据。

10.7.2 实战操作

创建一个藏品项目类，以汇总有关创作者和媒体引用的数据。

（1）导入 pandas、json、pprint 和 requests 库。

首先，创建一个用于实例化藏品项目对象的文件，并将其称为 class_cleaning_json.py。

```
>>> import pandas as pd
>>> import json
>>> import pprint
>>> import requests
```

（2）创建一个 Collectionitem 类。

我们将每个藏品项目的字典传递给该类的__init__方法，该方法可在创建该类的实例时自动运行。我们将藏品项目字典分配给一个实例变量。将该类另存为 helperfunctions 文件夹中的 collectionitem.py。

```
>>> class Collectionitem:
...   collectionitemcnt = 0

...   def __init__(self, colldict):
```

[①] 这里与英文原文的内容保持一致，保留了其中文翻译。

```
...     self.colldict = colldict
...     Collectionitem.collectionitemcnt+=1
```

（3）创建一种方法来获取每个藏品项目的第一个创作者的出生年份。

请记住，藏品项目可以有多个创作者。这意味着 creators 键具有一个或多个列表项作为值，这些藏品项目本身就是字典。

为了获得第一个创作者的出生年份，需要['creators'] [0] ['birth_year']。我们还需要允许出生年份键包含缺失值，因此可以先进行测试。

```
>>> def birthyearcreator1(self):
...   if ("birth_year" in self.colldict['creators'][0]):
...     byear = self.colldict['creators'][0]['birth_year']
...   else:
...     byear = "Unknown"
...   return byear
```

（4）创建一种方法来获取所有创作者出生年份。

使用列表推导式来遍历所有创作者项目。这将返回出生年份作为一个列表。

```
>>> def birthyearsall(self):
...   byearlist = [item.get('birth_year') for item in \
...     self.colldict['creators']]
...   return byearlist
```

（5）创建一种方法来计算创作者数量。

```
>>> def ncreators(self):
...   return len(self.colldict['creators'])
```

（6）创建一种方法来计算媒体引用次数。

```
>>> def ncitations(self):
...   return len(self.colldict['citations'])
```

（7）导入 collectionitem 模块。

从步骤（1）创建的 class_cleaning_json.py 文件中执行此操作。

```
>>> sys.path.append(os.getcwd() + "/helperfunctions")
>>> import collectionitem as ci
```

（8）加载博物馆的馆藏数据。

这将返回一个字典的列表。

```
>>> response = requests.get("https://openaccess-api.
clevelandart.org/api/artworks/?african_american_artists")
```

```
>>> camcollections = json.loads(response.text)
>>> camcollections = camcollections['data']
```

（9）循环遍历 camcollections 列表。

为 camcollections 中的每个项目创建一个藏品项目实例。将每个项目（包括藏品、创作者和引用键的字典）传递给该类。

调用刚刚创建的方法，并将它们返回的值分配给新字典（newdict）。将该字典追加到列表（analysislist）中。某些值可以直接从字典中提取，如使用 title = colldict ['title']，因为我们不需要以任何方式更改值。

```
>>> analysislist = []
>>>
>>> for colldict in camcollections:
...   coll = ci.Collectionitem(colldict)
...   newdict = dict(id=colldict['id'],
...     title=colldict['title'],
...     type=colldict['type'],
...     creationdate=colldict['creation_date'],
...     ncreators=coll.ncreators(),
...     ncitations=coll.ncitations(),
...     birthyearsall=coll.birthyearsall(),
...     birthyear=coll.birthyearcreator1())
...   analysislist.append(newdict)
```

（10）使用新的字典列表创建一个分析 DataFrame。

确认获得正确的计数，然后输出第一项的字典。

```
>>> len(camcollections)
789
>>> len(analysislist)
789
>>> pprint.pprint(analysislist[0:1])
[{'birthyear': '1917',
  'birthyearsall': ['1917'],
  'creationdate': '1958',
  'id': 165157,
  'ncitations': 24,
  'ncreators': 1,
  'title': 'Fulton and Nostrand',
  'type': 'Painting'}]
>>> analysis = pd.DataFrame(analysislist)
>>> analysis.birthyearsall.value_counts().head()
```

```
[1951]        262
[1953]        118
[1961,None]   105
[1886]         34
[1935]         17
Name: birthyearsall, dtype: int64
>>> analysis.head(2)
       id                title  ...  birthyearsall  birthyear
0  165157  Fulton and Nostrand  ...         [1917]       1917
1  163769         Go Down Death  ...         [1899]       1899

[2 rows x 8 columns]
```

上述步骤演示了如何使用类来处理非表格数据。

10.7.3　原理解释

此秘笈演示了如何直接使用 JSON 文件或具有隐含的一对多或多对多关系的任何文件。我们以分析单位（在本例中为藏品项目）创建了一个类，然后创建了用于汇总每个藏品项目的多个数据节点的方法。

在步骤（3）～步骤（6）中创建的方法非常简单。我们可以统计 creators 和 citations 的一个或多个子节点。每个 creators 和 citations 节点还具有子节点，它们是键和值对。这些键并不总是存在，因此我们需要首先检查它们是否存在，然后尝试获取它们的值。在步骤（3）中执行了此操作。

10.7.4　扩展知识

第 2 章“将 HTML 和 JSON 导入 Pandas 中”详细介绍了直接使用 JSON 文件的优点。

该博物馆的馆藏数据很好地说明了为什么有些数据分析人员希望坚持使用 JSON。数据的结构实际上是有意义的，即使它的格式有很大的不同。当我们尝试对其进行规范化时，总是会存在错失其结构某些方面的危险。